国家自然科学基金资助（项目批准号：51108003）
北京工业大学“日新人才”培养计划资助（编号：2014-RX-W03）
北京工业大学“青年导师国际化能力发展计划”资助（编号：2014-20）

中国控制性详细规划的制度构建

汪坚强◎著

中国建筑工业出版社

图书在版编目（CIP）数据

中国控制性详细规划的制度构建／汪坚强著，—北京：
中国建筑工业出版社，2016.6
ISBN 978-7-112-19500-8

Ⅰ.①中… Ⅱ.①汪… Ⅲ.①城市规划－研究－中国
Ⅳ.① TU984.2

中国版本图书馆 CIP 数据核字（2016）第 128897 号

本书研究的核心问题是：如何通过控制性详细规划（以下简称“控规”）的制度建设，来提高转型期作为公共政策的控规的效用。针对现行控规研究与实践多偏重于技术层面，较少认识到控规的政策属性及其制度的重要性，致使控规问题频现、控规改革难有成效等不足，本书运用制度经济学和公共政策学的理论与方法，以控规的制度及运作为对象，分析现行控规的问题及其成因，比较和总结各地控规制度建设的共性问题与有益经验；研究控规在城市开发控制中的属性定位，及控规“为谁而作、作何而用、控制什么”等基本原理；运用利益分析方法，剖析控规运作中不同参与方的利益博弈；最终探索基于多元利益平衡的控规制度建设的理性思路和政策建议。力求通过控规的制度建设，提高控规效用，保障公共利益，引导城市开发健康、有序发展，并丰富中国“本土化”的开发控制理论。

本书可供城市政府、城乡规划局、规划设计院、房地产开发公司、高等学校、科研机构等城乡规划从业人士及相关人员学习和参考。

* * *

责任编辑：杨 虹
责任校对：王宇枢 张 颖

中国控制性详细规划的制度构建
汪坚强 著
*
中国建筑工业出版社出版、发行（北京海淀三里河路9号）
各地新华书店、建筑书店经销
北京嘉泰利德公司制版
北京画中画印刷有限公司印刷
*
开本：787×960毫米 1/16 印张：18 字数：456千字
2017年1月第一版 2017年1月第一次印刷
定价：58.00元
ISBN 978-7-112-19500-8
（29027）

序

中国改革开放30多年来，在国家宏观快速城市化进程急需规划助力和技术支撑的利好形势下，中国城市规划理论探讨和工作实践经历了一个空前的发展，取得了辉煌的成绩。近几届全国城市规划年会参会人数已经连续几年达到数千人，说明中国已经有了一支从事规划编制、规划设计、规划管理和规划研究的庞大的专业从业人员队伍。然而，客观上说，我们的规划还存在不少问题，有些还很严重。除了规划设计本身的专业技术问题、从业人员素质参差不齐、地方各级部门急功近利的"业绩导向"导致规划决策失当等，作为中国法定规划之一的"控制性详细规划"（以下简称"控规"）也在经历了近30年的"自上而下"的实施执行后暴露出一些深层次的问题，例如，控规对国家社会、经济和政治体制改革制度环境的变迁反应不够敏感、控规在努力实现自己应对快速城市化进程所需要的"可操作性"的同时，其实也对作为一门科学而存在的规划原则、规划方法和规划要素的遴选、甄别和确定做出了一些"严谨性"的让步，因而逐渐暴露出控规失效、"管""放"两难、频繁调整等问题。

针对上述控规存在的问题，汪坚强利用攻读博士学位的机会、申请获准的国家自然科学基金项目、住房和城乡建设部研究课题等开展了持续的研究，并取得突出的成果。在学习期间，他还获得了中国城市规划学会举办的全国青年城市规划论文竞赛三等奖。同时，我推荐他申请并获得了国家留学基金委联合培养博士计划资助，去英国卡迪夫大学师从于立教授学习了一年，专业水平和知识面又有了进一步提升。

本书是汪坚强在其博士学位论文基础上，结合多年来他的研究和工作实践所完成的。他在国内较早意识到控制性详细规划在理论基础、实施原则、工作方法和实施操作方面的问题。他认为，在当前控规运行的制度环境发生巨大变迁（体制改革）、控规作用的对象（城市开发）也处于急剧发展的背景下，控规出现了诸多问题与不适应，城市开发频频“失控”。这无疑与《中华人民共和国城乡规划法》实施后控规成为规划管理的最直接依据之间产生了矛盾和冲突。这不仅是因为思路和理念的问题，也不仅是因为规划的理论方法和技术的问题，而是因为城市规划的制度建设越来越显得滞后了，因而，亟待进行改革和创新。对于这一点，我从多年的研究和工作实践经验看，是高度认同的。在界定了相关问题后，汪坚强运用制度经济学和公共政策学的理论与方法，研究了转型期控规运作的制度环境变迁与作用对象的改变，探讨了控规在城市开发控制中的公共政策属性定位以及控规“为谁而作、作何而用、控制什么”等基本原理。同时，他还开展了北京、上海、深圳、广州及南京等国内五大发达城市的控规制度建设及其实施效果的调研工作，较为系统地比较和总结了各地控规制度建设面临的共性问题。最后在公共政策导向基础上，提出了基于编制和实施统筹互动的控规制度优化建议，力求通过控规制度的建设与优化，提高控规效用，引导城市开发。

在我多年来指导的博士生中，汪坚强属于为人比较成熟、研究有定力、学术思维比较缜密、工作精益求精的那种。这当然部分是因为他本身已经当了多年的专业教师，又经受过东南大学、清华大学严谨的研究生培养教育的缘由。由于我是汪坚强博士学位论文的导师以及受邀写序的原因，我先于广大读者阅读了全书内容，从中，我欣喜地看到一代青年规划学者正在茁壮成长。我相信，本书关于我国控规的理论研究、方法探析和案例实证内容等不仅对于广大规划学子和规划设计从业人员，而且对于我国面广量大的规划管理人员均是一本高水平且理论联系实际的学术参考书。

是为序！

中国工程院院士

东南大学建筑学院教授

2015年6月8日

前言

21世纪以来，中国经济体制改革正逐步走向政治体制、社会体制和文化体制等整体制度的改革；在全球化、信息化、市场化、城市化和分权化的推动下，中国城市发展进入了总体转型时期。控制性详细规划（以下简称“控规”）作为中国调控城市开发最直接的规划手段，在整个规划体系中居于重要地位。2008年《城乡规划法》实施后，控规法律地位空前提升，已成为国有土地使用和建设开发管理的法定前置条件，以及规划实施管理最直接的法律依据。但是，在当前控规运行的制度环境发生巨大变迁、控规作用的对象（城市开发）也处于急剧变化的背景下，控规出现了诸多问题与不适应，控规频繁调整乃至“失效”屡见不鲜，城市开发频频“失控”。这无疑影响了控规的法定性与权威性，更与《城乡规划法》要求之间产生矛盾和冲突。这不仅是因为思路和理念的问题，也不仅是因为规划的理论、方法和技术的问题，而是因为城市规划的制度建设相对于中国城市发展而言越来越滞后了，亟需进行改革和创新。

为此，本书研究的核心问题为：如何通过控规的制度建设，来提高转型期作为公共政策的控规的效用。它由六个子问题构成：①现行控规频繁调整乃至“失效”的原因何在？②当前中国控规制度建设的状况怎样？③控规在开发控制中的属性定位是什么？④控规应“为谁而作、作何而用、控制什么”？⑤控规运作中不同利益主体之间的利益博弈如何？⑥如何基于公共政策导向进行控规的制度建设？

针对这些问题，鉴于现行控规研究和实践多偏重于控规的技术层面和工具属性，较少认识到控规的公共政策属性及其制度的重要性，忽视了控规的价值理性，致使控规问题频现、控规改革难有成效。本书研究运用制度经济学和公共政策学的理论与方法，以控规的制度及运作为对象，研究转型期控规运作的制度环境变迁与作用对象的改变，分析现行控规存在的主要问题及其成因；并结合北京、上海、深圳、广州及南京等国内发达城市控规制度建设的实证性研究，比较和总结各地控规制度建设面临的共性问题与有益经验；然后，探讨控规在城市开发控制中的公共政策属性定位以及控规“为谁而作、作何而用、控制什么”等基本原理。以此为基础，运用系统分析和利益分析方法，剖析控规运作的全过程及政府、市场、社会等不同参与方的角色定位、利益诉求与利益冲突，揭示控规运作背后的利益博弈以及相关制度的不足；探索基于多元利益平衡的控规制度建设思路，并具体对控规的组织编制、审批决策、实施管理等三个控规制度体系的核心内容提出建设与优化建议。力求通过控规的制度建设，提高控规效用，保障公共利益，引导城市开发健康、有序发展，并丰富中国“本土化”的开发控制理论。

目　录 CONTENTS

第一章　研究缘起：为什么研究控规制度

1.1　研究背景与研究意义 …… 002
1.2　国内外相关研究分析 …… 007
1.3　相关概念与研究问题 …… 015
1.4　研究目标与研究内容 …… 018
1.5　研究设计与技术路线 …… 022

第二章　问题厘清：转型期控规“失效”及其可能成因

2.1　市场经济下城市开发的规划控制 …… 026
2.2　转型期控规的“失效” …… 028
2.3　控规“失效”的可能原因 …… 036
2.4　控规“失效”反思：控规制度建设必要而紧迫 …… 049
2.5　本章小结 …… 050

第三章　实证分析：中国控规制度建设的现状、经验与反思

3.1　中国控规制度体系的建设 …… 052
3.2　中国若干发达城市的控规制度建设 …… 056
3.3　中国若干发达城市控规制度比较 …… 082
3.4　中国控规制度建设状况反思 …… 098
3.5　本章小结 …… 102

第四章　定位研究：控规在开发控制中的属性定位

4.1　控规与公共政策 …… 104

4.2 控规公共政策属性缺失的现状及原因 …… 109
4.3 控规改革：从工程技术走向公共政策 …… 115
4.4 本章小结 …… 123

第五章 原理探寻：控规“为谁而做、作何而用、控制什么”

5.1 迷茫：控规认知分歧 …… 126
5.2 溯源：市场经济下的城市规划 …… 130
5.3 原理：控规“为谁而做、作何而用、控制什么” …… 136
5.4 本章小结 …… 143

第六章 利益辨析：控规运作中不同利益主体之间的利益博弈

6.1 控规的运作过程 …… 146
6.2 控规运作中的利益主体 …… 148
6.3 控规运作中利益主体的利益诉求及其实现 …… 152
6.4 控规运作中不同利益主体之间的利益关系与利益博弈 …… 160
6.5 本章小结 …… 165

第七章 机制构建：基于多元利益平衡的控规运作机制

7.1 控规运作中的利益矛盾与冲突 …… 168
7.2 控规运作中利益矛盾与冲突的根源 …… 169
7.3 控规制度建设的重难点 …… 171
7.4 构建基于多元利益平衡的控规运作机制 …… 177
7.5 本章小结 …… 193

第八章 制度建设：转型期控规制度的建设与优化

8.1 控规编制制度的改进——控规制定“科学化” …… 196
8.2 控规审批制度的优化——控规决策“民主化” …… 206
8.3 控规实施制度的完善——控规实施“法制化” …… 217
8.4 本章小结 …… 234

第九章　结论

9.1　研究总结 ………………………………………………………… 236
9.2　研究创新 ………………………………………………………… 240
9.3　研究局限 ………………………………………………………… 241
9.4　研究展望 ………………………………………………………… 243

主要参考文献……………………………………………………… **244**
附录 A　研究方法和资料收集……………………………………… **256**
附录 B　控规（或法定图则）调查问卷 …………………………… **266**
致谢………………………………………………………………… **270**

插图目录

图 1–1　美国区划法的产生和发展…………………………………………………… 009
图 1–2　1987–2008 年控规论文中分类研究比例关系 ……………………………… 011
图 1–3　研究框架……………………………………………………………………… 021
图 1–4　技术路线……………………………………………………………………… 024
图 2–1　中国城乡规划编制体系构成………………………………………………… 028
图 2–2　开发项目落实时控规修改与否（中国五大发达城市 154 份问卷分析）………………………………………………………………………… 031
图 2–3　控规与总规相脱节…………………………………………………………… 032
图 2–4　控规调整中是否有规划预警机制或反馈机制（全国 380 份问卷分析）………………………………………………………………………… 033
图 2–5　控规修改的原因（全国 403 份问卷分析）………………………………… 037
图 2–6　控规公示时公众参与程度（中国五大发达城市 161 份控规问卷分析）………………………………………………………………………… 039
图 2–7　同一城市不同单位编制控规的技术标准是否不一致（全国 403 份问卷分析） …………………………………………………………… 042
图 2–8　控规制度建设中的问题（全国 403 份问卷分析）………………………… 045
图 2–9　控规全覆盖的必要性如何（全国 403 份问卷分析）……………………… 046
图 2–10　控规编制单位企业化运作是否影响编制质量（全国 399 份问卷分析）……………………………………………………………………… 047
图 2–11　规划主管部门是否有控规审查的技术标准（安徽省 163 份问卷分析）……………………………………………………………………… 048
图 3–1　《城乡规划法》（2008）确立的控规制度体系框架………………………… 054
图 3–2　北京新城控规编制体系及报审程序关系示意图…………………………… 058
图 3–3　北京中心城控规实施管理工作程序………………………………………… 061
图 3–4　上海城市规划体系示意……………………………………………………… 062
图 3–5　上海控规技术审查规程与审批程序………………………………………… 065
图 3–6　上海控规附加图则编制和普适图则增补的程序规定……………………… 066

图 3-7　深圳市城市规划体系…………………………………………… 067
图 3-8　法定图则审查报批部门分工图………………………………… 069
图 3-9　深圳法定图则编制、审查、审批程序………………………… 071
图 3-10　深圳法定图则修改程序 ……………………………………… 072
图 3-11　广州规划管理图则框架 ……………………………………… 073
图 3-12　广州市控规编制审查审批程序 ……………………………… 077
图 3-13　南京市控规编制规定和技术标准框架 ……………………… 079
图 3-14　是否将城市划分为管理单元，有序编制控规（中国五大
发达城市 159 份问卷分析）………………………………………… 082
图 3-15　控规编制是否进行城市设计研究（中国五大发达城市 161 份
问卷分析）…………………………………………………………… 088
图 4-1　控规制度建设中的问题（中国五大发达城市 161 份问卷分析）… 112
图 4-2　莱斯特的公共政策周期图……………………………………… 114
图 5-1　制度变迁中土地财政形成示意图……………………………… 128
图 5-2　2001–2009 年中国国有土地出让金与地方财政收入的
比例关系 ……………………………………………………………… 128
图 5-3　控规基本原理内在构成及与控规具体实践的关系…………… 136
图 5-4　控规基本原理的内容构成……………………………………… 141
图 6-1　新编控规的运作过程…………………………………………… 147
图 6-2　控规修改的运作过程…………………………………………… 148
图 6-3　控规运作中不同利益主体之间的利益关系和利益结构……… 165
图 7-1　控规公示时公众能否提出切实相关的意见（全国 391 份
问卷分析）…………………………………………………………… 179
图 7-2　控规编制涉及现状变更时是否征求权属人意见（全国 392 份
问卷分析）…………………………………………………………… 180
图 7-3　英国开发规划编制与审批程序………………………………… 180
图 8-1　城市地域划分示意图…………………………………………… 199
图 8-2《城乡规划法》有关控规修改规定的问题（全国 403 份
问卷分析）…………………………………………………………… 207
图 8-3　控规编而不批或少批的原因（全国 403 份问卷分析）………… 208

图 8-4　控规专家评审机制的问题（全国 403 份问卷分析）………… 209
图 8-5　中国城市规划委员会的类型示意图………………………………… 209
图 8-6　控规编而不批或少批的情况（全国 392 份问卷分析）………… 210
图 8-7　规委会发展趋势示意图…………………………………………… 216
图 8-8　规划上诉委员会的定位…………………………………………… 222
图 8-9　控规备案情况（全国 369 份控规问卷分析）…………………… 226

表格目录

表 2-1　控规运作的外部环境变迁对比…………………………………… 036
表 2-2　1985~2012 年中国城市空间扩展 ……………………………… 040
表 2-3　控规规划控制指标体系…………………………………………… 045
表 3-1　北京中心城控规动态维护之专题会议制度……………………… 060
表 3-2　广州控制性规划导则的主要内容与指标控制体系……………… 075
表 3-3　北京、上海、深圳、广州、南京的“规划管理单元”划分比较… 083
表 3-4　北京、上海、广州、武汉的“控规分层”比较………………… 085
表 3-5　北京、上海、深圳、广州、南京、武汉控规强制性内容比较… 086
表 3-6　北京、上海、深圳、广州、南京、武汉控规中城市设计比较… 089
表 3-7　北京、上海、深圳、广州、南京、武汉的控规成果表达比较… 090
表 3-8　北京、上海、深圳、广州、南京、武汉控规分级审批情况比较… 091
表 3-9　上海、广州、深圳、南京、武汉控规技术审查制度比较……… 093
表 3-10　北京、上海、深圳、广州、南京、武汉控规“规委会”审议制度比较 ……………………………………………… 096
表 3-11　北京、上海、深圳、成都、厦门控规动态维护机制比较 …… 099
表 6-1　不同政府权力主体在控规运作中的作用及影响分析…………… 150
表 6-2　地方政府在控规运作中的角色定位、利益诉求与实现途径…… 155
表 6-3　开发商在控规运作中的角色定位、利益诉求与实现途径……… 156
表 6-4　规划师在控规运作中的角色、利益诉求与实现途径…………… 158
表 6-5　社会公众在控规运作中的角色定位、利益诉求与实现途径…… 159
表 7-1　地区规划师在“上海市控规管理规程”中的职责……………… 191

表 8-1　控规分级编制模式和分层控制体系 …………………………… 200
附表 A-1　定量研究、定性研究和混合研究的分析方法与资料收集比较 ………………………………………………… 260
附表 A-2　2010 年中国城市规划年会（重庆）控规问卷对象的工作单位构成 ……………………………………………… 262
附表 A-3　中国若干城市控规访谈与问卷调查的对象构成和数量 …… 263
附表 A-4　安徽省控规问卷调查的对象构成和数量（单位：份）……… 265

第一章 研究缘起：为什么研究控规制度

1980年代，中国经济体制改革引发了城市建设机制的改变，土地有偿使用、城市建设方式与投资渠道变革、城市产业结构调整等一系列市场经济改革对传统城市规划产生了巨大冲击。为有效调控城市开发，中国借鉴国外土地分区管制（区划）的原理，结合国内实际，开创性地提出具有中国特色的规划编制层次——控制性详细规划（以下简称“控规”）。经过20多年的发展，控规较好地适应了市场经济下规划管理的需要，面对城市快速发展，实现了规划编制的速成和规划管理的最简化操作，大大缩短决策、规划、土地批租和项目建设的周期，提高了城市建设和房地产开发的效率，成为城市国有土地使用权出让转让、地价测算的重要依据，基本满足了城市政府调控房地产市场和筹集城市建设资金的需要[1]。

当前，随着中国市场经济建设的日益完善、相关体制改革的逐步展开与深化、城市化进程的加速，城市经济与社会发展进入了新的阶段，其“最明显的特征是处于转型时期，概括起来主要包括三个方面：第一、社会转型，即从传统的农业、工业向新型工业化、信息化转型；第二、市场转型，即从传统的计划经济体制向社会主义市场经济体制转型”[2]；第三、战略转型，即从“第一代发展战略”向“第二代发展战略”转变[3]。前面两个转型已经付诸实施，并处于深化阶段，后一个转型刚刚拉开序幕，在这种新的历史条件下，控规需重新定位，并进行相应改革，以寻求在新的社会环境下其理性价值及作用发挥的途径与机制。

1.1 研究背景与研究意义

1.1.1 研究背景

（1）控规运作的环境改变：中国经济体制改革正逐步推向社会整体制度的变迁

经济体制改革后，“市场化体制环境建立的最大效用就是促进资源的流动与

---

❶ 江苏省城市规划设计研究院主编．城市规划资料集——控制性详细规划 [M]. 北京：中国建筑工业出版社，2002：5.

❷ 宁登，蒋亮．转型时期的中国城镇化发展研究 [J]. 城市规划，1999，23（12）：17-19.

❸ 胡鞍钢认为第一代发展战略是1978年中共十一届三中全会之后，邓小平首先提出来的，其主题是加快经济发展，倡导“先富论”；其目的是解放生产力，发展生产力。第二代发展战略则是2003年中共十六届三中全会提出的，其主题是“协调发展、全面发展、可持续发展”，倡导“科学发展观”和“共同富裕论”，其目的是“以人为本”，实施五大协调发展战略。详见：胡鞍钢．中国：新发展观 [M]. 杭州：浙江人民出版社，2004：2.

配置，经济要素、人口、职业等的流动性大大增强，且各种要素流动皆以市场为媒介，政府直接干预经济发展的行为逐渐减少，城市的发展受市场经济发展规律的影响更多地体现出市场本身的要求”[1]。随着市场经济的完善，城市财政税收体制、投融资体制、建设模式都在发生重大变化[2]，土地使用制度改革更是深入推进，这一切都推动着城市建设机制的不断改变。而决策机制改革、监督机制完善、政府职能转变[3]、权力下放及管理重心下移等一系列的政治体制改革，以及《中华人民共和国行政许可法》、《中华人民共和国行政诉讼法》、《中华人民共和国国家赔偿法》、《中华人民共和国物权法》（以下简称：行政许可法、行政诉讼法、国家赔偿法、物权法）等法律的颁布，则深刻影响着城市规划的管理运行机制。因此，如何适应体制改革需要，在城市发展的制度变迁过程中，确立适宜的城市规划调控政策与机制，将对城市发展产生重大影响。基于此，控规作为实施规划管理的核心层次和最主要依据[4]，更需进行改革和创新。

（2）控规运作的对象变化：中国城市发展正处于总体转型之中，城市开发迅猛

当前，在全球化、信息化、市场化、城市化和分权化推动下，中国城市发展进入了总体转型时期：首先，经济全球化作用下，中国的城市体系将呈现出愈加开放和复合的格局，传统的行政力量和经济地理因素仍然对城市体系具有重要影响，但全球化带来的资本流动正快速地将趋于封闭的城市体系纳入全球城市体系范畴，各个城市将在变化重组的全球城市网络系统中积极找寻自身的定位，扮演着不同的角色；其次，信息化使得城市功能将发生根本性变迁，生产的空间组合方式以地域上的分散化取代了传统成片聚集的存在方式，城市空间结构将从圈层式生长结构向网络化结构转型，多功能社区将成为网络化城市的基本空间载体；再次，市场化改变了城市发展中各种要素的流动、组合机制，从根本上改变了城市发展的动力基础，在城市之间营造了一个高度竞争的环境，促成了大量的“发展型城市政府”，深刻改变了城市政府的治理方式，且同时

---

❶ 张京祥，罗震东，何建颐．体制转型与中国城市空间重构 [M]．南京：东南大学出版社，2007：47.

❷ 江苏省城市规划设计研究院主编．城市规划资料集——控制性详细规划 [M]．北京：中国建筑工业出版社，2002：9.

❸ 根据 2005 年初新修订的《国务院工作规则》提出，国务院及各部门要加快政府职能转变，全面履行经济调节、市场监管、社会管理和公共服务职能。城市规划作为政府职能之一，自然也须随之进行相应的调整和改革。

❹ 唐历敏．走向有效的规划控制和引导之路 [J]．城市规划，2006，30（1）：28-33.

带来了愈加严峻的城市问题和资源环境压力[1]。另外，快速城市化，推动着城市经济结构、社会结构和空间结构发生深刻的变化，城市开发迅猛，城市人口迅速增加，城市用地增长与用地结构改变，城市空间扩展以及城市结构的重组，正推动着城市快速演变。

正如芒福德所说的“真正影响城市规划的莫过于经济社会的深刻变革”。第一次城市革命，城市诞生于世界；第二次城市革命，城市主导世界，城市时代正向我们走来，并且由于信息时代的到来，我们已生活在“一个根本上是社会性的世界中”；在新的时代里，城市社会的发展变化应引起足够的重视。社会经济在变革，城市在变革，城市规划必须随时代而变，面向变革[2]。

（3）转型期，控规面临“频繁调整”甚至“失效”的困境

控规将抽象的规划原则和复杂的规划要素进行简化和图解化，再从中提炼出控制和引导城市土地功能的最基本要素，形成了一套较为完善的规划编制方法，最大程度实现了规划的“可操作性”，基本满足了城市建设开发中实施规划控制的现实需要。然而，控规在中国的实践不过 30 多年的时间，其自身技术体系尚不成熟，尤其反映在指标确定上还不科学，其制度体系更不完善，特别在控规的审批、调整以及监督实施上还存在诸多问题；加之中国尚处于体制改革和城市发展转型之中，城市发展的不确定性、行政领导干预、权力寻租、封闭式操作等弊端均造成了实践操作中控规“频繁调整”[3]甚至“失效”。这不仅对城市规划的法定性、严肃性和权威性形成了较大的冲击，更由于其对城市建设发展调控的“失败”而造成了较大的经济损失与社会代价，这一困境如不突破，后果不堪设想。

（4）《中华人民共和国城乡规划法》对控规的新规定，迫切要求控规进行改革和创新

中国城市开发实行的是“一书两证”的规划许可制度[4]，2008 年《中华人民共和国城乡规划法》（以下简称：城乡规划法）实施后，控规是政府进行国

[1] 张京祥，罗震东，何建颐．体制转型与中国城市空间重构 [M]．南京：东南大学出版社，2007：20-27.

[2] 吴良镛．面对城市规划“第三个春天”的冷静思考 [J]．城市规划，2002，26（2）：9-14，89.

[3] 各地普遍出现控制性详细规划调整（有的项目地段 80%~90% 被调）只能证明制度设计的失败，详见：尹稚．关于科学、民主编制城乡规划的几点思考 [J]．城市规划，2008，32（1）：44-45.

[4] “一书两证”分别指的是：建设项目选址意见书、建设用地规划许可证与建设工程规划许可证。《中华人民共和国城乡规划法》第 36 条规定，除以划拨方式取得国有土地使用权的项目外，均不需申请建设项目选址意见书。

有土地使用及规划主管部门核发开发项目建设用地规划许可证与建设工程规划许可证的主要依据[1]，控规法律地位空前提升。但是，这种“将项目管理的法宝押在控规上”[2]的《城乡规划法》，无疑对控规提出了更高要求，迫切要求其进行创新和改革。根据制度经济学原理，制度创新决定技术创新，好的制度选择会促进技术创新，不好的制度选择则会扼制技术创新以及技术创新效用的发挥[3]。因此，控规的研究不能仅限于传统技术层面的完善，而应在制度层面进行深入研究和大胆创新，以控规的制度创新推动编制技术的进步。正如吴良镛先生（2006）所言“城市规划的综合创新必须面对体制改革，改进体制问题的探索，既是规划工作者的社会责任和义务，也是学术理论建设的当然内容”[4]。

1.1.2 研究意义

（1）城市规划向公共政策的转化，亟待进行控规的体系重构与制度创新

国外城市规划的发展历程有较明显的演变轨迹，即向公共政策的转变，对比来看，随着中国体制改革的深化，特别是政府职能从经济建设型向公共服务型的深刻转型，城市规划向公共政策的转变尤显紧迫与必要[5]。近年来，中国规划界对城市规划作为一项公共政策或是具有公共政策属性已基本认同[6]，但城市规划如何向公共政策转型尚有待深入研究[7]。对此，十分有必要基于公共政策的新理念，探讨今后城市规划制度建设的方向，特别需要按照公共政策的内涵要求、属性特征、运行原理和程序安排等，重构并完善城市规划的知识体系，尤其要将城市规划纳入到当前社会经济转型的宏观背景之中，进行制度创新和整体架构的优化。而由于在中国目前的规划体系中，总体规划是基础，控规是核心[8]，因此，控规的体系重构与制度创新，应是基于公共政策的城市规

---

[1] 详见《中华人民共和国城乡规划法》（2008）第 19、20、37-40 条的规定。
[2] 尹稚．关于科学、民主编制城乡规划的几点思考 [J]．城市规划，2008，32（1）：44-45.
[3] 卢现祥．新制度经济学 [M]．武汉：武汉大学出版社，2004：148.
[4] 吴良镛．通古今之变·识事理之常·谋创新之道 [J]．城市规划，2006，30（11）：30-35.
[5] 何流．城市规划的公共政策属性解析 [J]．城市规划学刊，2007（6）：36-41.
[6] 汪光焘．以科学发展观和正确政绩观重新审视城乡规划工作 [J]．城市规划，2004，28（3）：8-12.
赵民．在市场经济下进一步推动我国城市规划学科的发展 [J]．城市规划汇刊，2004（5）：29-30.
石楠．城市规划政策与政策性规划 [D]．北京：北京大学环境学院博士学位论文，2005.
冯健，刘玉．中国城市规划公共政策展望 [J]．城市规划，2008，32（4）：33-40，81.
[7] 冯健，刘玉．中国城市规划公共政策展望 [J]．城市规划，2008，32（4）：33-40，81.
[8] 仇保兴．城市经营、管治与城市规划的变革 [J]．城市规划，2004，28（2）：8-22.

划改革的"重中之重"。探索控规的制度建设，不仅能为城市规划整体制度的优化提供有益思路和启示，而且也是有效引导和调控城市开发实践的迫切需要。

（2）转型期，控规运作的环境与对象改变、控规调整频繁、规划腐败案件频发、迫切要求加强控规的制度建设

当前，中国进入了总体转型时期，经济体制改革正走向政治、社会和文化体制等整体制度改革，控规运作的制度环境发生了较大改变；而快速城市化推动下，控规作用对象——城市开发也迅猛发展，其速度与规模均令世人瞩目。在这一系列宏观社会经济发展变化的影响下，控规越来越难以适应城市开发管理的需要，控规频繁调整乃至"失效"屡见不鲜[1]。规划实施中，普遍有一半左右建设项目变更了控规，部分城市控规修改达到80%左右[2]。这种各地普遍出现控规调整只能证明制度设计的失败[3]。但更严重的是，由于制度建设滞后，控规运行程序不完善，重庆、海口、成都、昆明等地涉及控规变更的腐败案件频发[4]，致使城市开发屡屡失控，造成了较为恶劣的社会影响。这无疑与"《城乡规划法》实施后控规成为规划管理的最直接依据[5]"，其法律地位空前提升产生矛盾，严重影响了控规的法定性与权威性，引发了改革需求。然而，现行控规研究多偏重于控规的技术与方法研究，注重控规的工具理性，忽略了控规的价值理性及其根植的社会经济环境改变，较少认识到控规的公共政策属性及其制度的重要性，致使控规改革难有成效，大大削弱了控规在开发控制中应有的价值与效用，这一状况亟待改变！

（3）《物权法》、《城乡规划法》实施后，控规的属性和定位发生改变，控规成为利益博弈与协调的工具，控规改革特别是其制度建设迫在眉睫

2007年《物权法》出台后，城乡规划运行的法律环境发生了根本性变化，个人拥有的房屋不动产变成了财产，私人财产与国家财产一样具有平等权利关系[6]。《物权法》对用益物权的规定，其保护公共利益、保护物权等基本原则，对控规提出了挑战，对现实物权的保护与未来规划实施之间的矛盾成为控规面

---

❶ 唐历敏．走向有效的规划控制和引导之路 [J]. 城市规划，2006，30（1）：28-33.

❷ 张泉．权威从何而来 [J]. 城市规划，2008，32（2）：34-37.
段进．控制性详细规划：问题和应对 [J]. 城市规划，2008，32（12）：14-15.

❸ 尹稚．关于科学、民主编制城乡规划的几点思考 [J]. 城市规划，2008，32（1）：44-45.

❹ 吴高庆，谢忱．封闭循环为规划腐败滋生提供了土壤 [N/OL]. 检察日报，2011-06-14（7）[2011-06-26]. http://newspaper.jcrb.com/html/2011-06/14/content_73176.htm.

❺ 唐历敏．走向有效的规划控制和引导之路 [J]. 城市规划，2006，30（1）：28-33.

❻ 周剑云，戚冬瑾．《物权法》的权益保护与《城乡规划法》的权益调整 [J]. 规划师，2009，25（2）：10-14.

临的实践难题，控规改革迫在眉睫。对此，急需重新界定政府、开发商和市民之间的权利关系，赋予居民平等地参与规划的权利和维护自身权益的能力，而这，特别需要构建具有权利平等观念的城乡规划制度[1]。2008年《城乡规划法》实施，控规成了规划实施管理最直接的法律依据，是国有土地使用权出让、开发和建设管理的法定前置条件[2]。控规各项指标的确定，事实上是政府动用规划权而赋予土地使用者的发展权[3]，它直接涉及土地使用者的利益分配。因而，从本质上说，控规是一个利益博弈的结果，它是在政府引导下，通过协调不同利益群体在建设开发中的不同诉求、不同利益冲突和矛盾，最终达成维护公共利益的公共目标，形成建设开发的调控“规则”。如果说过去控规是土地与空间资源的一项工程技术配置，那么在市场经济条件下土地使用权市场化以后，控规已转变为土地利益调控的重要工具[4]。这意味着，深藏于控规背后的土地与空间资源利用中的利益辨析、分配与协调远比控规编制技术本身更重要。由于利益调控更多的是依赖于机制与程序的建立，而不仅仅是技术的革新，因此，控规制度建设十分关键且紧迫。

总之，如果说控规产生的初衷在于通过规划技术手段变革应对经济体制转型的话，那么随着市场经济体制改革的深入，仅仅通过变革技术手段以应对市场公平、公正和民主方面的要求，显然是力不从心，控规正在由单纯的技术体系变革向完善规划制度转变[5]。所以，本书之所以要研究转型期控规的制度建设，就是要借助国家体制改革的东风，冲破现有束缚规划效用发挥的体制壁垒，逐步建立起适应市场经济体制要求的控规运作制度，以更好地调控和引导城市建设发展。

1.2 国内外相关研究分析

控规产生于1980年代后期，是随着中国土地有偿使用、市场经济的建立，

---

[1] 周剑云，戚冬瑾.《物权法》的权益保护与《城乡规划法》的权益调整[J]. 规划师，2009，25(2)：10-14.

[2] 全国人大常委会法制工作委员会经济法室，国务院法制办农业资源环保法制司，住房和城乡建设部城乡规划司与政策法规司编. 中华人民共和国城乡规划法解说[M]. 北京：知识产权出版社，2008：61.

[3] 田莉. 我国控制性详细规划的困惑与出路—— 一个新制度经济学的产权分析视角[J]. 城市规划，2007，31（1）：16-20.

[4] 颜丽杰.《城乡规划法》之后的控制性详细规划——从科学技术与公共政策的分化谈控制性详细规划的困惑与出路[J]. 城市规划，2008，32（11）：46-50.

[5] 郭素君，徐红. 深圳法定图则的发展历程、现状与趋势[J]. 规划师，2007，23（6）：70-73.

借鉴国外土地分区管制（区划）的原理，根据国内实际情况，对城市建设项目具体的定位、定量、定性和定环境的引导和控制[1]。由于控规是中国特有的规划层次，所以，其研究以国内为主，国外研究几乎空白。从相关性上看，国外与中国控规比较相近的概念称为区划法、土地管理法等[2]，国外相关研究主要是区划（Zoning）方面的研究，尤以美国为代表。虽然第一部区划法规出现在德国而非美国，但美国对于土地使用分区的规划和管理的贡献影响十分深远，美、德两国的区划与自由裁量型的英国土地使用管理成为世界规划界两种重要的分支体系[3]。

1.2.1 国外研究状况及发展动态

美国区划产生于1916年的纽约，成熟于1950年代（图1-1）。早期区划研究以Richard F.Babcock为代表，他（1966）曾率先对区划运行中的公共决策者、私人、规划师、律师、法官等不同参与者进行了分析，并对区划的目的、原则以及利益群体、决策基础等进行了探讨[4]；1985年，他又对纽约、佛罗里达、圣安东尼奥、芝加哥等地的区划进行了深入剖析和比较研究[5]。之后，为纪念1926年美国最高法院做出的Euclid村区划符合宪法的裁决60周年，1986年美国林肯土地政策学院隆重召开了“20世纪土地利用规划的核心机制——区划”的学术讨论会，分别对区划历史、区划应用、区划与法院、区划与经济、区划的未来进行了专题性研究[6]。近年来，Dwight H.Merriam（2005）从房地产所有者与开发者如何创造和保护自己房地产价值的视角，深入分析了区划的内涵与作用、区划与土地利用法律的关系、区划的运作过程和机制、区划与房地产价值的关系等内容[7]。北卡罗来纳大学政府学院David W.Owens教授（2007）对区划的历史与演变、形式与内容、决策与调整，区划中的准司法决策，区划的上诉与申诉、

---

[1] 江苏省城市规划设计研究院主编．城市规划资料集——控制性详细规划[M]．北京：中国建筑工业出版社，2002：1-8.

[2] 江苏省城市规划设计研究院主编．城市规划资料集——控制性详细规划[M]．北京：中国建筑工业出版社，2002：8.

[3] 侯丽．美国“新”区划政策的评介[J]．城市规划学刊，2005（3）：36-42.

[4] Richard F.Babcock.The Zoning Game[M].Wisconsin: The University of Wisconsin Press，1966.

[5] Richard F.Babcock，Charles L.Siemon.The Zoning Game Revised[M].Cambridge: Lincoln Institute of Land Policy，1985.

[6] Charles M.Haar，Jerold S.Kayden ed.Zoning and the American Dream[M].Chicago: the American Planning Association，1989.

[7] Dwight H.Merriam.The Complete Guide to Zoning[M].New York: McGraw-Hill，2005.

发展过程	年代	城市发展因素变化			效果
城市建设无序阶段	1900–1915	钢结构出现	高层建筑出现	工商业的发展迅猛，高层建筑开始曼延	居住环境质量恶化，公共利益无法保证
		电梯技术发展			
		经济迅速发展	对建筑空间、城市空间的需求增加		
		能源交通技术的进步		城市空间的迅速膨胀	
发展过程	年代	“区划法”内容变化			效果
区划的产生和发展阶段	1914–1916	纽约市立法部门修改“纽约章程”，制定了一系列的控制指标	地块控制指标	使用性质	经过近十年的探索，美国区划的内容基本确定，其法律地位也得到了保证
				庭院面积	
			建筑控制指标	建筑高度	
				建筑体量	
				建筑位置	
	1916	纽约市通过《区划条例》	是美国历史上第一个区划，实现了用法律控制土地使用的革命		
	1920	纽约市区划法得到纽约州最高法院的认可	美国历史上第一个区划成为法律		
	1922	纽约发表“标准区划许可法案”	成为全美 50 个州制定区划法案的蓝本		
	1922	通过案例“Village of Euclid v.Ambler”	美国最高法院宣布合理的区划是合乎宪法的，确立区划在美国的法律地位		
	1926	美国大多数城市编制通过了《区划条例》			
	1954	“Parker”案例	美最高法院的裁决再次确认政府有权管理私人土地，人们完全接受了区划法是合法的公共政策的工具		
完善和推广阶段	1945–	管理技术的发展	奖励性区划	鼓励设置城市公共空间和绿地	控制指标更加完善、控制手段更为灵活、控制思想更加富有人性，有利于城市有特色地区的保存以及城市空间环境的创造
			规划的单元开发（PUD）	使地方区划法对住宅市场的不断变化有更强的适应力	
			开发权的转让（TDR）	虽然仍有争议，但为区划体系引入了一个定量控制的手段	
			特殊的区划区	由于许多邻里各具特色，所以这种手段应运而生	
		控制指标的完善	容积率（FAR）的提出	纽约市的新区划法首次采用容积率，把土地使用控制和使用强度融为一体	
			空地率		
			天空曝光面		
			作业标准		
		控制思想的发展	控制观念的转变	由控制“什么不该发生”的消极控制方式转向反映“确定什么应该去做”的积极引导	
			城市设计思想的纳入	林肯广场区、第五大街区等就在其区划中成功贯彻城市设计思想	

图 1–1　美国区划法的产生和发展

资料来源：张苏梅，顾朝林．深圳法定图则的几点思考——中、美法定层次规划比较研究 [J]. 城市规划，2000，24（8）：32.

管理与合宪性，城市和地区的区划裁决权，区划与总体规划的关系等进行了细致研究[1]。Berry Cullingworth（2009）则对美国区划的历史、区划的制度和法律框架、区划技术和土地细分控制等内容进行了探讨[2]。不过，随着社会经济发展的变化，传统区划越来越受到质疑，如：区划导致形成单调的城市空间，其功能分区机械且单一；区划使得社会隔离合法化，导致社会分化；区划可能导致内城衰败;区划修改程序繁琐、僵化，难以适应现实情况的变化等（Kunstler，1996;Ferriss，1998;Rouse，2004;Fainstein，2004 等）。[3] 对此，Kayden（2004）甚至提出考虑废除区划的观点[4]，但更多学者则进行了区划改革研究，代表性人物为 Donald L.Elliott，他的《A Better Way to Zone》（2008）一书被丹佛大学法律教授 Edward H.Ziegler 誉为是除了 1966 年《The Zoning Game》之外有关区划的最好书籍。他深入研究了美国现行土地开发与区划中的政治、经济、法律、技术和程序等内容，提出为创造更宜居城市需对区划进行改革的十项原则，如：更灵活的土地利用、混合使用、可支付性住宅、成熟地区标准、非政治化的终审等，以及进行区划改革的五个关键步骤，包括：审查特别许可、将政治意图进行排序、整合各种区划草案、考虑区划实施、吸纳各种开发可能等[5]。

总结来看，近些年，随着城市发展变化，规划领域新思想、新理论的兴起，区划研究越来越深入，美国各地纷纷开始了全面的区划法规修改。区划类型上，出现了包容性区划（Inclusionary Zoning）、形态区划（Form-based Zoning）、改进型传统区划（Modified Conventional Zoning）、效果或影响区划（Performance or Impact Zoning）、奖励性区划（Incentive Zoning）等；区划研究与实践经验上，一是区划法不仅注重技术内容，更关注管理及审批的程序；二是区划需全面且综合，以应对各种开发情况；三是区划应简洁明了，便于公众理解，四是区划法的修改和编写必须最广泛地让社会各界参与；五是区划法在审批程序设计上应提供可供选择的方式来实现总体规划的政策目

---

[1] David W.Owens.Introduction to Zoning[M].North Carolina: UNC School of Government，2007.

[2] Barry Cullingworth，Roger W.Caves.Planning in the USA: policies，issues，and processes（third edtion）[M].London and New York: Routledge，2009.

[3] Kunstler，J.H.Home From Nowhere[J].The Atlantic Monthly，1996（9）：43-46
Ferriss，Hugh.Power InBuildings[M].Santa Monica:Hennessey & Ingalls，1998.
David Rouse，Nancy Zobl.Form-Based Development Codes[M].Zoning Praactice，2004.
Fainstein，Susan.Feinism and Planning:Theoretical Issues.In:Fainstein，Servon，eds. Gender and Planning[M]. Rutgers University Press，2004.

[4] J.Kayden.Using and Misusing Law to Design the Public Realm.In: Eran Ben-Joseph，Terry Szold，eds.Regulating Place[M]，London and New York: Routledge，2005.

[5] Donald L.Elliott.A Better Way to Zone[M].Washington DC: Island Press，2008.

标[1]。不过，自 20 世纪 50 年代区划在美国普及以来，由于美国的社会制度一直较为稳定，城市化早已步入成熟阶段，城市规划制度也较为完善，区划运作的环境与对象也变化不大，因而，近年来美国区划的研究，较少探讨区划运作的机制和制度创新，更多的是研究区划的控制思想、管理技术与方法，特别是与区划相关的社会经济问题等。而加上中、美的政治体制、社会经济制度、文化等的不同，特别是城市化进程与城市发展阶段的巨大差异，客观而言，近些年美国区划方面的研究对中国当前城市转型背景下控规制度研究的可借鉴经验并不多。在这种国外研究借鉴较为缺乏、国内控规改革需求又十分紧迫的情况下，我们急需立足于本国国情，加快控规的制度研究，一方面以适应城市开发规划调控的实践需要，另一方面，也可推进中国本土化的开发控制理论的研究探索，这对中国城市规划理论的形成具有相当重要的意义。正如张庭伟（2006）所言，中国规划理论的建立，必须要从中国制度创新的高度来理解[2]。

1.2.2 国内研究状况及发展动态

根据对 1987 年至 2008 年期间已发表的有关控规 296 篇文献的系统梳理与研究，基本可将控规研究概括为基础性研究、技术体系研究、制度体系研究和相关研究等四种类型（图 1-2）[3]；比较而言，中国控规研究中技术研究倾向明显，所占比重最多，而控规基础性研究和制度研究则较为薄弱[4]。

控规的制度体系研究上，主要集中在控规的法制化建设、编制组织与编制主体、运行机制、修改调整、公众参与、实施管理等方面的探讨。具体而言：

——控规法律化建设上，很多学者认为控规的法律地位有待提高，制度建设需加强，应推进控规的法制化（熊国平，2002；杜辉，2008；徐忠平，2010）；

——控规编制组织上，针对控规编制组织随意、编制单位商业化、一哄而上的控规全覆盖等问题，提出建立一支稳定的专业化控规编制与管理队伍，依据城市发展时序，逐步推进不同深

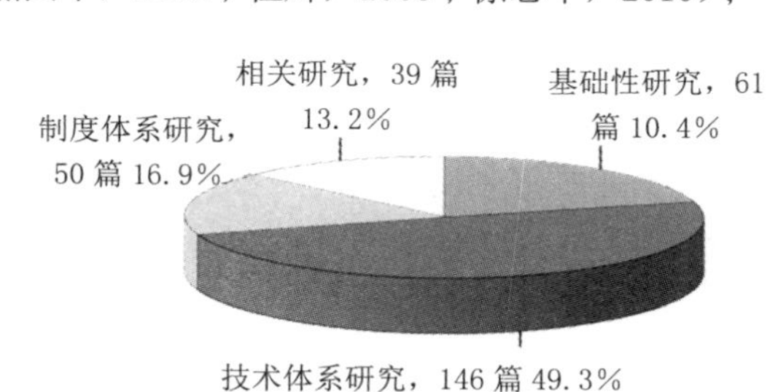

图 1-2 1987-2008 年控规论文中分类研究比例关系

---

❶ 张宏伟．美国地方政府对区划法的修改 [J]. 城市规划学刊，2010（4）：52-60.

❷ 张庭伟．规划理论作为一种制度创新 [J]. 城市规划，2006，30（8）：9-18.

❸ 本书中的图表，如未注明资料来源的，均为作者研究所绘．

❹ 详见：汪坚强，于立．我国控制性详细规划研究现状与展望 [J]. 城市规划学刊，2010（3）：87-97.

度的控规覆盖（张留昆，2000；邹兵，2003；唐历敏，2006；黄明华，2009）；

——控规运行机制上，认为控规封闭式操作，效率低下，审批决策中缺乏民主机制与相应监督，难以体现市场公平原则，故需推进控规的开放度，改革城市规划委员会制度，完善审批决策制度等（薛峰，1999；唐历敏，2006；郭素君，2007）；

——控规修改调整上，尽管控规调整有其必要性，但控规调整中既存在调整程序复杂、效率低下，也有研究欠缺、审查仓促、调整随意等问题（李江云，2003；苏腾，2007；温宗勇，2007；李浩，2007），研究提出控规调整关键要做到公开、公平、公正（杨保军，2007），建构“分内容、分层次”的审批机制，创立完善的动态调整机制，设立相应的事务机构（李雪飞，2009）；

——控规公众参与上，当前公众参与控规的意识薄弱，参与的制度保障缺失、方法与途径少，参与阶段浅，亟待改进公众参与控规的操作方式，推进控规的社会化程度以及控规编制与决策的民主化进程，控规决策中应设立公众听证与上诉申诉制度等（张留昆，2000;王富海，2002;邹兵，2003;杨保军，2007 等）；

——控规实施管理上，与控规相关的配套机制与政策不完善，造成控规实施不尽人意，且控规实施评价缺乏（王富海，2002；李江云，2003；王引，2006；陈卫杰，2008），为此，应建立和加强与控规编制配套的制度政策体系，以保障规划实施，包括：部门协作制度、规划信息系统、规划管理预警机制、规划监督制度、控规动态维护与实施评价机制等（杨浚，2007；颜丽杰，2008；田莉，2007；邱跃，2009；杜雁，2010 等）。

总之，这些控规的制度研究为本书提供了较好的研究基础。但是，由于较长时间内，中国控规是作为调控土地开发的规划技术来进行定位的，强调的是如何编控规，注重控规的技术体系和工具理性，较少认识到“控规的公共政策属性（颜丽杰，2008；徐忠平，2010 等）”及其制度的重要性，忽视了控规的价值理性，致使控规的制度方面研究量少、研究薄弱，且在深度上也有一些不足：

①对于控规制度体系的各主要环节缺乏深入研究，如：控规实施评价上，较缺乏对控规实施评价的目标与体系、方法与标准的研究；控规调整方面，则对控规调整的标准、程序与决策机制，控规调整中不同利益主体的责任和权利划分、上诉机制、究责与赔偿等研究较少；

②多偏重于控规制度体系的某个环节研究，缺乏从控规运行的动态视角对控规的编制、审批、实施、调整及反馈展开全方位的系统性、连贯性研究，较少考虑控规制度体系中不同环节问题在运作上的相关性与联动性；

③对于当前中国体制改革加速、市场经济深入发展、快速城市化推动下的城

市社会经济发展转型所引发的控规运作的环境与对象的变化、控规在开发控制中的属性与定位的改变等基础性研究薄弱，导致控规制度改革缺乏方向性指引；

④对于转型期控规运作中的政府、开发商、利害关系人、公众等不同利益主体的角色演变、利益诉求与利益冲突的研究缺乏，故难以建立起城市开发控制的利益协调与平衡机制。

为此，面对当前控规频繁调整乃至“失效”的尴尬现实，以及《城乡规划法》实施后控规法律地位空前提升与现行控规技术理性不足、制度建设滞后之间的矛盾和冲突，亟待加强控规的制度研究。

1.2.3 控规研究所运用的理论与方法

一直以来，控规研究多局限于传统工程技术视角，“十分欠缺新科学知识的运用，如土地经济学，除了基本原理外，真正运用到规划学科中的依然很少，在控规方面更是乏有问津者[1]”，致使控规研究多囿于传统规划理论的框架，难有突破。胡平湘等根据美国ISI（科学情报研究所）的引用频率，对1980~2000年世界顶级的规划杂志文章的引用因子进行排名，发现规划的文章已越来越倾向于借鉴经济学的知识[2]。对比来看，中国控规研究中经济学的应用十分匮乏，目前仅有1篇杂志论文[3]借鉴了新制度经济学进行研究。规划工作的本质是特定社会条件下，应对当时当地社会需求做出的一种制度安排（张庭伟，2006）。规划和规划理论如果不研究制度，将会不完整（周江评，2009）。控规作为市场经济条件下调控城市开发的制度或规则，其运行机制与制度研究十分重要。但一直以来，尽管人们认识到制度至关重要，制度因素对社会经济发展影响也无处不在，但却缺乏理论工具或理论范式去分析制度的影响及其功能，这一尴尬在新制度经济学的交易成本和产权分析理论引入后，则发生了改变[4]。新制度经济学是用经济学的方法研究制度的经济学，它是西方经济学界的一个重要流派，目前已经形成了比较成熟的研究框架，通过局部均衡分析法及交易费用、有限理性、不完全信息、契约及权利结构等基本概念的运用，可以有效地解释制度的起源、性质、边界、演进及其与经济绩效之间的关系等一系列问题（周业安，2000）。近年来，新制

---

[1] 颜丽杰.《城乡规划法》之后的控制性详细规划——从科学技术与公共政策的分化谈控制性详细规划的困惑与出路[J]. 城市规划，2008，32（11）：46-50.

[2] 田莉.有偿使用制度下的土地增值与城市发展[M]. 北京：中国建筑工业出版社，2008：19.

[3] 详见：田莉.我国控规的困惑与出路——一个新制度经济学的产权分析视角[J]. 城市规划，2007，31（1）：16-20.

[4] 卢现祥.新制度经济学[M]. 武汉：武汉大学出版社，2004：3.

度经济学研究成为中国经济学领域的一大“热点”，其原因正如张五常所指出的，中国的开放与改革需要制度经济学，它可以解释中国转型中的社会经济问题[1]。由此可知，新制度经济学也是研究转型期城市规划制度的重要理论和工具之一。

在西方，一些前沿的规划理论家，已开始应用新制度经济学来重新评价、修正、调整或重构规划理论，代表人物有M.Teitz、E.Alexander和P.Healey（周江评，2009）。在此过程中，主要形成了三个学术倾向：交易成本规划理论，以E.Alexander（2001）和E.Ostrom（2004）研究为代表；产权规划理论，代表性人物为C.J.Webster（2005）；以及公共选择规划理论，如Mark Pennington（2000）的研究；但是，在中国基于制度经济学理论关于城市规划制度的研究却很罕见（周国艳，2009）。目前仅有杂志文献不足10篇，代表性的为赵燕菁（2005）从制度经济学的视角重新审视城市规划；田莉（2007）借鉴新制度经济学中产权分析的视角对控规的土地发展权进行了解析，并提出中国控规改进的思路；周国艳（2009）分析了西方新制度经济学理论在规划领域中的运用，揭示其合理内核及其对于中国城市规划理论与实践的启示；吴远翔（2009）则以新制度经济学的制度变迁理论作为制度分析工具，对当前中国城市设计制度变迁的发生机制和模式选择进行了解读。基于此，借鉴新制度经济学的理论和方法进行转型期控规的制度研究十分必要，它对于深入分析控规制度改革与社会经济发展演进、控规制度建设与控规效用发挥的内在关系，探讨控规运作中不同参与方的利益协调机制等均具有重要价值和意义，并将成为发展中国本土化开发控制理论的重要一环。

此外，近年来，随着控规作为对城市开发具有约束力的公共政策工具逐渐得到共识（赵民，2009；袁奇峰，2010；徐忠平，2010等），传统工程技术的理论和方法对于控规研究越发显得狭隘和不足，为此，如何借鉴公共政策学的基本原理对控规展开研究十分重要而紧迫。因为基于公共政策的控规研究，重点解决的是控规的属性定位与价值定位问题，它是控规制度建设与优化的前提和基础。所以，控规的改革与创新十分有必要基于公共政策的新理念，探讨今后制度建设的方向，特别需要借鉴公共政策的内涵要求、属性特征、运行原理和程序安排等，进行控规的制度创新和运作机制优化。从发表文献来看，目前，基于公共政策研究控规的仅有2篇：一篇是颜丽杰（2008）从科学技术与公共政策的分化对控规的困惑与出路进行了研究；另一篇是赵兴钢（2010）对控规的公共政策属性的研究。不难看出，当前基于公共政策的控规研究十分薄弱，这一状况亟待改变。

---

[1] 卢现祥．新制度经济学 [M]．武汉：武汉大学出版社，2004：前言．

1.3 相关概念与研究问题

1.3.1 相关概念

（1）转型

从狭义上讲，“转型”是指一个发生根本性变化的过程，是从基于国家控制产权的社会主义集中计划经济转向自由的市场经济，是一个新制度代替旧制度的过程，如：中国的经济改革——市场经济体制建立；从广义上讲，转型就是一个发展制度、发展环境发生明显变迁的过程，这包括在全球化影响下，世界上大多数国家被带入了转型的发展过程；在国际学术界，对于“转型”的理解更多的是指前者，为此，经济体制转型和经济结构演进是中国转型的主要含义[1]。

时至今日，从全球视角来看，中国的经济改革并不是从中央计划经济转变到“中国特色的市场经济”那么简单，尽管这个趋势已经十分明显；中国的多重转型至少包括了制度转变的 8 个主要方面[2]：

1）从社会主义制度模式下的国家再分配经济向市场调节型经济转变，但最终模式尚不明确；

2）从国家控制经济生产向国家调控市场转变；

3）从中央集中决策和资源自上而下的分配，向财政分权化和较大的地方经济自主转变；

4）从集中于重工业的外延式国家工业化，以满足中央计划下的强制性生产配额，向满足全球和国内市场需求的商品生产转变；

5）从低效的国家经济为主的工业化生产，向面向全球市场的消费商品的生产制造业转变，或者说是从“国家工厂”向“世界工厂”的转变；

6）从在资源约束条件下过分强调生产国家认为适当的物资，转变为较为均衡的消费品及服务业的生产；

7）从土地公有（国有和集体所有）和土地的无偿使用，向很大程度上遵循以地价的区位为原则的土地有偿使用的转变；

8）从由工作单位实质上免费供应住房向住房商品化转变。

基于上述分析，本书的关键词之一——“转型”，具体包括三层含义：①经济体制改革向政治体制、社会体制以及文化体制等全方位的改革，城市发展的

---

[1] 张京祥，罗震东，何建颐．体制转型与中国城市空间重构 [M]．南京：东南大学出版社，2007：31-35.

[2] 吴缚龙，马润潮，张京祥主编．转型与重构——中国城市发展多维透视 [M]．南京：东南大学出版社，2007：4.

制度环境发生变迁，致使控规运作的外部制度环境发生改变；②全球化、市场化、信息化、分权化以及城市化等推动下，城市发展正处于总体转型之中，城市开发迅猛，这意味着控规作用对象的改变；③近年来《行政许可法》、《物权法》、《国家赔偿法》，特别是《城乡规划法》等一系列法律、法规的颁布实施，正推动着城市规划整体制度的转型，控规运作的城市规划内部制度环境发生改变。

（2）制度

什么是“制度”？康芒斯认为，制度集体行动控制个体行动的“规则”[1]。诺斯指出，制度是一个社会的博弈规则，或者更规范地说，它们是一些人为设计的、型塑人们互动关系的系列约束；制度由正式约束（如人为设计的规则）和非正式约束（如惯例）组成；制度约束包括两个方面：有时它禁止人们从事某种活动，有时则界定在什么样的条件下某些人可以被允许从事某种活动；制度在生活中的主要作用，是通过建立一个人们互动的稳定（但不一定是有效的）结构（即规则）来减少不确定性[2]。布罗姆利则把制度看作是影响人们经济生活的权利和义务的集合，这些权利和义务有些是无条件的，不依靠任何契约，既可能是、也可能不是不可剥夺的，另一些是通过建立契约自动获得的；制度可以分为“行为准则和规则或所有权”两类；制度使日常生活中反反复复的讨价还价最小化，降低了交易费用；制度决定交易费用的性质和数量，决定什么是效率[3]。

总之，尽管迄今为止，国内外学者对于什么是制度尚未达成统一的结论，但制度的基本涵义是清晰的，即：制度是一种社会游戏规则，是人们所创造的，用以约束人们相互交往行为的框架；制度通过提供一系列规则界定人们的选择空间，约束人们之间的相互关系，从而减少环境中的不确定性，减少交易费用，保护产权，并促进生产性活动；制度由社会认可的非正式约束（如：行为方式、习俗等）、国家规定的正式约束（如：法律、宪法）和实施机制所构成[4]。

（3）制度变迁与制度创新[5]

制度变迁是指制度的替代、转换与交易过程，它的实质是一种效率更高的制度对另一种制度的替代过程。“由于对现有制度的修正也是一种创新过程，

---

❶ （美）John Rogers Commons. 制度经济学（上册）[M]. 于树生译 . 北京：商务印书馆，1962：87.

❷ （美）道格拉斯 C • 诺斯 . 制度、制度变迁与经济绩效 [M]. 杭行译 . 上海：格致出版社，上海三联书店，上海人民出版社，2007：3-7.

❸ （美）丹尼尔•W•布罗姆利 . 经济利益与经济制度——公共政策的理论基础 [M]. 陈郁，郭宇峰，汪春译 . 上海：上海三联书店，上海人民出版社，2006：45-63.

❹ 卢现祥 . 西方新制度经济学 [M]. 北京：中国发展出版社，1996：19-20 .

❺ 卢现祥. 新制度经济学 [M]. 武汉：武汉大学出版社，2004：144，162.

而新制度的采纳也必然伴随着旧制度的改变，因此，制度变迁与制度创新并没有严格区别，通常互相替代使用[1]”。本书研究“控规的制度构建”，更多的是指控规的制度变迁或制度创新。

“创新”的概念和创新理论是由熊彼特在1912年出版的《经济发展理论》一书中首次提出和阐发的。在熊彼特看来，所谓创新，就是建立一种新的生产函数，也就是说，把一种从来没有过的关于生产要素和生产条件的“新组合”引入生产体系。熊彼特认为，创新包括产品创新、技术创新、组织创新和市场创新等。美国经济学家戴维斯和诺思在1971年出版的《制度变革和美国经济增长》一书中，继承了熊彼特的创新理论，研究了制度变革的原因和过程，并提出了制度创新模型，补充和发展了熊彼特的制度创新学说。

关于制度创新，新制度经济学家有很多论述，其主要有以下几方面的内容：

1）制度创新一般是指制度主体通过建立新的制度以获得追加利润的活动，它包括三方面：①反映特定组织行为的变化；②指这一组织与其环境之间的相互关系的变化；③指在一种组织的环境中支配行为与相互关系规则的变化。

2）制度创新是指能使创新者获得追加利益而对现行制度进行变革的种种措施与对策。

3）制度创新是在既定的宪法秩序和规范性行为准则下制度供给主体解决制度供给不足，从而扩大制度供给的获取潜在收益的行为。

4）制度创新是由产权制度创新、组织制度创新、管理制度创新和约束制度创新四方面组成的。

5）制度创新既包括根本制度的变革，也包括在根本制度不变的前提下具体运行的体制模式的转换。

6）制度创新是一个演进的过程，包括制度的替代、转化和交易过程。

综合而言，所谓制度创新是指社会规范体系的选择、创造、新建和优化的通称，包括制度的调整、完善、改革和更替等。

（4）控规的技术体系与制度体系

邹兵（2003）提出深圳法定图则分为制度体系和技术体系：技术体系是由一系列规划的技术规定、标准和准则组成；制度体系是指从法定图则的编制、审批到管理实施和修改的一系列运行规则和程序[2]。本书提出：控规技术体系特指控

[1] 邹兵．小城镇的制度变迁与政策分析 [M]．北京：中国建筑工业出版社，2003：22.

[2] 邹兵，陈宏军．敢问路在何方——由一个案例透视深圳法定图则的困境与出路 [J]．城市规划，2003，27（2）：61-67.

规编制的技术体系与技术方法，包括一系列有关控规编制的内容构成、技术方法与规定、标准和准则等，它是控规成果“科学性”的技术支持；控规制度体系则是指从控规的编制管理（即编制组织、编制思路和编制程序，不包括具体的编制技术与编制内容）、审批、实施、修改及法制化的一系列运行规则和程序，它是控规运作“公正性”的机制支撑。本书研究对象为控规的制度体系与制度运作。

1.3.2 研究问题

本书的研究问题为：如何通过控规的制度建设与优化，来提高转型期作为公共政策的控规的效用。具体而言，拟研究的关键性问题包括：

（1）转型期，控规频繁调整乃至“失效”的深层原因是什么；

（2）当前，中国控规制度建设的状况如何、问题与经验有哪些；

（3）控规在开发控制中的属性定位是否是公共政策，为什么；

（4）控规“为谁而作、作何而用、控制什么”；

（5）转型期，控规运作中政府、市场与社会等不同利益主体之间的利益博弈状况如何；

（6）如何基于公共政策导向进行控规制度的建设与优化。

1.4 研究目标与研究内容

1.4.1 研究目标

针对现行控规频繁调整乃至“失效”，及其所导致的城市开发“失控”的问题，研究当前城市社会经济转型背景下控规运作的制度环境与作用对象的改变；分析造成控规问题的深层原因；探讨控规在城市开发控制中的属性定位，及控规为谁而作、作何而用、控制什么等基本原理；厘清控规制度建设的社会经济动因。然后，结合北京、上海、深圳、广州、南京等中国五大发达城市的控规制度建设的实证性研究，比较和总结各地控规制度建设的共性问题与有益经验。以此为基础，剖析控规运作的全过程及政府、市场、社会等不同参与方的利益角色、利益诉求与利益冲突，揭示控规运作中内在的利益博弈关系，辨明控规制度建设与优化的关键性环节与问题；探索控规制度改革的方向以及控规制度建设与优化的理性思路与政策建议；丰富中国“本土化”的城市开发控制理论。以期通过控规的制度建设与优化，提高控规效用，引导城市开发健康、有序发展。

1.4.2 研究内容

规划工作的本质是特定社会条件下，应对当时当地社会需求做出的一种制度安排（张庭伟，2006）。随着社会经济的发展变化，规划这种制度安排必然发生演变。当前中国经济与社会的巨大转型，从根本上改变了城市的发展环境与作用机制，控规运作的制度环境、作用对象及所面临的问题与1980年代控规产生之初相比已有了天壤之别。制度变迁、城市发展转型，作为城市开发的规划调控制度——控规必须进行相应调整，特别需要建立起“制度环境变迁——城市发展转型——控规制度重构”的基本分析框架。为此，本书主要研究当前社会经济转型的特殊时期，控规频繁调整乃至“失效”的深层制度性成因；剖析现行控规制度建设的状况、问题与经验；探讨控规在城市开发控制中的属性定位以及控规“为谁而做、作何而用、控制什么”等基本原理；然后，基于公共政策导向，探索控规制度建设与优化的理性思路与政策建议。具体包括：

（1）采用面上调查与案例研究方法，探寻造成控规问题的深层原因，分析现行控规运作的内在机制与制度建设状况

目前，控规的制度体系尚不成熟，国家层面，只是形成了《城乡规划法》（2008）、《城市、镇控制性详细规划编制审批办法》（2011）中有关规定的粗略框架；地方层面，则更是控规的制度探索各异，运作情况不一。基于此，控规的制度研究特别需要实证性分析，以深入了解中国控规制度及运作的现状与问题。对此，一方面，采用面上调查的方式进行总揽性研究，探寻控规存在的主要问题及可能成因，分析控规制度改革的社会经济动因，了解和掌握当前中国控规制度建设的总体状况、存在问题及可能成因等；另一方面，鉴于地方性规划制度的完善程度一般与其经济发展水平、社会成熟度等呈正相关关系，发达地区本土化的控规制度建设探索较多，而欠发达地区则多沿用国家制定的控规制度框架，较少有自身的控规制度建设，故本书采用案例研究方法，以北京、上海、深圳、广州、南京等中国若干发达城市的控规制度探索为研究案例，重点研究和比较现行控规制度的建设探索、体系构成、共性问题及有益经验等，力图揭示城市开发控制中控规制度及运作的价值核心。

（2）运用制度经济学与公共政策学的理论和方法，探讨转型期控规在开发控制中的属性定位以及控规“为谁而作、作何而用、控制什么”等基本原理

控规研究的基础性问题是要厘清控规的属性定位与基本原理，本书运用制度经济学的制度变迁的理论和方法，分析转型期控规运作的制度环境变迁与作

用对象改变，探寻控规制度建设的社会经济动因；然后，通过利益分析方法，剖析控规运作中不同参与主体的利益角色、利益诉求与冲突，并从公共政策视野，进一步探讨控规“为谁而作、作何而用、控制什么”的基本原理，深入思考控规的内涵、属性、价值等在城市开发控制中的重新定位，以寻求新的社会环境下控规理性价值及作用发挥的途径与机制，为控规的制度建设辨明方向。

（3）基于公共政策导向，探索控规制度建设与优化的理性思路与政策建议

通过前述对中国控规制度建设的状况分析、控规在城市开发控制中的定位认知、控规的基本原理探讨、控规运作中不同参与主体之间的利益博弈分析，借鉴公共政策学与制度经济学的理论与方法，辨明控规制度建设中的关键性环节与问题，探索控规制度改革的趋势与方向。与此同时，运用政策分析、系统分析方法，从控规运作的动态视角对控规的编制、审批、实施等控规制度体系中的三个核心环节展开全方位的系统性、连贯性研究，并提出控规制度建设与优化的理性思路与政策建议。

1.4.3 研究框架

本书共分九章，第一章研究缘起，第九章结论，第二至八章为核心内容。结构上，本书分为：问题分析（第二章）；研究展开，包括实证分析（第三章）、基础研究（第四、第五章）和利益辨析（第六章）；以及思路探讨和政策建议（第七、第八章）三大部分（图 1-3）。

第二章，是对当前控规存在的主要问题及其成因探寻。通过对实践中，控规“失效”的现象、危害及其制度性成因分析，指出控规“失效”不仅是技术问题，更是制度不完善所造成，控规制度建设迫在眉睫。

第三章，是控规制度建设的现状分析。重点对中国控规制度建设的总体状况以及北京、上海、深圳、广州、南京等若干发达城市的控规制度探索进行实证性研究，分析当前中国控规制度建设的进展，总结、比较中国不同地区控规制度建设的共性问题与有益经验。

第四、五章，是控规制度建设的基础性研究。第四章，重点探讨控规的公共政策属性定位，解答“控规是什么”的问题，为控规制度建设厘清方向；第五章，则探讨控规“为谁而作、作何而用、控制什么”等基本原理，以准确把握控规的核心内容，厘清控规的目的、价值和内容。

第六章，是控规制度建设的关键性内容分析。通过对控规运作过程及其中政府、开发商、规划师、社会公众等不同参与方的利益角色、利益诉求与利益

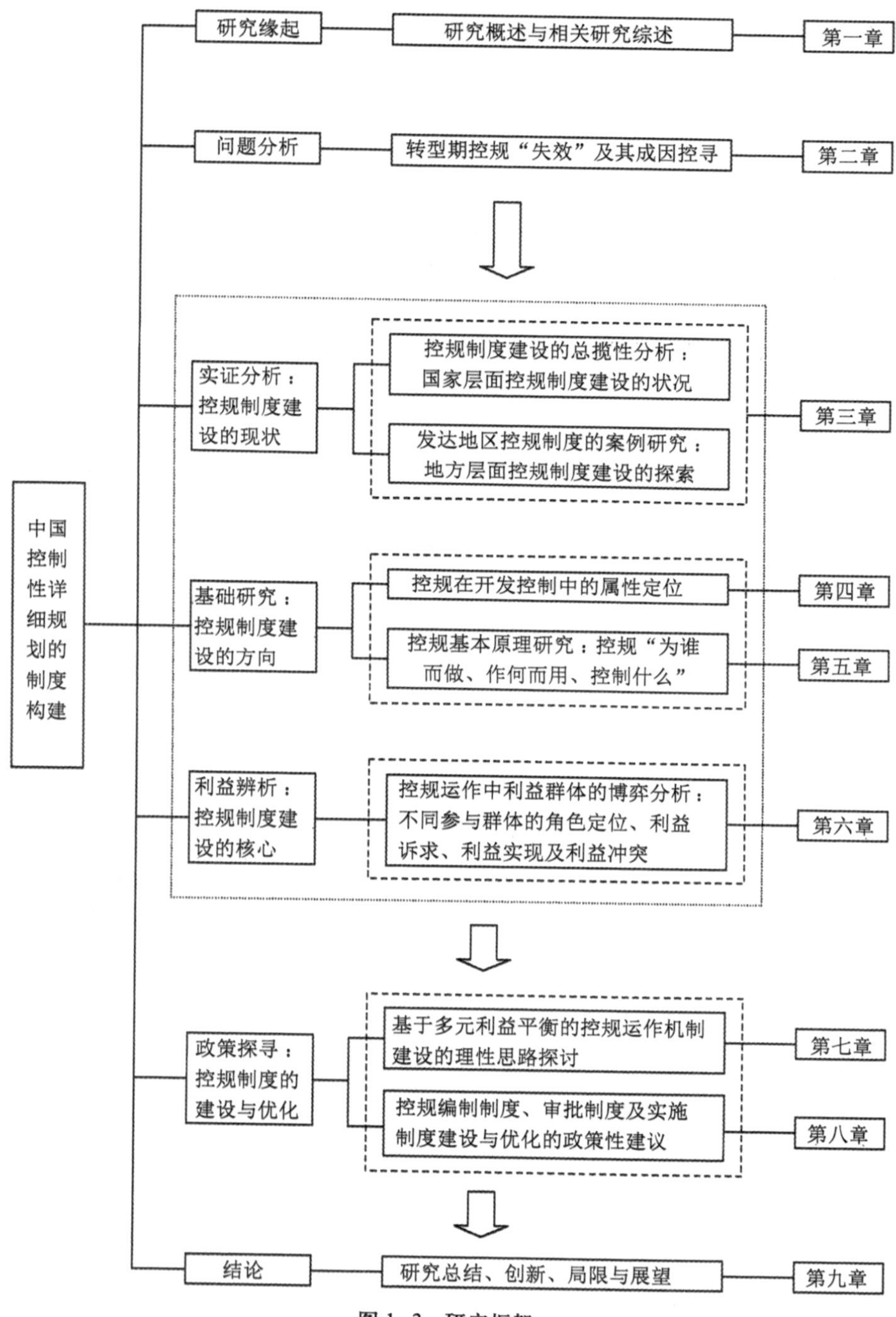
中国控制性详细规划的制度构建
研究缘起
研究概述与相关研究综述
第一章
问题分析
转型期控规“失效”及其成因控寻
第二章
实证分析：控规制度建设的现状
控规制度建设的总揽性分析：国家层面控规制度建设的状况
发达地区控规制度的案例研究：地方层面控规制度建设的探索
第三章
基础研究：控规制度建设的方向
控规在开发控制中的属性定位
第四章
控规基本原理研究：控规“为谁而做、作何而用、控制什么”
第五章
利益辨析：控规制度建设的核心
控规运作中利益群体的博弈分析：不同参与群体的角色定位、利益诉求、利益实现及利益冲突
第六章
政策探寻：控规制度的建设与优化
基于多元利益平衡的控规运作机制建设的理性思路探讨
第七章
控规编制制度、审批制度及实施制度建设与优化的政策性建议
第八章
结论
研究总结、创新、局限与展望
第九章

图 1–3 研究框架

冲突的分析，揭示控规运作背后的利益博弈以及相关制度的不足或缺失。

第七、八章，是控规制度建设与优化的思路探讨与政策建议。第七章，重点探寻了基于多元利益平衡的控规运作机制建设的理性思路。第八章，则具体对控规的编制制度、审批制度和实施制度等控规制度体系的核心内容展开系统、连贯的研究，并提出可操作的控规制度建设与优化的政策建议。

1.5 研究设计与技术路线

1.5.1 研究设计

明确了研究问题、研究目标和研究内容之后，下一步的关键是如何开展研究，而这有赖于研究方案的设计。从本质上说，研究设计是一种关于如何展开论证的计划，它能使研究人员对其研究中各个不同变量之间的逻辑关系进行推论[1]。简言之，研究设计是用实证数据把需要研究的问题和最终结论连接起来的逻辑顺序[2]。具体而言，本书的研究设计基本分为：理论探索、实证分析、基础研究、利益辨析和政策探寻五大部分，遵循："研究的框架构建——问题分析——回归本质——对策探讨"的逻辑思路；研究方法上，则综合运用文献研究与实地调研相结合、制度分析与政策分析相结合、案例研究与比较研究相结合、定量分析与定性分析相结合的研究方法（详见附录 A）。

（1）理论探索：运用文献研究、历史比较分析方法，分析已有控规研究的状况与争鸣，汲取国外相关研究的营养，特别是城市土地利用的规划控制研究；然后，紧扣当前中国城市社会经济转型的特殊时代背景，借鉴公共政策学和制度经济学的理论与方法，重新思考控规的内涵、属性、价值、作用及其在城市开发控制中的定位，辨明控规制度建设的方向与准则，确立控规制度建设的关键性环节与问题，并提出研究框架。

（2）实证分析：采用面上调查（Overall Survey）与案例研究（Case Study）相结合的研究方法。面上调查属总揽性研究（Rapid Qualitative Survey），目的是了解中国不同地区控规制度及运作的总体情况，主要通过文献查阅、网络搜索、问卷调查、选择性访谈与考察等具体手段，了解和掌握现

[1] Nachmias, D., Nachmias, C.Research methods in the social science[M].New York: St.Martin's, 1992：77-78.

[2]（美）Robert K.Yin. 案例研究：设计与方法 [M]. 第 3 版 . 周海涛主译 . 重庆：重庆大学出版社，2007：24.

行控规存在的主要问题及可能成因，中国控规制度建设的历程与状况、控规制度体系的框架与运作等。案例研究是本项目的重点，伊恩（Yin，1994）认为案例分析法是对真实世界中现实现象的经验型探究，特别是当研究对象与其所处的环境背景之间的界限并不明显时，它有助于获得对真实世界某些带有普遍性的事实的全面认识，并适合回答“怎么样和为什么”的问题。本书重点需回答“为什么控规存在各种问题乃至失效”、“控规失效与控规制度之间存在怎样关系？为什么”、“控规问题的深层制度性原因是怎样的”、“怎样才能实现控规制度的优化”等问题；而控规“失效”及控规制度问题与当前社会经济转型的背景又密不可分。基于此，采用案例研究方法来进行“中国控制性详细规划的制度构建研究”较为适合。具体而言，本项目拟选取北京、上海、深圳、广州、南京五个发达城市的控规制度作为案例对象，进行比较研究，通过焦点群体与个体访谈、问卷调查、会议讨论等研究方法，运用三角验证法及定性分析、定量分析等研究工具，深入研究当前中国发达城市控规制度建设的状况，分析控规制度建设面临的共性问题，比较和总结发达地区控规制度的建设探索与经验启示等，力图揭示城市开发控制中控规制度及运作的价值核心与内在机制。

（3）基础研究：基于“制度环境变迁——城市发展转型——控规制度改革”的逻辑框架，运用制度经济学的制度变迁的理论和方法，研究在体制改革加速、市场经济深入发展和快速城市化推动的城市发展转型的影响下，控规运作的制度环境与作用对象的改变，明确控规制度建设的社会经济动因。而后，基于公共政策的视角，探讨控规在城市开发控制中的属性定位（即“控规是什么”的问题），以及控规“为谁而作、作何而用、控制什么”等基本原理。

（4）利益辨析：公共政策分析最本质的方面是利益分析，控规作为调控土地开发中利益分配的政策工具，其制度建设，特别需对所涉及的利益主体及利益关系展开分析。为此，借助利益分析法，本书重点剖析控规运作的全过程及其中政府、开发商、规划师、社会公众等不同参与方的利益角色、利益诉求与利益冲突，以揭示控规运作背后的利益博弈关系，辨明控规制度建设与优化的关键性问题与方向。

（5）政策探寻：综合公共政策学与制度经济学的理论和方法，在前述分析的基础上，把握控规制度改革的趋势与方向，探寻基于多元利益平衡的控规运作机制的构建，以厘清控规制度建设的理性思路；与此同时，运用政策分析、系统分析方法，从控规运作的动态视角具体对控规的编制、审批、实施等控规制度体系的三个核心环节展开全方位的系统性、连贯性研究，最终具体探讨控规的编制制度、审批制度以及实施制度优化的政策建议。

1.5.2 技术路线

本书研究的技术路线见图 1-4。

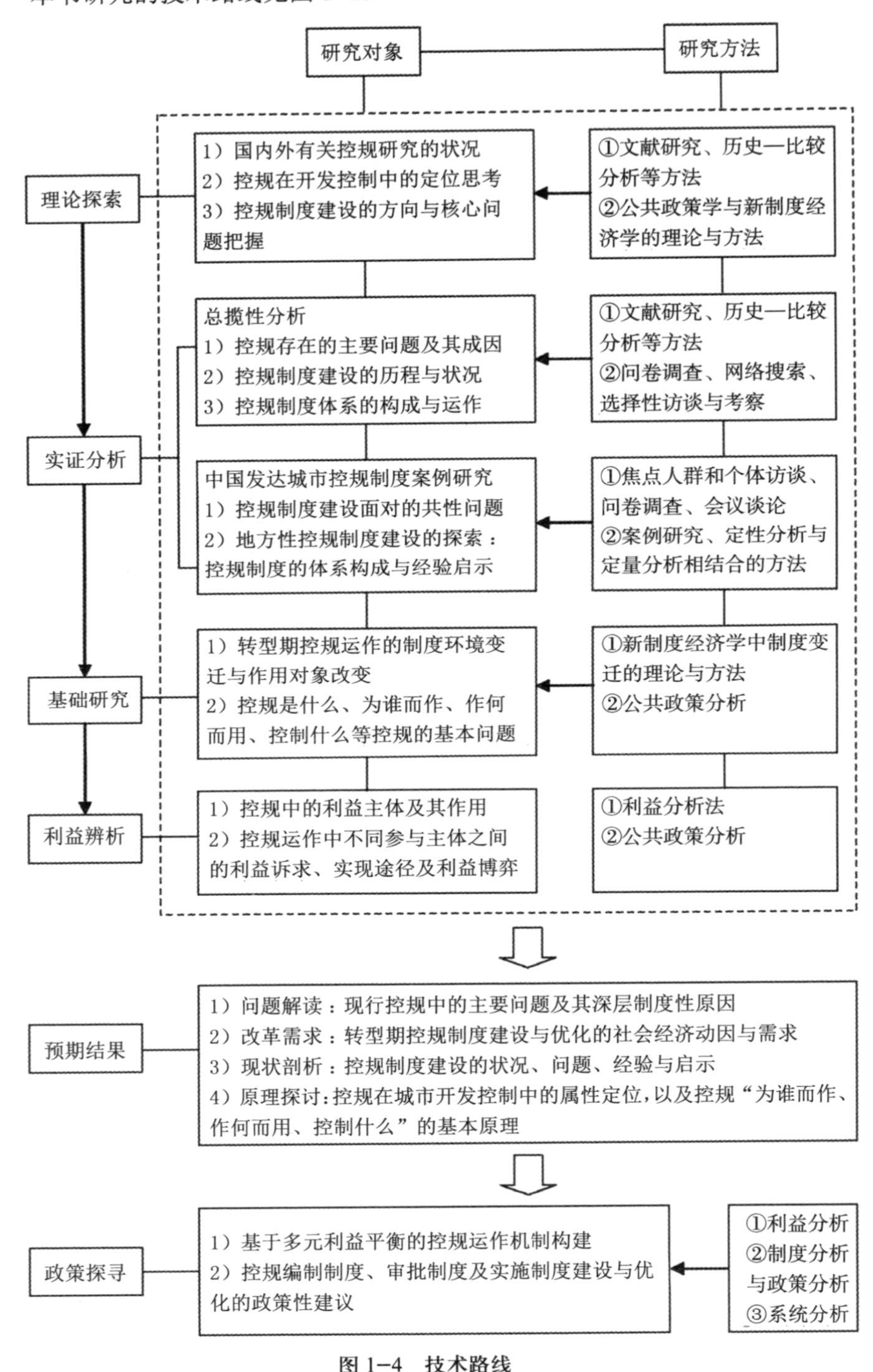

图 1–4 技术路线

第二章　问题厘清：转型期控规“失效”及其可能成因

《城乡规划法》(2008)实施后，控规成了城市（镇）国有土地使用和建设工程规划管理的前提条件，其法律地位空前提升。然而，近年来“控规指标调整频繁[1]”乃至控规“失效”[2]屡见不鲜，城市开发频频“失控”，不仅影响了控规的法定性与权威性，更使得城市开发中的公共利益严重受损。因此，控规技术理性不足、制度建设滞后，与《城乡规划法》确立的控规作为中国法定城乡规划体系核心之间存在矛盾和冲突，急需改革。这其中，首要任务就是要厘清控规问题或控规“失效”的可能成因，以为控规改革辨明方向。

2.1 市场经济下城市开发的规划控制

市场经济是市场在资源配置中起主导作用和基础作用的经济体系，其优点是有效配置资源和提供激励、发展效率高、有活力。在市场调节作用充分发挥时，能极大地调动经济运行活力，并促进社会生产力的发展，较快提高人民生活水平。 强大的市场力量创造了城市并决定了它们的规模、位置和空间结构，但市场并不是完美无缺的，其缺陷会导致城市建设与公众福利相背离，对此，政府的主要作用是依靠城市规划、法律法规和公共投资来解决这些由市场缺陷所带来的城市发展问题[3]。从现代城市规划诞生来看，其主要原因就是为了应对工业革命后，城市化快速推进所导致的贫民窟、交通拥挤、环境污染、传染病流行等城市建设中的“市场失灵”问题。西方市场经济国家的城市规划也正源于市场失效[4]。

1992 年我国建立市场经济体制，计划体制开始向市场体制转轨。如果说计划经济条件下，城市规划是配合城市经济发展计划的用地安排和城市空间结构的构造；在市场经济条件下，城市规划则是控制和引导城市开发的制度[5]。我国城市规划体系包括规划法规、规划编制和规划行政三个方面[6]。城市开发的规划调控，一般是由各级规划主管部门，依据国家及地方

[1] 梁伟．控制性详细规划中建设环境宜居度控制研究——以北京中心城为例 [J]. 城市规划，2006，30（5）：27-31，43.

[2] 唐历敏．走向有效的规划控制和引导之路——对控制性详细规划的反思与展望 [J]. 城市规划，2006，30（1）：28-33.

[3] 丁成日，宋彦等．城市规划与市场机制 [M]. 北京：中国建筑工业出版社，2009：34.

[4] 朱介鸣．市场经济下的中国城市规划 [M]. 北京：中国建筑工业出版社，2009：95.

[5] 朱介鸣．市场经济下的中国城市规划 [M]. 北京：中国建筑工业出版社，2009：3.

[6] 全国城市规划执业制度管理委员会．城市规划原理 [M]. 北京：中国计划出版社，2002：43.

相关法律、法规与技术标准，以及经批准的各类城市规划，对开发项目实行“一书两证”的规划许可制度。由于法律、法规与技术标准具有原则性、普适性、稳定性和滞后性等特点，一般很难直接作为具体开发项目规划管理的依据，因此，相对而言，经批准的各类地方性城市规划，是当地对城市开发实施调控的重要依据。

从规划层次来看，我国城乡规划主要包括：城镇体系规划、城市规划、镇规划、乡规划与村庄规划，城市与镇的规划又分为总体规划与详细规划（包括控规与修建性详细规划）两个层级[1]（图 2-1）。这其中，城镇体系规划与总体规划属战略性规划，详细规划属实施性规划[2]。据此，市场经济下城市（镇）开发的规划控制，实质上是一个从宏观到微观的系统性控制，它包含从区域发展协调（城镇体系规划）、到城市整体发展（总体规划）、再到具体项目开发（详细规划）的“连续性”规划调控过程，其中：战略性规划侧重于宏观，调控的是区域或城市的整体利益与长远利益，它不直接作为具体项目的规划管理依据，其意图实现依赖于实施性规划的落实；实施性规划则偏重于微观，但以战略性规划为上位依据，调控的则是具体地块开发者与相关利害关系人的权益以及可能涉及的社会公众的公共利益，它是规划主管部门对城市开发实施调控的直接依据。由于国家现行的规划体系框架中，各层次规划的主要作用都是为了控制和引导城市有序发展[3]。在城市规划领域可以分配的最重要的社会资源是城市土地的开发权以及在城市土地使用关系上建立起来的各种城市空间关系；在城市建设项目决策过程中，决策者（无论是政府和公共部门的，还是私人开发部门的）所关心的是具体项目的开展及其可能的后果，规划应当建立起这些具体的开发建设行为与城市发展目标和城市整体框架之间的相互关系[4]。因此，宏观规划调控与微观规划调控之间应有机衔接，以保证规划的延续性及规划控制体系的完整性。

从政府与市场的职责划分来看，城镇体系规划、总体规划以及控规的编制组织主体是政府或规划主管部门，属“政府调控型规划”；而修建性详细规划的编制组织主体是市场开发方（尽管也包括政府，如：公共财政投资的公益性

---

❶ 详见：《中华人民共和国城乡规划法》（2008）第 2 条 .

❷ 吴志强，李德华主编 . 城市规划原理（第四版）[M]. 北京：中国建筑工业出版社，2010：57.

❸ 唐历敏 . 走向有效的规划控制和引导之路——对控制性详细规划的反思与展望 [J]. 城市规划，2006，30（1）：28-33.

❹ 孙施文 . 强化近期规划促进城市规划思想方法的变革 [J]. 城市规划，2003，27（3）：13-15.

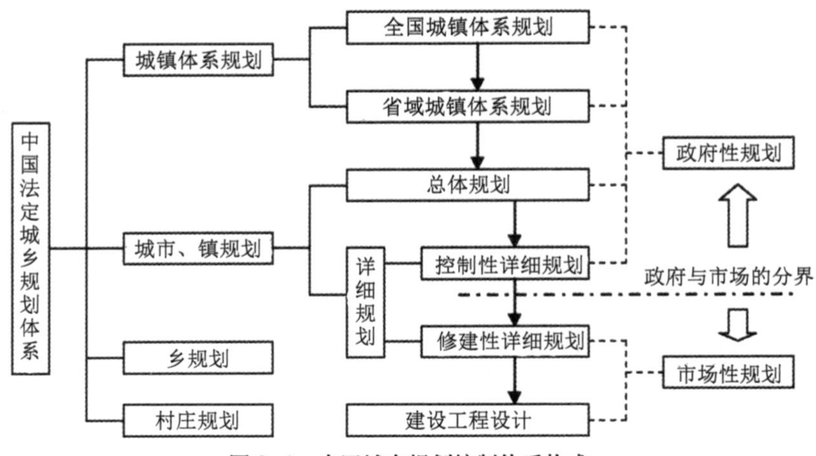

图 2-1　中国城乡规划编制体系构成

项目，但数量少)，属“市场开发型规划”；城市开发的规划调控一般通过“政府性规划”对“市场性规划”的指导与调控来达到（图 2-1）。

从《城乡规划法》来看，控规法律地位空前提升，控规既是国有土地使用权出让或划拨使用的前置条件，也是核发建设用地规划许可证与建设工程规划许可证、审查开发项目修建性详细规划的法定依据。所以，控规是我国规划管理的核心环节，是城市开发调控最重要和最直接的规划层次。

2.2　转型期控规的“失效”

2.2.1　控规效用分析

从控规发展历史来看，1982 年为适应外资建设要求，上海虹桥开发区编制土地出让规划，成为我国控规的开河之作[1]。1988 年我国建立土地有偿使用制度，1992 年党的十四大提出建立社会主义市场经济体制，由此，城市建设的投资渠道、开发主体、建设方式等建设机制发生了重大改变，原计划经济下的详细规划越来越难以适应新的形势需要。为调控市场经济下的城市开发，创新成为必然，控规因此而出现。所以，控规从产生之日起，就是为城市经营、土地开发服务的[2]。

---

❶ 蔡震．我国控制性详细规划的发展趋势与方向 [D]. 北京：清华大学建筑学院硕士学位论文，2004：6.

❷ 袁奇峰，扈媛．控制性详细规划：为何？何为？何去？ [J]. 规划师，2010，26（10）：5-10.

从控规的概念定义来看，依据《城市规划基本术语标准》(GB/T50280—98)，控规是“以城市总体规划或分区规划为依据，确定建设地区的土地使用性质和使用强度的控制指标、道路和工程管线控制性位置以及空间环境控制的规划要求”。由此可见，控规重点是调控建设用地的开发，它具体规定了土地开发的管理要求。依据《城市规划资料集第四分册—控规》(2002)，控规是《城市规划编制办法》中确定的规划层次之一，与修建性详细规划同属详细规划，是以总体规划或分区规划为依据，以土地使用控制为重点，详细规定建设用地性质、使用强度和空间环境，强化规划设计与管理、开发的衔接，作为城市规划管理的依据并指导修建性详细规划的编制[1]。这一定义则强调了控规的规划层次属性，控规的控制重点，控规与总规、修建性详细规划的关系，控规与规划管理、建设开发的关系。

从法律视角来看，《城乡规划法》，一是明确了控规的法律地位，将其确定为独立的法定规划层次(第2条)；二是确定控规作为国有土地使用的前置条件，如：划拨用地需依据控规核发建设用地规划许可证（第37条），出让用地在出让前需依据控规提出规划条件，将规划条件纳入土地使用权出让合同之中（第38条）；三是确定控规作为建设工程规划许可的依据，要求开发项目的修建性详细规划和工程设计方案须符合控规和规划条件，方可核发建设工程规划许可证（第40条）；四是建设单位申请规划条件变更或者进行临时建设的，如不符合控规，规划主管部门均不得批准（第43、44条）。因此，控规成了城市规划实施管理最直接的法律依据，是国有土地使用权出让、开发和建设管理的法定前置条件[2]。

综上分析，控规是市场经济条件下调控城市开发的重要规划制度。新制度经济学家诺斯（Douglass C.North）指出，“制度是一个社会的博弈规则，或者更规范地说，是一些人为设计的、型塑人们互动关系的约束；制度通过为人们提供日常生活的规则来减少不确定性；制度包括正式和非正式两种，由正式的成文规则以及那些作为正式规则之基础与补充的典型的非成文行为规则所组成[3]”。因此，控规实质上是调控城市开发的正式的“游戏”规则，其效用主

---

[1] 江苏省城市规划设计研究院主编．城市规划资料集——控制性详细规划[M]．北京：中国建筑工业出版社，2002：17.

[2] 全国人大常委会法制工作委员会经济法室等编．城乡规划法解说[M]．北京：知识产权出版社，2008：61.

[3] （美）道格拉斯C·诺斯．制度、制度变迁与经济绩效[M]．杭行译．上海：格致出版社，上海三联书店，上海人民出版社，2007：3-7.

要包括：

1）作为规划管理的重要依据，控规需能满足地方政府进行城市土地开发调控的需要，促进城市开发的有序化和规范化。

2）作为城乡规划编制体系中一个关键性的规划层次，控规需承上启下，落实总体规划意图，并指导修建性详细规划和建设工程设计。

3）作为调控城市开发的"游戏"规则，控规需既能约束开发者，防止土地开发的"市场失灵"，也应约束政府及规划主管部门，防患土地开发的"政府失灵"。对外，控规需防止"市场失灵"，为开发者提供明确的管理要求，减少开发的不确定性和随意性，控制城市开发的"负外部性[1]"，使建设开发的外部性内在化，提供市场所"不能或不愿"提供的"公共产品"（如：公共绿地、广场、配套设施等）。对内，控规需同时防止"政府失灵"，规范规划管理行为，既为地方政府或规划管理部门调控城市开发提供明确、规范的行政管理依据，界定明晰的规划管理的权限、范围、对象、责任与义务等，防止管理者的"越位、错位"；也为建设开发所涉及的相关利益人保障自身合法利益提供的法律准绳，并为对建设开发的监督（包括社会监督、人大监督、上级监督、司法监督等）提供依据，最终为建设开发创造良好的制度环境。

2.2.2 转型期控规"失效"的主要表现

市场经济体制改革涉及诸多方面，如市场价格体系的确立，资本、土地、劳动力要素市场的建立，收入分配方式的变化等，其中尤以土地市场改革和住宅商品化对城市空间的影响最为深刻[2]。1988年我国实行土地有偿使用制度后，土地的经济价值得以释放，土地利用率不断提高，城市空间结构得以优化（如：市中心地区产业的"退二进三"），较好地促进了经济发展。市场经济给我国带来翻天覆地的变化同时，却也对尚不具备完善的现代开发控制机制的中国城市规划提出了挑战[3]，致使控规在诸多方面出现了"失效"。

（1）面对市场经济下的城市开发，控规预见性差，调整频繁

控规的产生，是为了满足市场经济改革等带来的城市建设上的新要求，它

---

[1] 外部性是经济学中的术语，一般是指某个经济主体对另一个经济主体产生不利影响（负外部性）或有利影响（正外部性）。城市开发的负外部性，是指某个土地开发对周边地区产生的不利影响，如：工厂的建设对周边的污染。

[2] 张京祥，罗震东，何建颐．体制转型与中国城市空间重构 [M]．南京：东南大学出版社，2007：43.

[3] 朱介鸣．市场经济下的中国城市规划 [M]．北京：中国建筑工业出版社，2009：149.

将抽象的规划原则和复杂的规划要素进行简化和图解化，再从中提炼出控制城市土地功能的最基本要素，最大程度实现了规划的可操作性，较好地适应了城市快速发展及市场经济条件下，城市政府批租土地、调控城市开发的需要[1]。然而，随着市场经济的深入发展，控规似乎越来越难以适应城市建设与规划管理的需要，在编制组织、技术标准及用地控制方法、技术理性等方面出现了诸多不适应性[2]，控规预见性差、控规调整频繁一直被人诟病。正如张泉（2008）研究指出，根据他对部分城市实施情况的了解和工作实践，目前在规划实施中，普遍有一半左右建设项目不同程度地变更了控规规定内容，部分城市发生变更的项目达到80%左右；少数城市变更较少，但也达到20%～30%[3]。段进总结2008年中国城市规划年会自由论坛，指出总结当前实施过程当中碰到的最重要问题是，80%以上的控规在使用中都需修改[4]。尹稚（2008）则认为，各地普遍出现控规调整（有项目的地段80%～90%被调）只能证明制度设计的失败[5]。而据笔者2011年对北京、上海、深圳、广州、南京等国内五大发达城市控规问卷调查[6]，在具体开发项目落实时，不修改控规的仅占7.8%（图2-2）。如此频繁的控规调整，造成控规形同虚设，导致控规“失效”，给城市开发带来了诸多问题。

（2）控规与总规相脱节，规划连续性不足，弃城市整体控制而偏重地块控制

作为对开发地块进行直接调控的手段，控规编制重点是制定科学合理、具有可操作性的地块控制要求，但由于它会影响到建成环境品质和城市总体战略意图的贯彻落实，因此，控规与总规的衔接十分

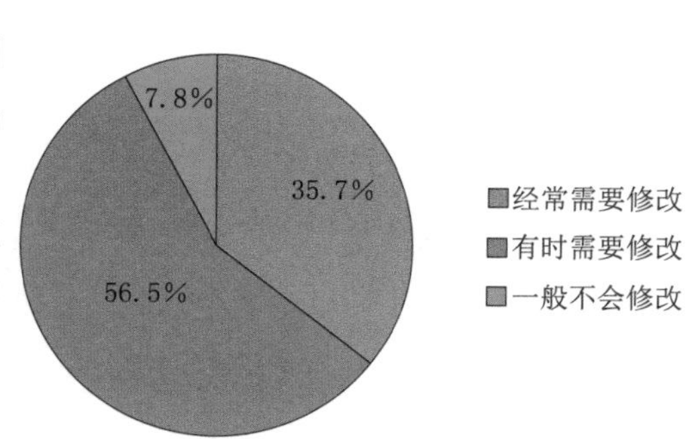

图2-2 开发项目落实时控规修改与否
（中国五大发达城市154份问卷分析）

---

[1] 江苏省城市规划设计研究院主编．城市规划资料集——控制性详细规划[M]．北京：中国建筑工业出版社，2002：5.

[2] 周岚，叶斌，徐明尧．探索面向管理的控制性详细规划制度架构——以南京为例[J]．城市规划，2007，31（3）：14-15.

[3] 张泉．权威从何而来——控制性详细规划制定问题探讨[J]．城市规划，2008，32（2）：34-37.

[4] 段进．控制性详细规划：问题和应对[J]．城市规划，2008，32（12）：14-15.

[5] 尹稚．关于科学、民主编制城乡规划的几点思考[J]．城市规划，2008，32（1）：44-45.

[6] 笔者进行控规问卷调查的方法、过程、问卷收集与数据分析等详见本书附录。

重要，需要把总规有关城市发展战略的宏观控制转化为对具体开发地块的微观控制，以保持规划的延续性和总规的有效实施[1]。《城乡规划法》第19、20条也明确规定控规编制需根据总规的要求。然而，一方面，《城乡规划法》中分区规划层次的取消，加大了控规与总规的衔接困难；另一方面，现行控规编制中多只在规划布局、用地性质、道路交通等方面深化了总规的物质规划内容，而对于总规确定的城市发展目标与定位、规模控制等战略内容的衔接却少有交代，甚至弃之不顾，导致控规与总规相脱节（图2-3）。正因此，2006版北京控规则强调了控规与总规的城市发展战略内容相衔接[2]。

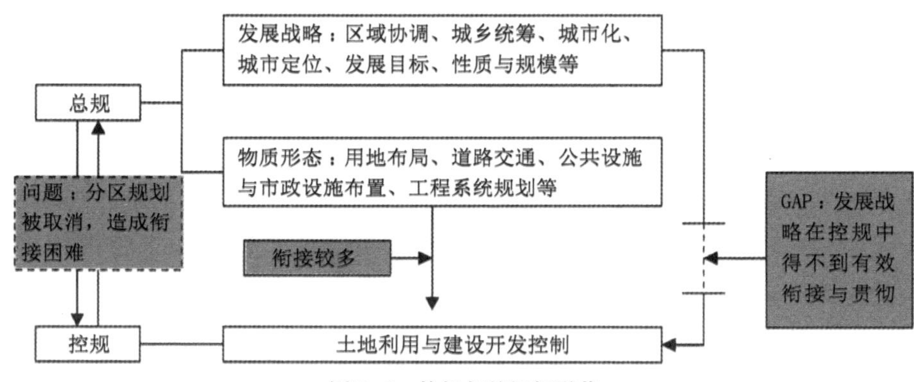

图2-3　控规与总规相脱节

另外，控规弃整体控制而取地块控制，无暇顾及建设策略而追求"全覆盖"，妥协于市场选择的无序性和随意性[3]。控规编制中片面追求可操作性，城市单元越划越小，而整体协调性大大降低，使得下一层次的规划指标往往突破上一层次的规划要求[4]；甚至出现控规的指标体系越来越庞大，指标规定越来越细致的情况[5]。这种"只见树木（地块）不见森林（城市整体）"的控规编制，导致指标制定时上位依据不足、随意性大，造成局部地区控规指标累积后导致宏

[1] 汪坚强．迈向有效的整体性控制——转型期控制性详细规划制度改革探索[J]．城市规划，2009，33（10）：60-68.

[2] 杨浚．北京控规的1996-2006[J]．北京规划建设，2007（5）：37-40.

[3] 江苏省城市规划设计研究院主编．城市规划资料集—控制性详细规划[M]．北京：中国建筑工业出版社，2002：5.

[4] 薛峰，周劲．城市规划体制改革探讨—深圳市法定图则规划体制的建立[J]．城市规划汇刊，1999（10）：58-61，24.

[5] 张志斌，戴德胜．提高控制性详细规划实效性的规划编制方法探索[J]．现代城市研究，2007（10）：32-38.

观整体上的失控和无序[1]，甚至出现城市若干地区控规的人口指标累积后超出总规规模的尴尬。

（3）控规调整导致开发总量不断提高、城市宏观整体失控

控规作为未来指向性活动，不可能一劳永逸，控规适时调整存在必然性。但是，技术层面上看，控规调整中多“就项目论项目”、研究问题视野狭小，控规调整普遍缺乏对城市和地区总体容量的研究[2]，以及对总规的把握[3]；制度层面上，很多城市都没有建立起控规调整的规划管理预警机制[4]或反馈机制（图 2-4）；因此，控规指标调整多“由低调高”的现实，直接导致地区开发量增加，使得城市人口和环境容量面临整体失控的危险，这给城市公共设施的服务质量以及城市基础设施的承载力等带来巨大挑战，对社会公益工程和生态环境建设极为不利。如重庆市江北区和渝北区控规指标调整后（2003 年 7 月 ~2005 年 11 月）增加的总人口约为 15 万，不难想象这 15 万新增人口将会给城市未来发展带来怎样的影响[5]。而且以市场为主导的控规指标调整行为的“局部”思维，客观上也存在着控规指标调整以“化整为零、各个击破”的方式对控规编制成果进行“肢解”的危险[6]。北京 1999 版控规局部调整就透视出控规编制上存在：前瞻性和预见性不足、缺少城市整体经营的观念和措施、对城市发

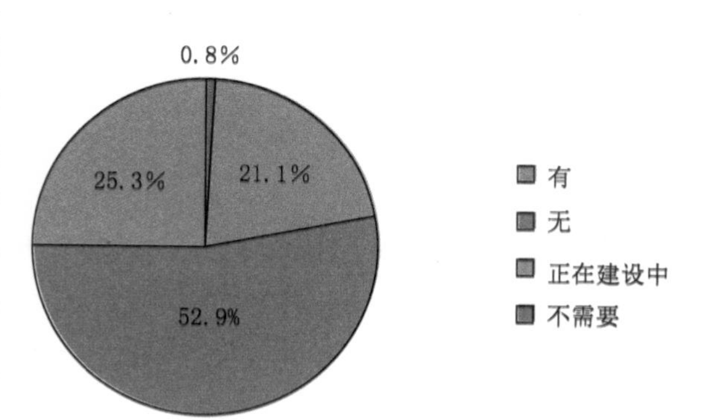

图 2-4 控规调整中是否有规划预警机制或反馈机制（全国 380 份问卷分析）

---

[1] 周丽亚，邹兵．探讨多层次控制城市密度的技术方法 [J]．城市规划，2004，28（12）：28-32.

[2] 详见：杨浚．控规调整管理工作中存在的问题及对策—对控规调整工作的思考和建议 [J]．北京规划建设，2003（10）：57-60；李浩，孙旭东．控规局部调整辨析 [J]．重庆建筑大学学报．2007，29（1）：15-17.

[3] 李江云．对北京中心区控规指标调整程序的一些思考 [J]．城市规划，2003，27（12）：35-40.

[4] 规划管理预警机制，是指当局部地区的规划编制结果或单个建设项目的设计指标与要点突破上层次规划的控制要求时，该系统将自动启动发出预警信号，从技术手段上保证上下层次规划的衔接和整体全局性控制（邹兵，2003）。

[5] 李浩．控制性详细规划指标调整工作的问题与对策 [J]．城市规划，2008，32（2）：45-49.

[6] 李浩，孙旭东，陈燕秋．社会经济转型期控规指标调整改革探析 [J]．现代城市研究，2007（9）：4-9.

展宏观调控和有效引导力度不大等几大问题[1]。

(4)容积率、建筑高度等控制指标屡遭突破，城市开发频频“失控”

控规中容积率、建筑高度是开发强度的表达，它涉及地块开发的环境质量、生活品质、将来售价成本、节约用地、城市面貌等多个方面。容积率与国家资源环境条件以及生活习惯密切相关，并与和城市运行效率、可持续发展、安全、环保等方面都互有联系。对市场开发者而言，由于容积率与开发利润多成正相关关系，因此，开发商都努力向“容积率淘金”。“拱高容积率”曾经在土地“招拍挂”之前大行其道，而在土地公开拍卖之后，由于土地需要事先规划好才能拍卖，事实上修改容积率已非易事；此时容积率淘金之道，就开始从带有简单粗放色彩的“拱”，转向“避”了，如何利用现有规则，合理规避容积率限制，成为地产企业必修功课[2]。因此，控规中的容积率屡屡被突破，致使控规“失效”。重庆、海口、昆明等地出现的地产窝案即是“冰山一角”。

在重庆规划局腐败案中，据报道，2002—2006年之间拿到沿江地块部分地产商，以金钱为诱饵，令时任重庆规划局某领导做出“容积率”的修改。“在重庆做地产容易修改容积率”一度成为地产商之间的一个共识。由于重庆大多数中小地产商拿到的地块面积有限，多为独栋高层建筑，往往这些建筑物的容积率高得“很吓人”[3]。在海口规划局窝案中[4]，海口一农机厂为解决企业改制安置职工住房问题，在白龙北路集资建房，容积率由2.0提升到2.5[5]；而在海甸岛的一个项目，当时地段只能修建16层以下的建筑，即使在该项目南面的楼盘业主也不同意的情况下（由于影响自己通风、采光），该楼房后来还是被批准建30层[6]。失控的容积率、建筑高度不仅造成城市公共设施的超负荷，也降低了地区环境品质，

---

[1] 杨浚．控规调整管理工作中存在的问题及对策—对控规调整工作的思考和建议 [J]．北京规划建设，2003（10）：57-60.

[2] 周亚玲．“容积率淘金”变迁 [EB/OL]．（2008-09-23）[2010-08-10]．http://www.eeo.com.cn/industry/small_med_firms/2008/09/22/114474.shtml.

[3] 张晓晖．重庆容积率大案（2）[EB/OL]．（2008-09-23）[2010-08-10]．http://www.eeo.com.cn/industry/small_med_firms/2008/09/22/114473_1.shtml.

[4] 2009年5月，海口市规划局三名现任副局长相继被海南省检察院立案侦查。海口市规划局5个班子成员同时落马4个，一个单位如此大面积犯罪在全国实属少见。详见：谭丽琳．前车可鉴，覆辙为警 [N/OL]．海南日报，2009-08-03（10）[2009-08-08]．http://hnrb.hinews.cn/html/2009-08/03/content_148142.htm.

[5] 文刚．陈立奇：痛哭流涕直言悔 [N/OL]．海南日报，2009-08-03（11）[2010-08-12]．http://hnrb.hinews.cn/html/2009-08/03/content_148143.htm.

[6] 文刚．张仕武：跌入深渊方知痛 [N/OL]．海南日报，2009-08-03（12）[2010-08-12]．http://hnrb.hinews.cn/html/2009-08/03/content_148144.htm.

进而影响了居民的生活水平，控规对土地开发的调控作用荡然无存。

（5）绿地、广场、配套设施等“公共产品”被侵占或被挤压

为获得超额开发利润，开发商除了“拱高容积率”外，往往还向“公共物品淘金”，以争取尽可能多的开发面积。具体操作上，一般包括两种方式：一是侵占城市道路、公共绿地、广场、公共设施等城市“公共产品”用地；二是尽可能压缩或挤占开发地块内的道路、绿地、配套设施等地块“公共产品”用地。前者造成城市“公共产品”提供的不足，损害市民利益；后者则会造成开发地块内配套不足，环境质量下降，从而损害了地块内未来业主的利益；两者均导致控规在调控“公共产品”提供方面的“失效”。

“成都红枫半岛花园和锦城豪庭腐败案”这个“全国首例城建规划腐败案”中，位于迎宾大道东段南侧的“红枫半岛花园”项目与位于迎宾大道西段南侧的“锦城豪庭”项目，其建筑规划存在严重问题。据法院查明，锦城豪庭 1 号楼超越道路红线 10m，红枫半岛花园会所超越红线 5m，两个违规项目共侵占绿地面积 1.09 万 m^2，使迎宾大道本来规划的 20m 绿化带缩水至 10m，严重影响了迎宾大道作为成都市窗口大道的景观效果。而这两个项目的运作过程居然是：成都市规划局某领导违规将“红枫半岛花园”项目作为现状反映在新的 153 控规图中，使已经设计好的 20 米规划绿化带变成 10 米，然后又无视《规划法》关于建设项目必须服从规划的规定，将违规规划在自己主持的局技术审查会上予以通过。主宰城建规划大权的官员朱笔一挥，展示成都形象的——迎宾大道顿然缩水，不仅严重影响景观效果，而且还导致查处后两幢新修高楼被炸毁，直接经济损失 3000 多万元。[1]

对于海口规划腐败案，海口规划界的元老级人物之一、市政府原总规划师指出，国贸地区就像是海口的“伤疤”：曾经承担着建立上海、香港、海口“金融铁三角”计划的金贸区，当时原来规划的几十亩地块被分割成三亩、五亩出让，导致的结果是，原规划的绿地、配套设施等都被转做它用；林立的高楼把容积率从原规划的 2 ～ 3，提高到最后批建时的 5 ～ 7，有的地块如：宜欣广场一带批建的容积率达到了 10！这直接导致城市配套设施的缺乏、环境质量的下降、居住人口的密集，绿地的缺乏、交通的压力等等[2]。

---

[1] 刘大江．城建规划腐败后果严重，多为带“长”字干部所为 [EB/OL].（2005-11-06）[2010-08-12]. http://news.xinhuanet.com/focus/2005-11/06/content_3557343.htm.

[2] 雷诺．绿地竟变成商场，海口宜欣广场的“怪胎”之路 [EB/OL].（2010-05-27）[2010-08-13]. http://news.0898.net/2010/05/27/555686.html.

2.3 控规“失效”的可能原因

2.3.1 控规运作的宏观政治、经济及社会环境的巨大变迁

控规自诞生以来，我国的政治、经济、文化等宏观社会环境一直处于巨大变迁之中，“一系列的制度变迁和环境变化对控规整个运行体系构成了巨大冲击，控规的作用机制、实施效果等各方面无不受到深刻影响[1]”（表 2-1），致使控规在实践中表现出诸多不适应性，控规频繁调整乃至“失效”亦由此而生。

控规运作的外部环境变迁对比　　表 2-1

方面＼时期	控规产生之初的外部环境	当前的外部环境
经济体制	有计划的商品经济	社会主义市场经济
地方政府角色（政治架构）	中央政府的“派出”机构	具有独立利益的“发展型政府”
城市化	速度慢、数量少、变化小	速度快、数量多，变化大
土地资源	相对宽裕	十分紧缺
内外关系	封闭、稳定	开放、不确定
社会结构	单一（政府包办），无产权意识	多元化、产权意识强烈

资料来源：李雪飞，何流，张京祥．基于《城乡规划法》的控制性详细规划改革探讨 [J]. 规划师，2009，25（8）：71-80.

（1）市场化：城市开发的不确定性增加，控规修改有其必然性

经过 20 多年的探索，中国市场经济取得了长足发展，城市建设的“市场化”的程度甚至已经超出市场在资本主义国家城市建设的作用[2]。市场经济下城市开发在投资主体、项目选址、开发时间、项目内容等方面具有很大的自主选择性和不确定性。控规作为政府干预市场的规划活动，具有未来指向性。由于市场条件下城市开发的不确定性、城市发展变化，控规不可能对未来做出完全准确的预测，控规“失效”或者控规修改具有必然性（图 2-5）。一定程度而言，控规调整的诉求可视作是开发者作为微观经济主体应对市场机遇和风险的一种积极反应[3]。

---

[1] 李雪飞，何流，张京祥．基于《城乡规划法》的控制性详细规划改革探讨 [J]. 规划师，2009，25（8）：71-80.

[2] 朱介鸣．市场经济下的中国城市规划 [M]. 北京：中国建筑工业出版社，2009：45.

[3] 邹兵，陈宏军．敢问路在何方——由一个案例透视深圳法定图则的困境与出路 [J]. 城市规划，2003，27（2）：61-67.

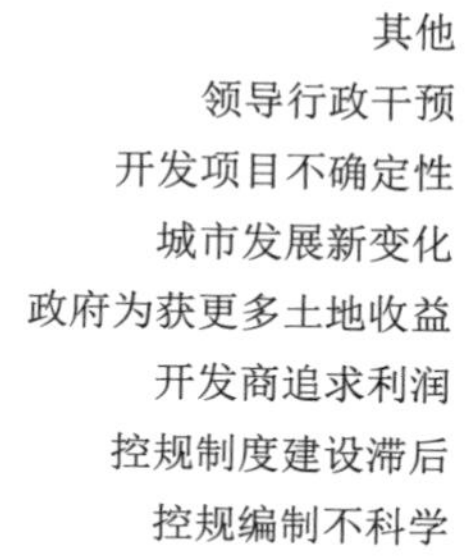
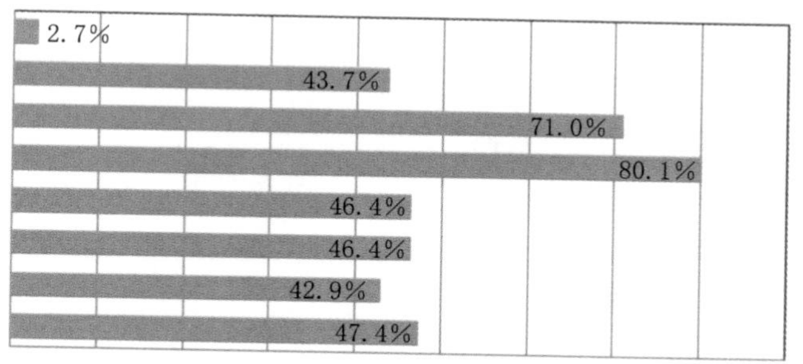

图 2-5 控规修改的原因（全国 403 份问卷分析）

（2）分权化："土地财政"与"城市增长机器"推动下的控规异化

首先，1994 年分税制改革后，中央和地方之间财权和事权形成了新的分配方式，地方政府逐步成为独立的利益主体，但同时大量的公共产品由地方政府承担，地方政府的财权与此并不匹配，必须寻找新的财源[1]。而现行体制下，地方政府扩大财源的路径主要有两条：一是大力发展产业，促进地方经济繁荣，增加地方税收，提高财政收入；另一则是通过土地有偿使用，获取土地出让金，增加地方财政收入。对比而言，前者实施的难度和所需要的时间、精力等都远远超过后者，为此，在有限任期内，"卖地"无疑成了各地政府缓解财政困难、增加财政收入的最直接的方式，"土地财政"由此而生。而由于控规是国有土地出让的前置条件，且一定范围内控规的容积率指标又直接与土地出让金成正相关的关系，所以，很多地方政府直接向容积率"淘金"，纷纷要求控规编制中提高容积率或是修改原控规中的容积率，致使控规异化为地方政府获取高额土地收益的"工具"，其维护公共利益的公共政策属性荡然无存，控规"失效"在所难免。据笔者 2010-2011 年对全国所做的 403 份控规问卷中，就有 46.4% 的专业人士认为控规修改的原因之一是因为政府为了获取更多的土地出让收益（图 2-5）。

其次，市场经济下，城市之间的激烈发展竞争，市场资本成为稀缺资源，地方政府竞相通过"放权让利、政策优惠"，甚至不惜牺牲公共利益去争抢市场投资。地方政府拥有对行政资源、垄断性竞争资源（如城市规划、土地出让等）的特权，遂与城市中经济发展主体（如开发商、投资商）结成种种增长联

---

[1] 田莉．有偿使用制度下的土地增值与城市发展 [M]．北京：中国建筑工业出版社，2008：74.

盟，形成了复杂而有力的“城市增长机器（Urban Growth Machine）”[1]。反映在控规中，主要是开发商与地方政府结为联盟，开发商左右政府而影响规划决策，使得控规成为开发商实现其利润最大化的“合法”工具，如：对于有意向开发商的出让地块[2]，政府要求控规编制听从开发商意愿，出具符合其要求的控制指标；或者为了满足开发商需要，修改已审批的控规，致使控规“失效”，公共利益最终受损。

（3）社会转型:“社会力”薄弱，无法对“政府力和市场力”形成有效制衡，控规沦为政府、开发商谋取私利的工具

一个健康的城市发展应是“政府力、市场力和社会力”共同作用的结果。综观世界各国，无论是政府或是市场，在相当程度上都受到社会——广大居民和各种社区组织的制约[3]。控规的核心在于利益协调，为保证控规维护公共利益的价值核心，“政府力、市场力和社会力”等不同博弈力量之间应相互制衡。但中国正处于快速城市化时期，人口的流动性很大，城市中很多传统的居住社区因旧城改造而不断瓦解，新的居住社区则因人口的迁移尚未稳定，社会处于转型期。社区组织尚不成熟，居民的教育水平尚且有限，所以，社区还不能积极参与城市发展决策或影响城市空间的变化[4]。换言之，市民社会尚未形成，“社会力”还较为薄弱，尚无法在控规运作中形成对“政府力、市场力”的有效制约，致使本该维护公共利益的控规沦为政府、开发商谋取私利（政绩或开发利润）的工具。

以公众参与为例，控规，作为直接关系到公众福利与自身财产权益的规划调控层次，由于居民的流动性、分散性以及缺乏有效的社区组织，致使公众参与控规仍处于“假参与或象征性参与”阶段[5]，实质性的决策参与几乎缺失。一方面，公众很难参与到地方的城市规划委员会决策之中，即使在深圳，尽管《深圳市城市规划条例》将法定图则的审批职能赋予由非公务员占多数的规划委员会，将过去规划由某个部门、某几个人的决策扩大为多部门、较多人的决策，是对现行规划制度框架的大胆改革和突破；但囿于目前的制度环境和行政体制框架，这种改革在实际

---

[1] 张京祥，罗震东，何建颐．体制转型与中国城市空间重构[M]．南京：东南大学出版社，2007：142.

[2] 后期通过影响政府，左右土地出让规划条件中的若干条款设立，排斥其他开发商参与土地竞拍，使得“市场竞拍”异化为内定的“定向拍卖”，最终获得该土地。

[3] 张庭伟．1990年代中国城市空间结构的变化及其动力机制[J]．城市规划，2001，25（7）:7-14.

[4] 张庭伟．1990年代中国城市空间结构的变化及其动力机制[J]．城市规划，2001，25（7）:7-14.

[5] S.R.Arnstein将公众参与分为:假（非）参与（包括:操作性参与、教育性参与）、象征性参与（包括告知性参与、咨询性参与、限制性参与）与实质性参与（包括合作性参与、代表性参与、决策性参与）三大类，详见：Arnstein S R.A Ladder of Citizen Participation[J]. Journal of American Institute of Planners，1969，35（4）: 216-224。

运作中很大程度地只停留在形式上，决策者的性质和决策机制难以发生根本性改变❶。另一方面，社会转型期，我国法律体系还不健全，目前公众参与控规还缺乏法律上的支持。因为，城市规划的制定和城市规划成果均为抽象行政行为❷，控规亦不例外，根据《中华人民共和国行政复议法》，“复议机关只能受理对具体行政行为和部分抽象行政行为的审理，部分抽象行政行为指的是法律、法规和规章以外的规范性文件，并且只能是在审理具体行政行为时进行附带审理❸”，所以，控规具有“不可诉性”，即公众无权对控规中的控制指标、控制要求等向有关部门提出异议，“也不能以规划为‘诉讼对象’向人民法院提起诉讼❹”。

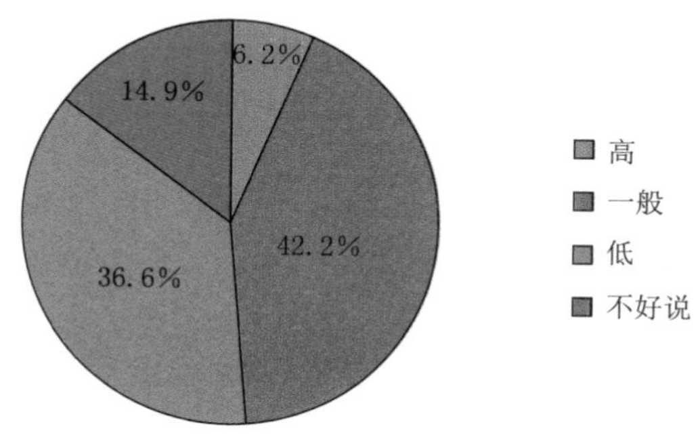

图 2-6 控规公示时公众参与程度（中国五大发达城市 161 份控规问卷分析）

因此，转型期，在市场化、分权化的影响下，受效率、效益至上的驱动，控规成了地方政府攫取更多土地出让金或追求城市形象、开发商赚取高额开发利润的突破对象（“拱高容积率、向公共物品淘金”即由此而生），在缺乏公众参与、社会监督的情况下，其“失效”也就不足为奇了（图 2-6）。

2.3.2 控规运作对象的特殊性：快速城市化推动下的大规模城市开发

改革开放后，在快速城市化推动下，中国城市发展加快，城市数量与规模不断扩大（表 2-2），城市建设开发迅猛，其速度与规模均令世人称奇。仇保兴（2007）指出，正处于城市化高速发展期的中国，每年将新增 20 亿 m^2 建筑，目前仅北京、上海的年建筑总量就超过了整个欧洲同期的建筑量❺。2009 年中国的城市建成区面积是 1985 年的 4 倍，很多城市都经历了空前的空间扩张（表 2-2）；而 21 世纪以来中国城市的建成区面积则扩张了 50%❻。

---

❶ 邹兵，陈宏军．敢问路在何方——由一个案例透视深圳法定图则的困境与出路 [J]. 城市规划，2003，27（2）：61-67.

❷ 郑文武，魏清泉．论城市规划的诉讼特性 [J]. 城市规划，2005，29（3）：36-38，43.

❸ 郑文武．以“人大”为核心的综合型城乡规划申诉机制构建探讨 [J]. 规划师，2009，25（9）：16-20.

❹ 郑文武，魏清泉．论城市规划的诉讼特性 [J]. 城市规划，2005，29（3）：36-38，43.

❺ 仇保兴．第三次城市化浪潮中的中国范例 [J]. 城市规划，2007，31（6）：9-15.

❻ 蔡晓辉．警惕“虚高”的城市化 [N/OL]. 人民日报海外版，2011-04-19（5）[2011-06-10]. http://paper.people.com.cn/rmrbhwb/html/2011-04/19/content_798204.htm.

1985~2012 年中国城市空间扩展　　表 2-2

年度（年）	1985	1990	1995	2000	2005	2009	2012
城市建成区面积（平方公里）	9386	12856	19264	22439	32520.7	38107.3	45565.76
城市人口密度（人/平方公里）	262	279	322	441	870.2	2147	2307

资料来源：中国国家统计局 2001-2012 年统计年鉴 .

面对如此量大、面广、速度快的城市建设开发，如何进行科学的规划调控，无疑对控规及整个城市规划体系都提出了前所未有的挑战。从实践来看，控规面对如此特殊的作用对象——迅猛的城市开发，其从编制到实施，时常“力不从心”。

2.3.3　城市规划体系与制度不完善、技术标准滞后

由于我国市场经济还不完善，宏观政治、经济及社会发展正处于不断变化之中，加上长期计划体制影响，我国城市规划体系与制度还存在诸多问题，城市规划技术标准也较为滞后（有些还是 1980 年代制定的），这些不足通过上位规划向下逐层传递，经由控规累积、暴露出来，一定程度上，也导致了控规“失效”。

（1）总规的问题传导给控规，影响了控规效用

1）计划思维指导下的总规“蓝图式”用地布局，禁锢了控规的弹性与灵活性。现行总规重要内容之一是确定城市用地布局，其通常做法是根据城市人口预测规模，依据国家规划建设用地标准，确定用地规模及各类用地安排，形成用地布局规划。这种做法具有明显的计划思维“烙印”，是一种典型的“蓝图”式规划，将其用于指导市场经济下的城市发展，不可避免地会引起很大的不适应性。典型案例是很多城市在招商引资中，常常碰到项目选址与总规用地布局确定的用地性质不符，甚或是不在总规用地布局确定的建设用地范围内的情况。市场经济下，城市开发项目具有很大不确定性，在项目都没有确定的情况下，总规就把城市各个地块的用地性质与规模、布局位置甚至范围边界都确定清楚了，显然不合理也不可能，这种先把“衣服（用地布局）”做好再把市场项目往里面装的“裁衣（用地布局）套体（项目）”式的总规必定“失败”，而依据其编制的控规，注定缺乏弹性和灵活性，其结局不言而喻。对比来看，英国相当于我国总规的“结构规划”或“地方发展框架”，其重点在于确定城市宏观发展战略，在土地开发调控上，主要是提出原则性、政策性的规划要求及规划结构，而不强调详细的用地布局，十分值得借鉴[1]。

---

[1] Barry Cullingworth, Vincent Nadin.Town and Country Planning in the UK[M]. Fourteenth edtion.London and New York: Routledge, 2006：108-146.

2）总规强制性内容不尽合理，易造成控规的“不适应性或僵化”。《城乡规划法》规定，控规修改涉及城市（镇）总规的强制性内容的，应当先修改总规（第19、20、48条）。但总规修改的难度很大，其所需要的条件、时间和程序等十分复杂，现实中几乎不可能因为控规而去修改总规的。所以，总规的强制性内容，控规基本上只有落实而无调整选择的可能。《城乡规划法》第17条规定，总规的强制性内容包括：规划区范围、规划区内建设用地规模、基础设施和公共服务设施用地、水源地和水系、基本农田和绿化用地、环境保护、自然与历史文化遗产保护以及防灾减灾等。其目的应是为了保护城市建设发展中的重大公共利益。但这其中存在两点问题：一方面，公共服务设施用地并未区分“市场经营性”（如：商业服务业设施用地、部分娱乐康体设施用地）和“社会公益性”（如：行政办公、文体卫用地等），这即意味着，即使是总规确定的商业服务业设施用地，控规似乎也无权调整。然而，市场经济下，商业服务业的建设发展，属市场调节范畴，应由市场推动，而不是人为计划、规定，规划年限达20年之久的总规，是不可能预测得准城市20年的商业服务业发展的（新区尤为突出）。所以，此项总规的强制性规定有违市场经济精神，有“越位”之嫌，控规如果一味落实，很可能会导致对经营性公共服务设施用地开发调控的“不适应性”。另一方面，总规强制性内容中并未区分绿化用地的层级性，即无论是涉及城市生态环境保护的绿化用地（如：生态湿地、防护林等），还是城市内供市民休闲的小型公共绿地都“一刀切”式地予以强制性控制。这很容易造成实践中的操作困难，因为前者涉及重大公共利益，其强制控制毋庸置疑；而对于后者，并不涉及重大公共利益，则应该保留其建设的弹性（如：服务半径合理，规模不变的前提下可予以调整），否则依据其编制的控规将陷入“僵化”的尴尬。如：某城市总规确定了旧城内的某小块公共绿地，但在控规制定阶段发现该地块近期拆迁改造几乎没有可能，而临近地块则有条件实现，但受困于总规强制性内容的限制，编制单位和地方规划主管部门不得不放弃，控规仍走形式地落实总规，致使总规关于旧城改善环境的设想因为《城乡规划法》的严苛规定而落空。

（2）控规与总规衔接不足，城市整体性控制薄弱，影响了控规效用

中国以前的城市规划编制体系，将总规意图向控规落实过程中，分区规划是两者衔接的重要节点[1]。但由于小城市没有分区规划，大中城市的分区规划则属于可有

[1] 《城市规划编制办法》（2005）第二十三条，城市分区规划应当依据已经依法批准的总规，对城市土地利用、人口分布和公共服务设施、基础设施的配置做出进一步的安排，对控规的编制提出指导性要求。可见，分区规划在我国规划编制体系中是一种“桥梁”的角色，主要用以加强总规与控规的衔接。

可无的规划层次,《城乡规划法》又取消了其法律地位[1];这使得分区规划需解决的"上、下规划衔接"的关键性问题,转嫁给了控规编制工作,而由于控规自身的某些局限和缺陷,若对这些转嫁来的问题无力解决,自然会导致控规成果的不适应性,进而引发控规整合问题[2],并造成总规的意图无法得到有效贯彻实施。

首先,控规编制之初,城市多缺乏统一的控规编制地域范围划分(即规划单元划分[3])、统一的技术标准及总体控制,造成单个控规的覆盖范围或重叠或没有交汇,不同单位编制出的控规成果"五花八门",相互不交接,数据难以汇总和分析(图 2-7),不可避免地与各层次规划在规划时序、范围、内容等方面存在矛盾,造成实施困难或是无奈的后续调整,却没有统一的平台来消除[4]。

其次,现行控规指标制定的形体模拟法、经验参照法、调查分析法、投资估算法及综合法等,均有各自缺陷[5],尚未形成令人信服的指标确定方法,致使控规指标科学性屡遭质疑。深究来看,这些方法都是从地块出发、"就地块谈地块"来确定控制指标,缺乏上位指导,不可避免地存在缺陷。为此,特别需要从城市整体出发,依据总规或分区规划,研究密度分区[6],运用适宜的分级控制方法,将总规确定的人口容量

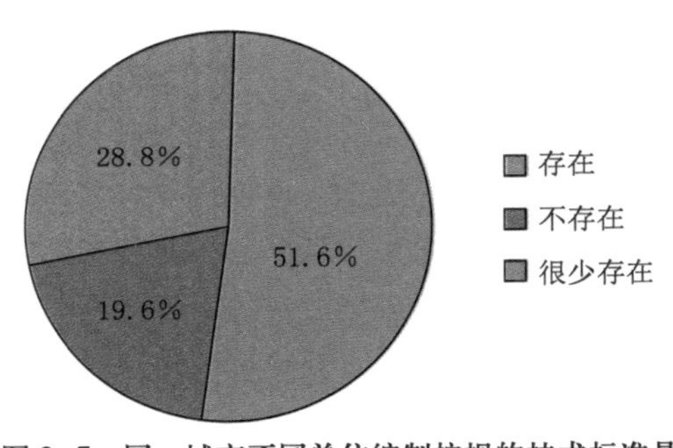

图 2-7 同一城市不同单位编制控规的技术标准是否不一致(全国 403 份问卷分析)

---

[1] 《中华人民共和国城市规划法》(1989)第十八条规定,大中城市在总体规划基础上可以编制分区规划;第二十条规定,详细规划编制应以总体规划或分区规划为基础;第二十一条规定了分区规划的审批等。而《城乡规划法》(2008)则只字未提分区规划,从法理而言,分区规划已经在《城乡规划法》被取消了。新的《城市规划编制办法》(2005)第七条也只是规定:大、中城市可以组织编制分区规划,而非强制性编制层次。

[2] 李浩,孙旭东.控规局部调整辨析 [J].重庆建筑大学学报.2007,29(1):15-17.

[3] 将城市细分为规模适度、界限明确的规划单元进行规划管理已成为发达国家城市的重要经验。详见:王朝晖,师雁,孙翔.广州市城市规划管理图则编制研究——基于城市规划管理单元的新模式 [J].城市规划,2003,23(12):41-47.

[4] 林观众.公共管理视角下控制性详细规划的适应性思考——以温州市为例 [J].规划师,2007,23(4):71-74.

[5] 唐历敏.走向有效的规划控制和引导之路 [J].城市规划,2006,30(1):28-33.

[6] 对于开发控制而言,密度即是指开发强度,密度分区即指开发强度分区,世界上大部分城市都用容积率作为开发强度控制指标。详见:唐子来,付磊.城市密度分区研究——以深圳经济特区为例 [J].城市规划汇刊,2003(4):1-9.

与开发总量“从整体到局部，由粗到细，层层夯实，逐步落实到开发地块，最终达到对整个城市的控制和管理[1]”。这样，通过从城市整体出发“自上而下”的指标推演与从地块出发“自下而上”式的指标测算相校核，共同确定地块控制指标，增强控规指标制定的科学性。然而，实践中，一是仅有少数城市探索了城市密度分区；二是尽管《城市规划编制办法》(2005) 第31条规定，总规中应提出土地使用强度管制区划和相应的控制指标（建筑密度、建筑高度、容积率、人口容量等），但据笔者对安徽省住房和城乡建设厅的访谈[2]，总规编制中一般都很难做到，亦即整体性层面的土地开发控制的量化及其分配方面的研究较缺乏，致使总规的落实及控规的编制依据出现空缺，进而影响了控规的科学性。

此外，控规编制时，“道路交通、市政工程、城市更新、历史文化保护”等各类专项规划可能尚未编制，由于缺乏专项规划的指导，导致控规编制“先天不足”。

(3) 城市规划技术标准的滞后

首先，控规的核心内容—用地性质控制方面，现行的国标是《城市用地分类与规划建设用地标准》(GB50137—2011)，该标准尽管是近年才修订的，但仍无法涵盖城市建设中出现的商住混合、商办混合、SOHO 等新兴用地类型，因而无法对控规中有关此类用地的开发控制提供技术指引。

其次，控规的核心内容——配套设施控制方面，现行规划技术标准主要是《城市居住区规划设计规范》(GB50180—93)（以下简称“规范”），该规范制定于1993年，2002年进行了局部修订。该规范将居住区按居住户数或人口规模分为居住区、小区、组团三级，然后按照各自的等级、依据千人指标，分别配置相应的公共服务设施。这种公共服务设施配建方式带有明显的计划经济色彩，对于当前市场经济下的房地产开发，具有很大的不适应。具体体现在：一是开发建设用地和居住区规模结构不一致，致使公共设施无法按照相应等级的内容进行安排，出现缺、少、小的问题，如：南京近年来拍卖的居住用地，平均规模都在10公顷以下[3]，人口规模介于居住小区和居住组团之间，公共服务设施配建无法确定采用何种标准；二是对于新近出现的文化、休闲、体育、保健等

---

[1] 沈德熙．关于控制性规划的思考 [J]. 规划师，2007，23 (3)：73-75.

[2] 据笔者 2011 年 4 月 15 日对安徽省住房和城乡建设厅的访谈获知，安徽省几乎没有城市的总规做到了《城市规划编制办法》(2005) 第 31 条的要求。

[3] 周岚，叶斌，徐明尧．探索住区公共设施配套规划新思路——《南京城市新建地区配套公共设施规划指引》介绍 [J]. 城市规划，2006，30 (4)：33-37.

新需求无法提供技术指引，如：现在很多城市都已进入老龄化，以南京为例，全市的老龄化程度已达到14%[1]，而《规范》十分缺乏对住区内老年服务设施的配建要求；三是有些公共服务设施的服务半径规定过小（幼儿园300m，小学500m，中学1000m），既造成公共服务设施缺乏规模效应，也难以适应小汽车进入家庭后的机动化发展态势，以：小学为例，《规范》要求1万人的居住小区就需配建1所小学，按入学学生占居住小区人口的比例10%计算，学生规模仅为1000人左右，如此小规模的学校很难建设和经营。

2.3.4 控规自身存在问题：定位矛盾、技术理性不足、制度建设滞后

（1）控规定位的矛盾性

控规是在借鉴国外土地分区管制（尤其是美国的区划法）原理的基础上，形成的具有中国特色的“舶来品”。从美国经验来看，美国的地方政府有三种规划控制手段：区划法（Zoning）、土地细分法（Subdivision）和设计指导原则（Design Guidelines），区划法和土地细分法是法规，具有强制性，调控的是经济利益，设计指导原则是引导性控制，调控的则是空间视觉美感[2]。对比来看，中国控规既要控制土地的使用性质、开发强度，又要控制空间环境，由于城市设计在中国缺乏法定性，很多控规往往又加入了城市设计内容，“这实际上是把美国的三种控制手段合为了一体[3]”。但是，土地开发的经济利益控制，应有严格的立法和执法程序，不能随意更改，其原则在于保证“公平”，即同一区位的土地开发，控制重点是“求同”；而土地开发的空间环境控制，则属引导性和鼓励性，可以协调和商榷，其原则在于塑造“特色”，即引导形成优美且富有特点的空间，控制重点在于“求异”；因此，土地开发的经济利益控制与空间环境控制不能混为一谈，控规和城市设计并不能完全融合，各自有不同的控制重点。所以，现行的将所有规划控制问题都放在控规中来解决的做法，实际上反映了控规定位的混乱。

（2）控规技术理性不足

控规诞生以来，其发展大致经历了“从最初形体设计走向形体示意，再从形体示意到指标抽象，最后从指标抽象走向完善系统控规”的过程；目前基本

---

[1] 周岚，叶斌，徐明尧．探索住区公共设施配套规划新思路——《南京城市新建地区配套公共设施规划指引》介绍[J]．城市规划，2006，30（4）：33-37.

[2] 孙晖，梁江．控制性详细规划应当控制什么——美国地方规划法规的启示[J]．城市规划，2000，24（5）：19-21.

[3] 孙晖，梁江．控制性详细规划应当控制什么——美国地方规划法规的启示[J]．城市规划，2000，24（5）：19-21.

形成了包括土地使用、设施配套、建筑建造、行为活动四方面的规划控制指标体系❶（表 2-3）。不过，从技术视角来看，除了前述的控规与总规衔接不足，控规对城市宏观控制乏力，整体性控制薄弱等问题外，控规尤其是编制技术与方法中还存在诸多不足：1）控规现状调研不足，土地产权、相关信息获取不充分；2）控规指标拟定不科学，缺乏城市密度分区研究、经济分析和必要弹性；3）不分地区差异，采用雷同化、无差别的控制模式，缺乏控制侧重；4）缺乏人口密度分区研究，配套设施控制缺乏统一的标准和依据等；5）缺乏对城市空间环境与空间特色的控制与引导。这些直接导致控规技术理性不足，影响了其对城市开发调控的效用。据笔者 2010-2011 年对全国所做的 403 份控规问卷中，就有 47.4% 的人认为控规修改的主要原因之一是控规编制不科学（图 2-5），而 54.6% 的人认为控规技术支撑不够是控规制度建设中的问题之一（图 2-8）。

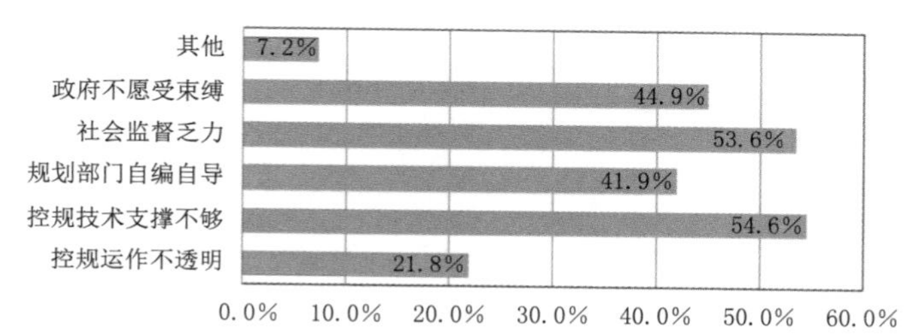

图 2-8 控规制度建设中的问题（全国 403 份问卷分析）

控规规划控制指标体系 表 2-3

规划控制指标体系	土地使用	用地使用控制	用地面积、用地边界、用地性质、土地使用相容性
		环境容量控制	容积率、建筑密度、居住人口密度、绿地率、空地率
	建筑建造	建筑建造控制	建筑高度、建筑后退、建筑间距
		城市设计引导	建筑体量、建筑色彩、建筑形式、其他环境要求、建筑空间组合、建筑小品设置
	设施配套	市政配套设施	给水设施、排水设施、供电设施、交通设施、其他设施
		公共配套设施	教育设施、医疗卫生设施、商业服务设施、行政办公设施、文娱体育设施、附属设施、其他
	行为活动	交通活动控制	交通组织、出入口方位及数量、装卸场地规定
		环境保护规定	噪声振动等允许标准值、水污染物允许排放量、水污染物允许排放浓度、废气污染物允许排放量、固体废弃物控制、其他

资料来源：江苏省城市规划设计研究院主编．城市规划资料集(第四分册)——控制性详细规划[M].北京：中国建筑工业出版社，2002：18.

❶ 江苏省城市规划设计研究院主编．城市规划资料集－控制性详细规划 [M]. 北京：中国建筑工业出版社，2002：5-18.

(3) 控规的制度建设滞后

如果说过去控规是土地与空间资源的一项工程技术配置，那么在市场经济深入发展的今天，在土地使用权市场化以后，控规已转变为土地利益分配的重要工具和一项公共政策[1]；但是，这种重大转变，在城市规划整体制度都尚未改革完善的背景下，控规制度建设的“单兵突进”亦十分有限。

1）编制制度：编制组织盲目，编制单位商业化，编制过程封闭化

首先，编制组织上，既存在一哄而上的控规全覆盖，也存在计划随意，围绕土地出让而编制的问题。依据《城乡规划法》，没有控规不得出让土地，为此，一方面，有些地方纷纷提出控规全覆盖的宏大目标，如：2007 年山东省提出，2010 年要实现全省各城镇规划区控规全覆盖[2]；2009 年深圳法定图则“大会战”启动，计划 2 年内完成全市 248 个法定图则的编制全覆盖[3]；这种快速推进控规全覆盖不免有些“大干快上”式的危险，其必要性如何也存在一些争议（图 2-9）。据笔者调查，深圳已经开始担忧法定图则是否编制过快了。另一方面，有的城市，为规避《城乡规划法》严格的控规修改程序，则围绕土地出让进行控规编制。前者由于控规“全覆盖”工作重、时间紧，很多问题（包括现状调研）来不及研究，编制仓促，为控规“失效”埋下了隐患；后者则具有编制的投机性，仅有出让土地的开发控制，而无城市发展的整体性调控，“只见树木，不见森林”，分地块累积后往往造成城市整体上的失控或无序。

其次，编制主体上，控规编制单位“商业化”运作，编制人员专业能力不足，一定程度上影响了控规编制的质量（图 2-10）。控规的编制过程实质上是一个技术立法的过程，不仅要求编制者具有良好的政治修养、专业技能和业务素质，而且对于规划对象要有相当的熟悉程度和透

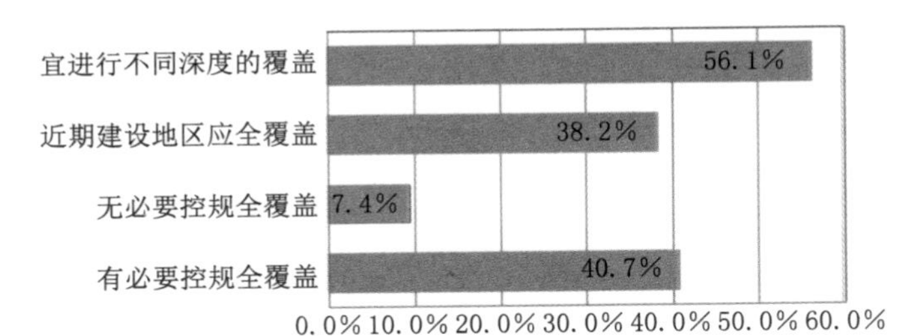

图 2-9 控规全覆盖的必要性如何（全国 403 份问卷分析）

---

[1] 颜丽杰.《城乡规划法》之后的控制性详细规划——从科学技术与公共政策的分化谈控制性详细规划的困惑与出路 [J]. 城市规划，2008，32（11）：46-50.

[2] 山东省人民政府办公厅.《关于推进城乡规划全覆盖工作进一步提高规划管理水平的意见》[鲁政办发（2007）79 号].

[3] 杜雁. 深圳法定图则编制十年历程 [J]. 城市规划学刊，2010（1）：104-108.

彻的认识[1]。然而，大多城市控规编制时，还是政府列计划，以招标、议标等方式选择企业化运作的规划设计单位，签订经济合同来进行。这种以企业行为进行控规编制存在较大缺陷：一是控规编制完成后，也就意味着合同终止，编制单位并无后续的跟踪服务；另一则是一些规划师的综合能力有限（尤其是工作时间短的设计人员），其对控规背后潜藏的复杂社会经济利益、不同利益主体之间的利益博弈以及可能涉及的法律问题等不甚了解，更不具备相应的分析能力，因而，很大程度上制约了其从政府、开发商、社会公众等不同角色来研究控规的可能，致使控规编制存在局限。正如笔者 2010 年访谈时获知，深圳 50%~60% 的法定图则编制人员是“80 后”的年轻人，他们规划经验与专业能力均有一定的不足[2]。

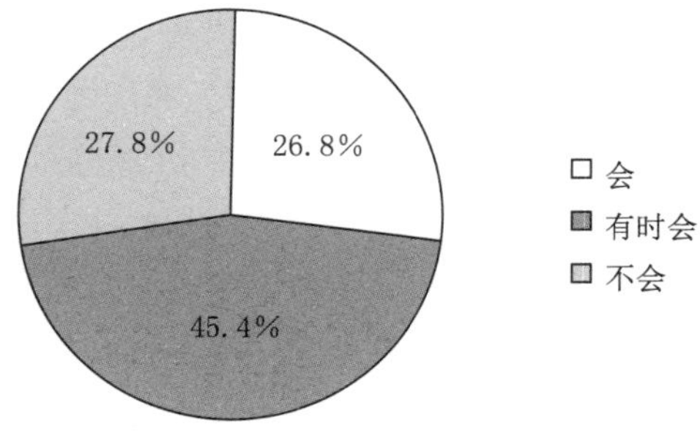

图 2-10 控规编制单位企业化运作是否影响编制质量（全国 399 份问卷分析）

此外，编制过程上：规划师主导、社会参与不足、部门协作缺乏。控规编制实质是一个土地经济利益分配、协调和平衡的过程，其应建立在政府、开发者、土地权属者、利益相关人、社会团体、公众等不同产权所有者、多方利益主体充分协商的基础之上。然而，当前控规编制仍多以规划师为主导，仅通过现场踏勘、有关部门走访、少量公众调查、方案公示等方法进行浅层的利益群体意愿的摸查和协调，显然难以达到公共政策中“协作治理”的目标。据笔者 2010 年调查，深圳法定图则编制中，公众意愿调查也都不是常态化、必备的前期工作[3]。此外，控规（法定图则）的横向协调缺乏制度保障，如：法定图则经常在实施中出现各项公共设施的负责部门不能协调操作的问题[4]。

2）审批制度：审查随意、封闭操作、缺乏民主决策与监督、效率低下

控规审批的前提是质量审查，但是，“当前控规的质量把关随意性、随机性很强[5]”。据笔者 2011 年对安徽省进行的控规问卷调查，控规审查阶段，规

---

[1] 邹兵，陈宏军．敢问路在何方——由一个案例透视深圳法定图则的困境与出路 [J]. 城市规划，2003，27（2）：61-67.

[2] 2010 年 10 月 30 日笔者访谈于深圳市城市规划设计研究院．

[3] 2010 年 10 月 18 日笔者访谈于深圳市城市规划发展研究中心．

[4] 王富海．以 WTO 原则对法定图则制度进行再认识 [J]. 城市规划，2002，26（6）：15-17.

[5] 张泉．权威从何而来——控制性详细规划制定问题探讨 [J]. 城市规划，2008，32（2）：34-37.

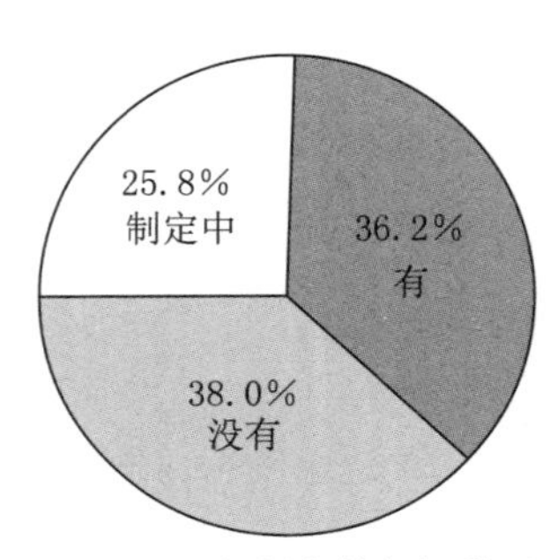

图 2-11　规划主管部门是否有控规审查的技术标准（安徽省 163 份问卷分析）

划主管部门有相应审查标准和操作规程的仅占 36.2%（图 2-11）。而在控规审批决策上，现行控规审批程序简单，透明度较低，缺少必要的公众参与和监督，难以体现市场公平原则，因此，抗干扰能力比较小[1]。即使在规划民主化程度较高的深圳，尽管已将法定图则的审批职能赋予了由非政府成员占多数的规委会，但规划民主决策的空间仍受到限制，因为：尽管规委会以非政府成员代表占多数，但这些非政府成员代表多数也就职于与政府部门联系密切甚至具有利益关系的企业或机构，独立的非政府组织或社区团体代表基本没有；由于他们并不明确对某特定集团或阶层负责，因此在法定图则审议中很难与政府成员形成对立的意见冲突，难以对政府决策构成制衡，也难以成为决策意见的主导者，通常也只是被动的决策工具[2]。此外，由于控规审查各个阶段的事权、时限、会期等缺乏详尽规定，致使控规审批效率低下，往往难以适应城市建设快速发展的需求，如：深圳法定图则，从编制到审批完成一般需要 18 个月[3]，而 1999~2008 年间平均每年批准的法定图则不足 8 项[4]。

3）实施制度：缺乏完善规定、信息不公开、控规修改问题多

依据《城乡规划法》，控规实施的程度如何与质量高低，关键在于规划条件。但是，由于《城乡规划法》仅粗略规定了“规划条件必须依据控规”，而对于具体如何依据，包括：依据的原则与标准、审查主体、究责机制等，都缺乏进一步的规定，再加上规划条件公开程度远低于控规（往往仅对参与竞拍土地的开发商公开），这些制度不足致使公众无从了解控规实施的具体情况（指控规向规划条件的转化），社会监督无从谈起。因此，一些城市，控规公示是一套，实施（规划条件）则又是另一套；或者干脆控规编而不批，边实施边修改；显然有违《城乡规划法》的精神。

此外，尽管《城乡规划法》对控规修改进行了相应的规定，但由于还缺乏

---

[1] 薛峰，周劲．城市规划体制改革探讨——深圳市法定图则规划体制的建立 [J]．城市规划汇刊，1999（10）：58-61，24.

[2] 邹兵，陈宏军．敢问路在何方——由一个案例透视深圳法定图则的困境与出路 [J]．城市规划，2003，27（2）：61-67.

[3] 深圳市城市规划发展研究中心．控规编制与审批办法调查报告（附件：各地控规编制与管理概况汇编）[R]．2009：83.

[4] 杜雁．深圳法定图则编制十年历程 [J]．城市规划学刊，2010（1）：104-108.

对利害关系人的界定、对意见征求方式的明确、上诉机制等，及各地法律执行力度的差异，致使控规修改上存在：封闭操作、过程缺乏透明度、信息公开不足、修改论证仓促、公众参与受限、监督乏力等突出问题。最终导致控规修改“走样”，公众利益得不到保障。

2.4　控规“失效”反思：控规制度建设必要而紧迫

现行控规出现了诸多问题，控规频繁调整乃至“失效”屡见不鲜。“这不仅是因为思路和理念的问题，也不仅是因为规划的理论方法和技术的问题，而是因为城市规划的制度建设相对于社会主义市场经济发展而言越来越显得滞后[1]”。总结来看，控规“失效”，主要是内、外双重因素所导致，外因包括：控规运作的宏观政治、经济及社会环境的巨大变迁，控规运作对象的特殊性（快速城市化推动下的大规模城市开发），城市规划体系与制度不完善、技术标准滞后等；内因则在于控规自身定位的矛盾性、技术理性不足、制度建设滞后等三大方面。当前，我国正处于市场化、分权化和快速城市化等引发的城市社会经济转型的特殊时期，控规运作的制度环境、作用对象及所面临的核心问题，与1980年代控规产生之初相比已有了很大差别，控规的“不适应性”或“失效”也多源于此。如果说控规产生的初衷在于通过规划技术手段变革应对经济体制转型的话，那么随着市场经济体制改革的深入，仅仅通过变革技术手段以应对市场公平、公正和民主方面的要求，显然是力不从心，控规正在由单纯的技术体系变革向完善规划制度转变[2]。因此，在当前新的历史条件下，控规的制度建设十分必要而紧迫。

总之，控规作为一种未来指向性活动，不可能一劳永逸，控规适时调整是必然，也是现实发展需要[3]，否则，控规将固化，进而“失效”。鉴于此，一方面，控规仍应加强相关技术与方法的研究，增强控规编制的技术理性，提高控规成果的“科学性”，努力做到科学预测；另一方面，由于规划并不是自然科学，其更多的是公共政策，加上城市发展的不确定性，即使规划技术与方法如何发

---

[1] 陈晓丽主编．社会主义市场经济条件下城市规划工作框架研究 [M]．北京：中国建筑工业出版社，2007：3.

[2] 郭素君，徐红．深圳法定图则的发展历程、现状与趋势 [J]．规划师，2007，23（6）：70-73.

[3] 汪坚强．迈向有效的整体性控制——转型期控规制度改革探索 [J]．城市规划，2009，33（10）：60-68.

展，也不可能做到精准预测，所以，应加强控规的“纠错机制与纠错程序”设计（即控规制度建设），以保证控规能随着社会经济发展的变化而及时得到修正和调整，并确保其中的公平、正义，防止随意调整。

2.5　本章小结

根据我国城市规划的层次划分，市场经济下城市开发的规划控制，实质上是一个从宏观到微观的系统性控制，它包含着从区域发展协调（城镇体系规划）、到城市整体发展（总体规划）、再到城市具体项目开发（详细规划）的“连续性”规划调控过程。控规，既是“政府性规划”与“市场性规划”的“分水岭”，更是规划主管部门进行开发控制的最直接依据，因而，成了我国城市规划管理的核心环节。但是，面对市场经济下的城市开发，控规却存在：①预见性差、调整频繁；②与总规相脱节、偏重于地块控制；③控规调整导致开发强度不断提高；④容积率、建筑高度等控制指标屡遭突破；⑤绿地广场、配套设施等“公共产品”被侵占等五大问题；控规“失效”屡见不鲜。深究其原因，造成这一问题的原因主要在于：一是在市场化、分权化与社会转型等推动下，控规运作的宏观政治、经济及社会环境的巨大变迁；二是快速城市化推动下的大规模城市开发，致使控规运作对象具有前所未有的特殊性；三是城市规划整体体系与制度并不完善、技术标准滞后；四是控规自身也存在定位矛盾、技术理性不足、制度建设滞后等问题。对此，鉴于规划的预测性与城市发展的不确定性，我们在强调改进规划的技术与方法、提高控规“科学性”的同时，更应注重控规的“纠错机制与纠错程序”设计（即控规制度建设），以保证控规能随着社会经发展的变化而及时得到修正，并确保其中的公平、正义，防止随意调整。因为政策科学指出，政策过程独有的程序化的制度保障是保障利益客观、公正分配的唯一有效途径[1]。

---

[1] 卢源．城市规划中弱势群体利益的程序保障 [J]. 城市问题，2005（5）：9-15.

第三章 实证分析：中国控规制度建设的现状、经验与反思

如何进行控规制度建设？首先需以问题为导向，对中国控规制度建设的现状进行深入研究，以把握控规制度建设的内核与方向。本章一方面，将分析国家层面的控规制度体系框架，研究当前中国控规制度体系的构成与运作；另一方面，采用案例研究方法，对北京、上海、深圳、广州、南京国内五大发达城市的控规制度进行比较性研究，分析控规制度建设面临的共性问题，总结各地控规制度建设的有益经验，以对中国控规制度的建设与优化提供可能启示。

3.1 中国控规制度体系的建设

3.1.1 中国控规制度建设的历程

（1）控规的诞生

1980年代，中国实行的是计划经济，城市规划是国民经济和社会发展计划的延伸，是为实现计划进行的土地和基础设施的配置，几乎无需进行开发控制。1988年中国建立土地有偿使用制度，城市建设机制发生重大变化，原城市规划无法适应新的形势，为了调控市场经济下的城市土地开发与建设，创新成为必然，控规因此而出现。其诞生的简要历程是：1980年，美国女建筑师协会来华带来了土地分区规划管理的新概念；1982年，为适应外资建设的国际惯例要求，上海虹桥开发区编制土地出让规划，成为中国控规的开河之作；1987年，清华大学在桂林中心区详细规划中引入区划思想，初步形成了一套系统的控规基本方法；1988年，温州市旧城控规，广泛吸取了国内外成功经验，形成了一套比较完整的控规成果；自此，控规的雏形由此诞生，并逐渐走向完善[1]。

（2）控规的制度建设

1980年代，控规还处于探索阶段，很多方面还不完善，因而未被写入1989年的《中华人民共和国城市规划法》之中。控规发展的突破是1991年《城市规划编制办法》的实施，它首次确立了控规在中国城市规划编制体系中的法律地位，并对控规的内容、文件和图纸构成进行了相应规定。1995年《城市规划编制办法实施细则》对控规编制需要收集的基础资料、控规文本与图纸的内容要求做了进一步的规定，自此，控规走上了规范化的发展道路，逐步形成了包括土地使用、建筑建造、设施配套和行为活动在内的较完整的规划控制体

[1] 江苏省城市规划设计研究院主编．城市规划资料集－控制性详细规划[M]．北京：中国建筑工业出版社，2002：4.

系和技术框架[1]。不过，直至2008年《城乡规划法》实施前，控规的发展仍多偏重于技术层面的完善，试图通过编制“科学”的控规来应对市场经济下城市开发调控的规划管理需求。控规制度方面，除了编制制度较为完善外，对于控规的审批决策、实施评价、调整与监督、公众参与等方面却少有发展。实践来看，控规的制度建设也仅出现在国内一些发达地区，如：1998年深圳建立的法定图则制度、2004年《广东省城市控制性详细规划管理条例》（中国第一部规范控规的地方性法规）的颁布、2007年北京开始的控规“动态维护”机制等。可以说，控规制度建设十分滞于控规技术的发展，一定程度上成了市场经济下调控城市开发的规划管理“瓶颈”。

2008年《城乡规划法》实施，控规法律地位空前提升，其制度框架基本建立。首先，《城乡规划法》规定：城市规划、镇规划分为总体规划和详细规划，详细规划分为控规和修建性详细规划；控规编制需根据总规的要求；而修建性详细规划则应符合控规。这从国家法律层面明确了控规是我国城乡规划体系中一个重要的规划层次，清除了《城市规划法》（1989）中没有控规的尴尬。其次，《城乡规划法》明确将控规作为规划管理最直接的行政许可依据，突出了控规在城市开发调控中的核心作用和重要地位。《城乡规划法》规定：划拨的土地，其建设用地规划许可证需依据控规予以核发；而出让的土地，在出让前应有依据控规提出的规划条件，未确定规划条件的，不得出让；规划条件未纳入土地出让合同的，该合同无效；建设工程规划许可证的核发，则需符合控规和规划条件；建设单位应按规划条件进行建设，如需变更，当变更内容不符合控规的，不得批准；临时建设影响控规时，也不得批准；建设工程未经核实或者经核实不符合规划条件的，建设单位不得组织竣工验收。在控规制度建设上，《城乡规划法》对控规的编制（编制组织、经费保障、编制主体、编制依据等）、审批（审批主体、草案公告、意见征询、成果备案等）、实施（作用范围、实施方式、调整修改）、监督（信息公开、监督主体、处罚与处分、法律责任）等均进行了相应规定，基本建立了控规的制度体系框架（图3-1）。

2011年《城市、镇控制性详细规划编制审批办法》（住建部第7号令）实施，更进一步完善了控规的制度体系，具体包括：①控规编制上，明确了控规编制应考虑的因素；控规的基本内容；大城市与特大城市可划分规划控制

---

[1] 江苏省城市规划设计研究院主编．城市规划资料集—控制性详细规划[M]．北京：中国建筑工业出版社，2002：17-23.

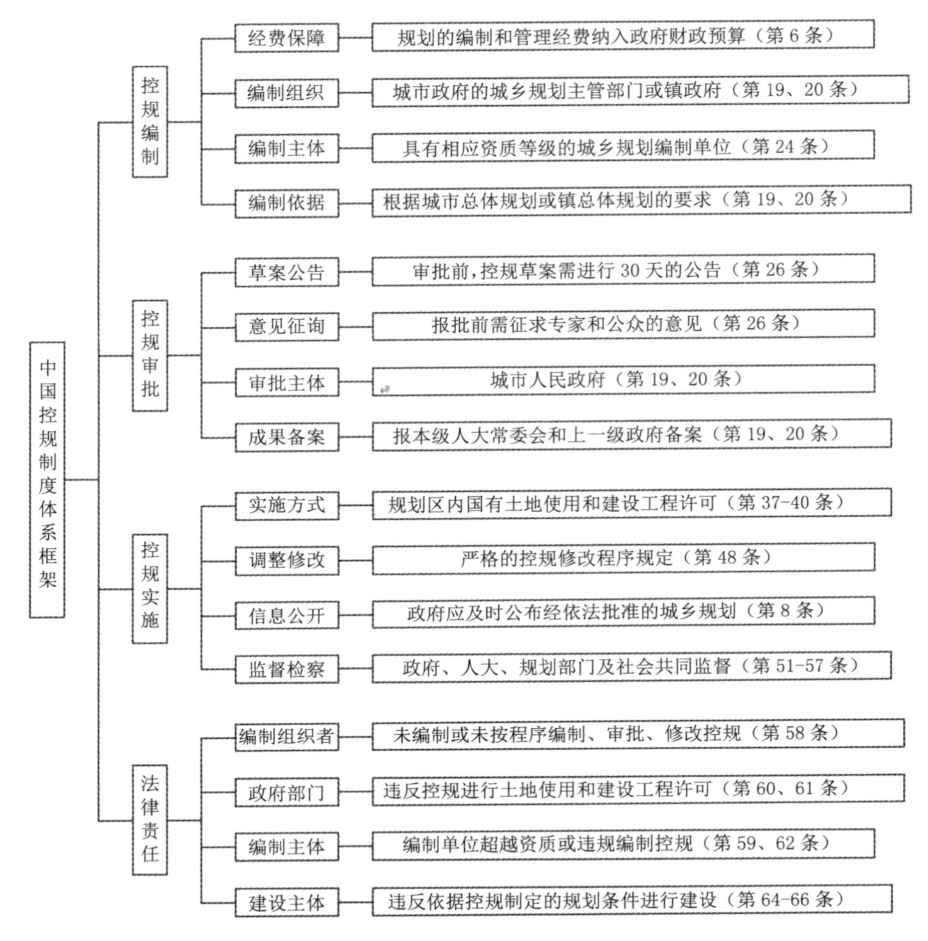

图 3-1 《城乡规划法》（2008）确立的控规制度体系框架

单元，编制单元规划；镇控规则可适当简化；要求控规编制组织者制定编制计划、有序推进控规编制等。②控规审批上，首先，要求控规草案公告的时间、地点及公众提交意见的期限、方式，应当在政府信息网站以及当地主要新闻媒体上公告；然后，规定控规组织编制机关应组织召开由有关部门和专家参加的控规草案审查会，而且控规应自批准之日起20个工作日内，通过便于公众知晓的方式公布。③控规实施上，控规组织编制机关应建立控规档案管理制度，逐步建立控规数字化信息管理平台；应建立规划动态维护制度，有计划、有组织地对控规进行评估和维护。

3.1.2 中国现行控规制度体系构成与运作

控规制度体系，指控规的编制（即编制组织、编制主体和编制程序，不包括具体的编制技术）、审批、实施、修改及法制化等一系列运行的规则和程序。《城乡规划法》（2008）与《城市、镇控制性详细规划编制审批办法》（2011）实施后，中国控规的制度框架基本成型，基本可以细分为：控规的编制管理、审批决策、实施管理三大方面。

控规的编制管理制度，是控规编制方面的程序与规则，包括控规的编制组织、编制计划、经费保障、技术规范、编制要求、编制单位、编制程序等内容，其具体运作一般是：首先，规划主管部门依据国土资源主管部门制定的国有建设用地使用权出让年度计划、城市总体规划实施安排、近期建设规划及城市建设发展需要等，确定控规编制年度计划，并向城市人民政府申请编制经费；其次，拟定控规编制要求（任务书），采用考察委托或招标等方式筛选控规编制单位。再次，编制单位依据国家及地方相关控规编制技术规范、城市总体规划、城乡规划主管部门提出的控规编制要求等，进行控规草案编制。

控规的审批决策制度，是控规成果审查、审批程序、决策主体等方面的规则。其运作过程一般是：控规草案编制完成后，由规划主管部门进行审查，包括规划科（处）室预审、规划局技术委员会审查；然后由规划主管部门进行草案公示，并组织召开专家评审会，征询专家及公众意见；再由编制单位依据意见进行修改完成后，交由规划主管部门再次审查，通过后则上报城市规划委员会审议，如无异议，即提请城市人民政府批复，并报同级人大常委会及上一级人民政府备案。

控规的实施管理制度，是有关控规实施方式、实施过程、调整修改和监督反馈等方面的规则与程序。其具体运作一般是：规划主管部门依据经批准的控规，制定城市计划出让地块的规划条件（包括出让地块的位置、使用性质、开发强度等），作为国有土地使用权出让合同的组成部分；土地出让后，建设单位需依据控规及规划条件，编制开发地块的修建性详细规划，报请规划主管部门审批；对于符合控规及规划条件的，规划主管部门予以批准并核发建设工程规划许可证。

控规修改上，则由控规组织编制机关首先对修改的必要性进行论证，征求规划地段内利害关系人的意见，并向原审批机关提出专题报告，经原审批机关同意后，方可编制修改方案；修改后的控制性详细规划，应当依照前述审批制度重新报批；但如修改涉及总体规划强制性内容的，则应当先修改总体规划。

控规的监督反馈方面，是指实施中控规的实体性内容是否符合国家及地方相关技术标准与规范、控规运作的程序性内容是否符合国家法律法规规定、规划条件是否符合控规、建设项目是否符合控规等方面的监督规定与监督机制，以及控规实施后的反馈机制等。从国家法律规定来看，控规在此方面的制度建设较为薄弱；社会监督上，《城乡规划法》（2008）仅规定了规划主管部门应及时公布经依法批准的控规；任何单位和个人都有权就涉及其利害关系的建设活动是否符合规划的要求向规划主管部门查询，并有权向规划主管部门或者其他有关部门举报或者控告违反城乡规划的行为；规划主管部门或者其他有关部门对举报或者控告，应当及时受理并组织核查、处理。人大及上级监督上，仅规定了要进行控规备案，但并未对具体什么时间备案、如何备案、备案效用等做出可操作性规定。反馈机制上，也仅提出要建立控规动态维护制度，而对具体内容并未明确。

3.2 中国若干发达城市的控规制度建设

经济基础决定上层建筑，制度作为上层建筑的重要组成，其完善与否多受经济发展水平的制约。控规制度建设亦不例外，从全国范围来看，一些经济较为发达的城市或地区明显走在了前例，代表性的主要有：北京市的控规动态维护制度、上海市的控制性编制单元规划、深圳市的法定图则制度、广州市的控制性规划导则等。

3.2.1 北京控规制度建设实践

北京控规实践由中心城控规与新城控规构成。中心城控规的演变分为三个阶段：第一阶段是 1995-1999 年开展的控规编制，范围约 324km^2，1999 年经市政府批准实施；第二阶段是 2005-2006 年，依据《北京城市总体规划（2004-2020 年）》，在之前控规基础上，修编了中心城控规，范围扩大到 1088km^2，但未获批准；第三阶段是 2007 年以 1999 版控规为依据，以 2006 版控规为参考，实施控规动态维护机制；2009 年，对 2006 版控规又进行了整合，形成《北京中心城控规（街区层面）》（简称“09 版控规”）[1]。新城控规方面，2007 年 1 月，北京市政府批准了通州、顺义、亦庄等 11 个新城规划（2005 ～ 2020 年）；12 月，

[1] 邱跃．北京中心城控规动态维护的实践与探索［J］. 城市规划，2009，33（5）：22-29.

审查并通过了这 11 个新城的控规（街区层面），从而在北京全市域实现了控规全覆盖。

（1）北京控规编制制度

1）控规编制单位的选择。主要以市场的手段，择优选取本地具有资质的编制单位，但逐渐向北规委下属事业单位北京市城市规划设计研究院倾斜，尤其是调整论证和动态维护几乎全部由北规院承担❶。

2）控规编制的地域范围划分。在北京控规中，街区是控规编制、审批、优化调整和规划管理的基本控制单元❷。北京中心城划分为"区域、片区、街区、地块"四个层面：首先，中心城分为整体保护区、调整优化区、适度完善区和限制建设区；然后，将 4 个区域划分为 33 个片区，每个约 10~30km^2；再依据城市主次干道等界限，将片区划分为约 300 个街区，每个约为 2~3km^2；最后将各街区再划分为约 3 万个地块，每个地块平均约 3 公顷❸。北京新城则划分为"新城—片区—街区—地块"四级。如：大兴新城，在《大兴新城总体规划（2005 年 ~2020 年）》所划分的七片区、三组团的基础上，划分为 38 个街区，每个街区 2~3 平方公里❹。

3）控规编制内容与成果构成。北京控规尤其是新城控规（中心城控规早已于 2006 年编制完成）分为"街区层面－地块层面"两个编制层级。成果上，分为新城控规（街区层面）（以下简称"街区控规"）、街区控规深化方案（以下简称"深化方案"）和拟实施区域地块控规（以下简称"地块控规"）三个层次，分区、分步、有重点地分解落实新城规划确定的功能定位、建设总量和三大公共设施安排等规划内容，为新城规划管理和各项建设提供基本依据❺（图 3-2）。

街区控规，是基于保障政府的、市一级的、远期刚性目标的框架与规则，重点是确定街区的主导功能、建设总量、三大公共设施和城市设计整体框架；深化方案，是以街区控规为依据、结合新城建设的实际情况和发展要求，在地块层面

---

❶ 深圳市城市规划发展研究中心．控制性详细规划编制与审批办法调查报告——附件：各地控规编制与管理概况汇编 [R]. 2009：6.

❷ 深圳市城市规划发展研究中心．控制性详细规划编制与审批办法调查报告——附件：各地控规编制与管理概况汇编 [R]. 2009：7.

❸ 邱跃．北京中心城控规动态维护的实践与探索 [J]. 城市规划，2009，33（5）：22-29.
杨浚．北京控规的 1996-2006[J]. 北京规划建设，2007（5）：37-40.

❹ 盛况．刚柔并济——对北京街区层面控规的认识与思考 [C]// 中国城市规划学会．生态文明视角下的城乡规划——2008 中国城市规划论文集．大连：大连出版社，2008：426.

❺ 马哲军，张朝晖．北京新城控规编制办法的创新与实践 [J]. 北京规划建设，2009（专刊）：37-41.

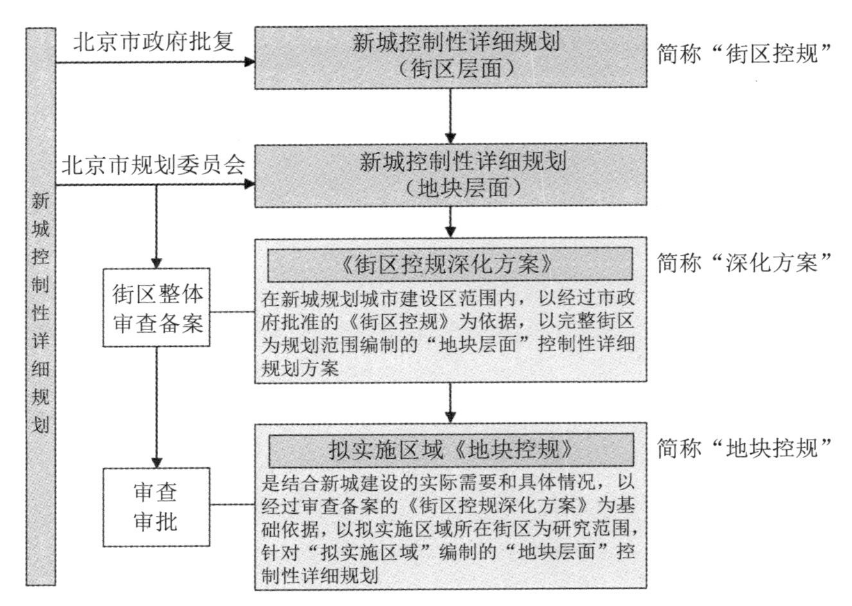

图 3-2　北京新城控规编制体系及报审程序关系示意图

资料来源：马哲军，张朝晖．北京新城控规编制办法的创新与实践[J]．北京规划建设，2009（专刊）：38.

上的继续深化和落实完善，除对街区内各个规划地块的各项控制指标进行细化外，还必须对街区控规中提出的各项强制性控制要求进行严格落实，需要专题说明对街区控规所确定的刚性规划内容（街区的主导功能与建设总量、三大公共设施等）的落实及深化情况；地块控规，则是基于市场需求的、区一级的、近期启动项目的具体落实与安排，是按照街区控规和深化方案，根据土地开发时序和实际建设具体要求，对近期需要实施的区域制定详细的规划控制指标，经规划主管部门审查、审批，作为新城开发和建设工程规划管理的依据[1]。

（2）北京控规审批制度

1）审批主体。实行分级审批制度，即街区控规由市政府审批，地块控规则由北京市规划委员会（简称：北规委）[2]审批。

2）审批程序。北京控规编制、审批基本包括编制、论证、审查、公示、上报、办理、评估7个具体环节（类似于图3-3中的政府主动深化控规的流程），各

---

[1] 马哲军，张朝晖．北京新城控规编制办法的创新与实践[J]．北京规划建设，2009（专刊）：37-41.

[2] 北京市规划委员会为北京市城市规划建设行政主管部门，是北京市人民政府的职能机构，相当于很多城市的规划局，不同于其他城市设置的城市规划委员会。

个环节都有较为严格的规范规定，以使各相关部门严格按照规范执行。

3）公众参与规定[1]。北京控规审批前规定须有公众参与环节，具体是：在控规前期研究阶段，公众参与的主要形式为：通过组织开展系统的社区民意专项调查，采取电视、网络、展示、报刊、汇报、座谈会、专家论证会等多种方式征求专家及公众意见，充分听取权属单位和社会公众意见，成果呈送市政府法制办、市国土资源局等相关部门征求意见。

在成果公示阶段，通过采取网上公示、现场公示、听证座谈等形式鼓励公众参与。地区类控规以网上公示为主，公示时间 30 天；项目类控规要求现场公示，由业主单位委托专业机构做现场公示，并请公证处公证。现场公示时，会安排 1~2 位控规编制人员与公众面对面沟通。目前，北京正在试行 3 个街道一级的公示试点（一个街道一般有 2~3 个街区）。对于某些特定项目，也会实行项目控规的成果公示。成果公示必须有一定比例的公众同意；但公众的意见并不能起到直接决策作用。

公众参与的另一个主要形式是责任规划师制度。由人民政府及其相关职能部门代表、责任规划师、专家、公众代表和相关权利人代表等组成一个民选机构（规划工作室），共同参与控规调整论证的全程，提出论证的初步成果后，报首规委控规实施管理专题工作会审查，再请示、上报市政府执法监督。

（3）北京控规实施制度

1）控规动态维护机制[2]。为保持控规弹性，不断适应城市发展变化的需要，北京市 2007 年探索建立了中心城控规动态维护机制，即按照城市规划有关法律法规的规定，根据城市经济社会发展需要和城市建设的实际需求，针对控规编制中的不足和实施过程中出现的新情况、新问题，制定统一的工作标准和工作程序，对既定的城市规划进行适当调整并对调整结果进行定期评估，对城市规划进行动态的优化和完善。但是，动态维护不是随意的，对于规划必须坚持的刚性内容予以维护，对于规划的弹性内容则依法按照规定程序进行[3]。

北京控规动态维护机制中建立了专题会议制度（表 3-1）、会商会办制度、公众参与制度、专家咨询制度、督察督导制度、季报年报总结评估制度，明确了中心城控规动态维护的指导思想、基本原则以及工作内容、方法、标准和程序等。

---

[1] 深圳市城市规划发展研究中心．控制性详细规划编制与审批办法调查报告——附件：各地控规编制与管理概况汇编 [R]. 2009：11.

[2] 参见：北京市规划委员会详细规划处．北京中心城控规动态维护工作年报 2008[R]. 2009：2-6.

[3] 邱跃．北京中心城控规动态维护的实践与探索 [J]. 城市规划，2009，33（5）：22-29，26.

北京中心城控规动态维护之专题会议制度 表 3-1

职责分工	详规处各片区负责人（负责联系其负责片区内对应的委机关处室和分局上会项目）	项目经办人（负责写会前项目情况及在规定时间传电子文件）	会议组织人（汇总会前项目情况）	会议组织人			详规处根据会前项目情况及会议议定内容拟写会议纪要，并完成详规处内处长审核、会签，在下班前把会议纪要稿报委领导
工作要求		详规处/建营处室/规划分局的项目汇报人在下班前将会前项目情况汇总至指定的内网或外网文件夹内	详规处业务会研究上会项目	将会前项目情况上报委领导并发会议通知		召开（控规）实施管理专题工作会	会议组织人拟写会议纪要、会签人（详规处处长及副处长）
时间	周一周二周三周四	周五	周一	周二	周三	周四	周五
阶段	会议当前循环周一会前						会议当前循环周一会后

资料来源：陈玢．北京中心城控规动态维护之会议制度［J］．北京规划建设，2007（5）：16.

控规动态维护的程序设计，主要包括申请、受理、论证、审查、公示、上报、办理、评估等8个环节（图3-3）。所有环节，均由纪检监察部门定期监督检查，与控规动态维护机制相配套。北京特别推行了责任规划师制度，即在控规编制的每个街区聘任一名责任规划师，该规划师负责听取和协调该区域内各方利益群体利益诉求，并平衡规划范围用地各项规划指标。他们主动向公众讲解相关专业知识，耐心回答各种提问，进行主动而平等的沟通、互动和服务[1]。

2）控规监督检查机制。由北规委内部设立的法制处督查指导和外部的监察局负责整个实施过程中的监督，监察督导定期监察、并与年终考核结合。监察局不定期参与每次控规专题会议，监察范围包括两证一书发放、规划编制、控规调整、规划审批等；北规委每季度统计规划编制和调整情况报监察局备案。规划现场公示环节，一般有公证部门公证监督，以保证规划展示的真实性[2]。

---

[1] 邱跃．北京中心城控规动态维护的实践与探索 [J]. 城市规划，2009，33（5）：22-29.

[2] 深圳市城市规划发展研究中心．控制性详细规划编制与审批办法调查报告——附件：各地控规编制与管理概况汇编 [R]. 2009：12.

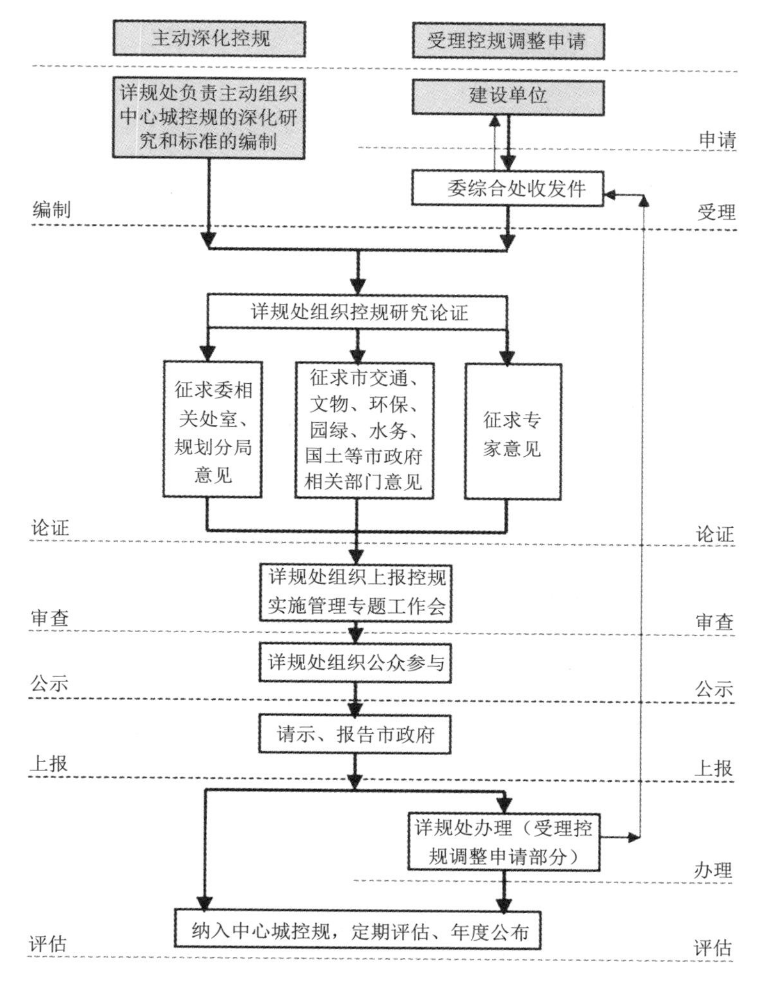

图 3-3　北京中心城控规实施管理工作程序

资料来源：邱跃．北京中心城控规动态维护的实践与探索 [J]. 城市规划，2009，33（5）：22-29.

3.2.2　上海控规制度建设实践

《上海市城市规划条例》（2003）确立了上海城市规划体系分为五个层次：总体规划、分区规划、控制性编制单元规划、控规、按经批准的规划实施项目管理（图 3-4）。控制性编制单元规划是城市总规落实的重要环节和城市规划管理的重要依据，也是城市规划分级管理中有效解决市、区部门协同运作问题的关键环节之一[1]。2005 年底，上海市完成中心城控规性编制单元规划编制工

[1] 姚凯．上海控制性编制单元规划的探索和实践 [J]. 城市规划，2007，31（8）：52-57.

作；2008 年 6 月，完成中心城控规编制工作；在中心城外围地区，各个区（县）也编制了大量的控规；目前，规划管理部门正全面开展中心城外围地区的控规编制工作，同时进一步加强中心城的控规精细化管理工作❶。

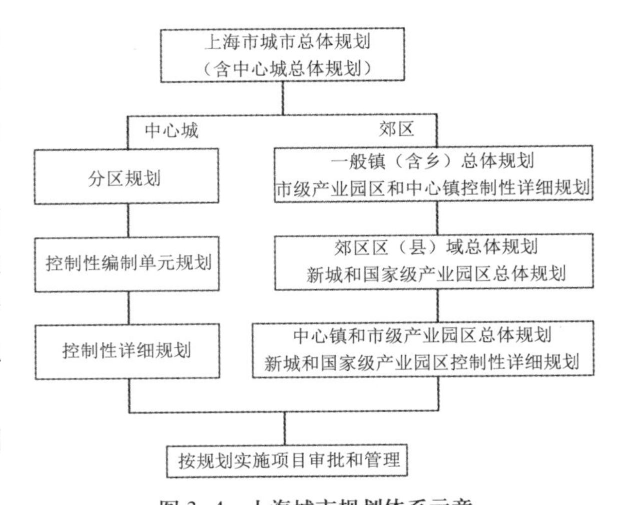

图 3–4　上海城市规划体系示意

资料来源：姚凯．上海控制性编制单元规划的探索和实践[J]．城市规划，2007，31（8）：53.

（1）上海控规的编制制度

1）控规编制的地域范围划分。上海中心城区确定了“中心城—分区—控制性编制单元—街坊”四级地域划分体系：中心城划分为 6 个分区，242 个控制性编制单元，4391 个街坊。控制性编制单元，以社区（街道）为基础研究单位，以主要干道、河流等自然界限，内环线以内，1 个街道划分为 1–2 个编制单元，每个单元用地面积 1–3km^2；内外环之间，1 个街道划分为 2–3 个编制单元，每个单元用地面积 3–5km^2。每个单元规模约为 1 个居住区，人口容量 3–5 万人，不同地段的单元大小有所不同❷。控规编制范围一般为一个或多个完整单元，如有特殊要求，按程序报审批部门同意后，合理确定范围❸。

2）控规编制主体。控制性编制单元规划全部由上海市规划和国土资源管理局（以下简称“规土局”）下属的上海市规划院编制；中心城控规的编制以上海市规划院和浦东新区规划院为主，同时同济大学规划院、宝山区规划院、普陀区规划设计所等驻上海的设计单位也参与编制工作，其中上海市规划院承接了中心城 113 个单元的控规，超过单元总数的 45%❹。

---

❶ 深圳市城市规划发展研究中心．控制性详细规划编制与审批办法调查报告——附件：各地控规编制与管理概况汇编 [R]．2009：34.

❷ 姚凯．上海控制性编制单元规划的探索和实践 [J]．城市规划，2007，31（8）：52-57.

❸ 上海市规划和国土资源管理局．上海市控制性详细规划技术准则（试行）[Z]．2010-06-15．第 2.1 条．

❹ 深圳市城市规划发展研究中心．控制性详细规划编制与审批办法调查报告——附件：各地控规编制与管理概况汇编 [R]．2009：34.

3）控规编制组织。一方面，编制前期阶段，加强控规编制计划管理、提供统一的规划基础要素底版、强调控规编制（修编）的前期研究；另一方面，控规编制阶段，则要求进行规划多方案比较、强化部门参与、加强规划公示与宣传。

4）控规编制内容构成。上海控规编制工作由控制性编制单元规划与控规两部分构成。控制性编制单元规划的核心任务是“承上启下”，即将总体规划、分区规划确定的总体控制要求在单元层面分解细化，指导控规的编制[❶]。控制性编制单元规划以编制单元为基本单位，一般包括总体定位、规划规模、开发控制、公共绿地、风貌保护、空间景观、公共服务设施、市政基础设施、道路交通系统等九个方面内容[❷]。依据控制性编制单元规划，上海控规对编制单元内的土地使用强度、空间环境、市政基础设施、公共服务设施等作出更为具体的规定，完成“落地”工作，落实城市规划管理的各项要求，作为建设项目管理的直接依据[❸]。

5）控规成果构成[❹]。包括法定文件和技术文件两部分。法定文件包括图则和文本两部分，图则包括普适图则和附加图则，普适图则分为整单元图则和分幅图则，整单元图则是以单元为单位出图的图纸，分幅图则是以街坊为单位出图的图纸，两者均包含用地编号、用地面积、用地界线、用地性质、混合用地比例、容积率、建筑高度、备注、控制线、建筑界面等普适性控制要素。针对重点地区，在普适图则的基础上，通过城市设计或专项研究编制附加图则，并作为法定文件的组成部分。针对发展预留区，应适时增补普适图则，根据需要，可同步编制附加图则。文本是以条文的方式对图则进行解释和应用说明。

技术文件是制定法定文件的基础性技术文件，是规划管理部门执行控规的参考文件，为修建性详细规划编制和审批、建设项目规划管理提供指导。技术文件包括基础资料、说明书和编制文件，其中，基础资料包括文字材料和现状图纸；说明书包括规划说明和规划系统图。

（2）上海控规的审批制度

上海控规按照规划决策、执行、监督三分开和规划编制、审批、实施三分

---

❶ 控制性编制单元规划是一种介于分区规划和控规之间的规划类型，从严格意义上而言并不属于控规的范畴。但控制性编制单元规划是编制控规的工作统筹，两者密不可分。详见：深圳市城市规划发展研究中心．控制性详细规划编制与审批办法调查报告——附件：各地控规编制与管理概况汇编 [R]. 2009：35.

❷ 姚凯．上海控制性编制单元规划的探索和实践 [J]. 城市规划，2007，31（8）：52-57.

❸ 深圳市城市规划发展研究中心．控制性详细规划编制与审批办法调查报告——附件：各地控规编制与管理概况汇编 [R]. 2009：36.

❹ 参见：上海市规划和国土资源管理局．上海市控制性详细规划成果规范（试行）[Z]. 2010-06-15.

离的总体要求，建立市政府审批规划——市规划委员会审议规划——市规土局组织编制规划和监督规划实施——区县政府实施规划和项目管理的规划审批制度。具体包括：专家审议制度、技术审查制度和程序保障制度：

1）专家审议制度。充分发挥专家在控规制定和实施过程中对重大事项的审议、咨询、协调作用。具体包括：①前期研究的专家论证；②规划方案的市规委会专家审议，市规委会专家对报审的控规的成果和程序进行全面审议，包括规划方案，公众、部门意见的听取和采纳情况等，审议意见作为规划决策的重要依据；③重大问题的专家咨询；④地区规划师制度，地区规划师由市规土局委任，以技术专家的身份全过程参与地区控规的编制、审批和实施管理，发挥技术审核、决策咨询和实施评估作用；地区规划师由 1 名资深规划专家担任，一般为主持过大型规划编制工作，且在本行业具有较高权威性的专家；地区规划师任期 2 年[1]。

2）技术审查制度[2]。上海市规划编审中心是控规技术审查制度的机构保障，成立于 2010 年 4 月，它是上海市规土局直属的事业单位。其主要职能是负责建立全市统一标准的规划基础要素底版，负责为规划报审成果提供技术审查，负责控规信息平台的建设和维护，为市规土局提供规划专业技术服务，为详细规划编制提供技术支撑[3]。上海控规的编制与审批需要经过规划准备、规划编制、规划审批 3 个阶段、17 个环节，技术审查的思想贯穿全过程（图 3-5）；编审中心全程参与其中，提供技术服务，发挥协调平衡、辅助决策的作用。具体工作包括：①程序比对：对规划编制报审的程序环节比对审查；②基础比对：审核规划中使用地形、地籍、地质等基础资料的情况，以及对各类规划控制线落实的情况；③规范比对：与详规成果规范、技术标准的比对审查；④规划比对：与上位规划、已批相关规划及行政许可的比对审查；⑤方案建议：对规划方案的科学性、先进性、可操作性进行审核，提出技术建议。

3）程序保障制度。制定《上海市控规管理操作规程》，明确控规编制和审批的流程、环节和要求，指导控规编制、审批和管理工作，具体包括：①明确控规全过程的管理要求，串联 12~14 个月的编制和审批流程；②对控规各类审批管理进行分类指导；③细化控规流程中的相关文件规范要求。

---

❶ 上海市规划和国土资源管理局，上海市：完善控制性详细规划编制与管理 [J]. 城乡建设，2011（2）：30-31.

❷ 上海市规划和国土资源管理局 . 上海市控制性详细规划技术审查规程（2010 年上海市控规培训授课 PPT），2010.

❸ http://www.wowotou.net/institutions/shanghai/2010-08-18/12821457115608.html.

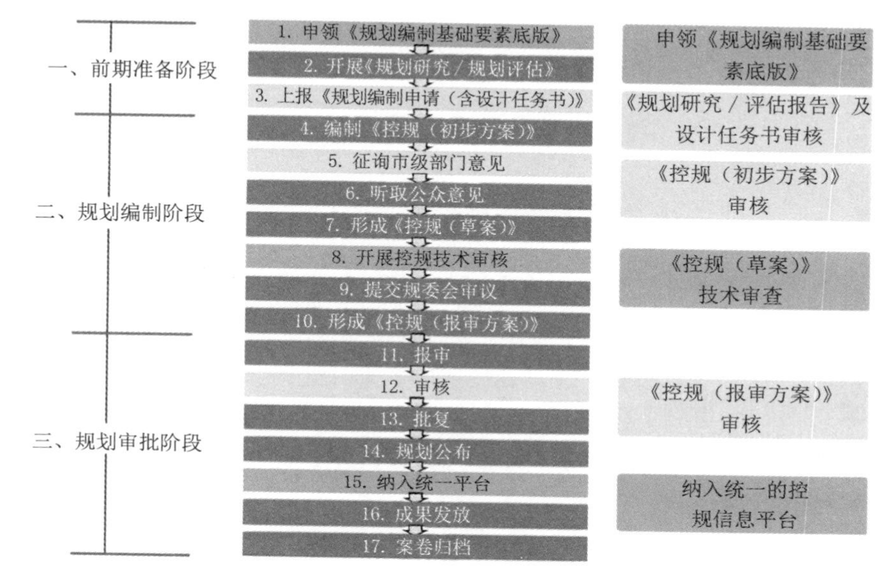

图 3-5 上海控规技术审查规程与审批程序

资料来源：上海市规划编审中心

（3）上海控规的实施制度

1）定期评估制度。上海对经批准的控规，要求组织编制单位应定期组织规划评估，一般为5年，对规划实施情况进行分析论证，并提出评估意见和实施建议；组织编制单位也可根据实际需要，组织不定期的规划评估[1]。

2）控规的深化与完善。在控规实施中，为应对城市发展变化，往往需要对原控规进行深化与完善。对此，《上海控规管理规程（试行）2010》第三章，特对“控规附加图则的编制和普适图则的增补”进行了相应的制度规定（图 3-6）。附加图则：指对控规确定的重点地区，为强化全方位的空间管制或特殊地区管理要求，在普适图则的控制指标基础上，需编制附加图则。普适图则的增补：是指对发展预留区，根据城市发展要求，明确规划管理控制指标，需增补普适图则。

3）控规的修改。首先，控规修改的启动。主要分为三种情况：①市政府认为需要修改的，可以要求市规划管理部门组织修改；②控规组织编制单位通过定期或不定期规划评估，可对批准控规提出修改建议，报原审批机关同意后组织修改；③公民、法人和其他组织要求修改控规的，公民、法人和其他组织可向区县规划管理部门提出申请，按规定程序经原审批机关同意后组织修改。

[1] 上海市规划和国土资源管理局．上海市控制性详细规划管理规定（试行）[Z]．2010-06-15．第7条．

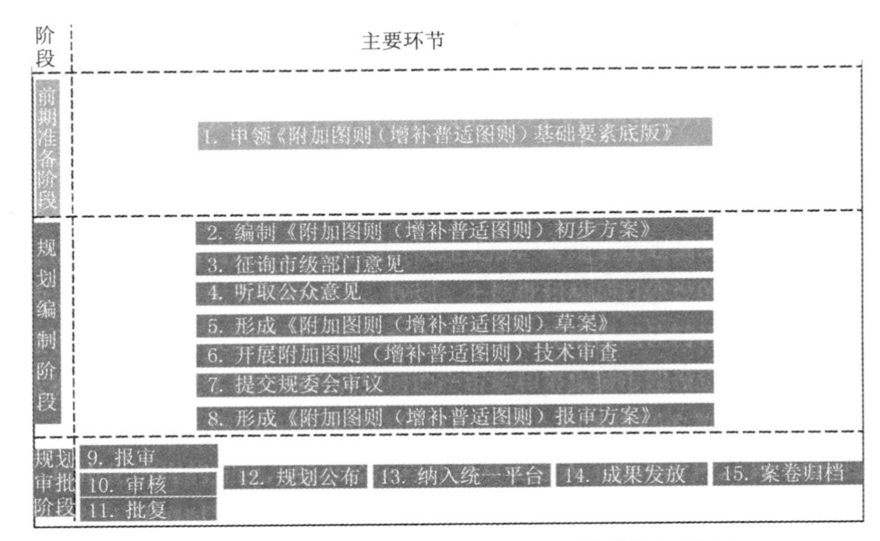

图 3-6　上海控规附加图则编制和普适图则增补的程序规定

资料来源：上海市控规管理操作规程培训 PPT，2010：30.

其次，控规修改类型，分为：控规修编和局部调整，局部调整应合理确定研究范围，不得小于一个完整街坊。控规修编的程序等同于控规编制程序；控规局部调整的程序按《城乡规划法》的规定执行[1]。

3.2.3　深圳法定图则制度建设实践

1996 年，深圳市参考国外区划法和香港法定图则的经验，决定建立法定图则制度；1998 年，《深圳市城市规划条例》实施，提出总体规划、次区域规划、分区规划、法定图则和详细蓝图“五阶段”的新规划体系（图 3-7），并将法定图则作为核心[2]，标志着法定图则制度的正式确立。随后，《法定图则编制技术规定》、《法定图则审批办法》等一系列法规和配套办法颁布施行，为法定图则的编制和审批提供了法律、程序和技术方面的保障；2001 年 5 月，《深圳市城市规划条例》第八条修改，即经市规划委员会授权，法定图则委员会可行使法定图则审批权；2003 年，市规委会网站启用，法定图则在现场展示的

[1] 上海市规划和国土资源管理局．上海市控制性详细规划管理规定（试行）[Z]. 2010-06-15. 第 29-31 条．

[2] 王富海．从规划体系到规划制度 [J]. 城市规划，2000，24（1）：28-33.

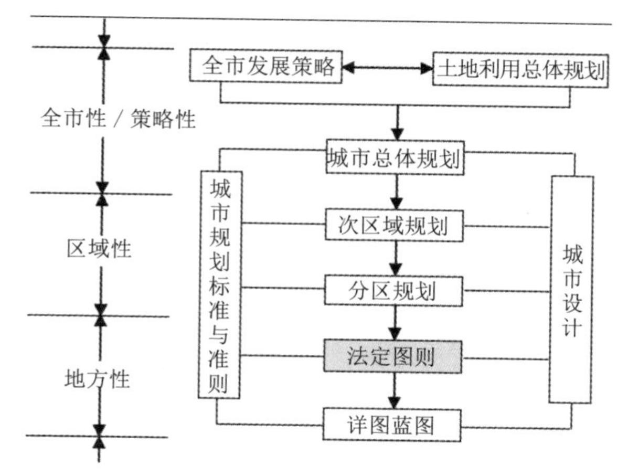

图 3–7 深圳市城市规划体系

资料来源：郭素君．深圳法定图则制度研究 [D]，南京：南京大学硕士学位论文．2006：10.

途径基础上，增加了网络展示和查询的公众参与渠道；2008 年，建立“法定图则编制及入库系统”平台，实现“一张图”管理；2009 年，“法定图则大会战”启动，计划 2 年内完成全市法定图则全覆盖编制工作❶。截至 2009 年 12 月 31 日，全市范围 248 个图则中，图则委已批准的法定图则 130 项，覆盖范围 642km^2，加上规划局技术委员会已审议通过的，总覆盖范围 965km^2，覆盖率 77%❷。

（1）法定图则的编制制度

1）法定图则编制的地域范围划分。1998 年《深圳市城市规划标准分区》，建立了“全市—分区（分区规划空间单元，特区内的行政区及特区外的组团）—片区（法定图则空间单元）—街坊（以城市支路分割的空间单元）—地块（独立用途或产权的空间单元）”的城市规划空间单元序列❸。

2）法定图则的编制主体。由本地规划编制单位承担，采取本地邀请招标的方式进行具体选择。2008 年，深圳组建“深圳市城市规划发展研究中心”，尝试成立一支稳定的高素质“政府规划师”队伍，承担法定规划编制、城市政策研究及提供专业支持与技术服务的职能，强化规划管理效能，为深圳的城市发展建立一个长期、动态、连续、综合的城市规划编制技术平台❹。目前，部分剩余

❶ 杜雁．深圳法定图则编制十年历程 [J]. 城市规划学刊，2010（1）：104-108.

❷ 游俊霞，朱俊．转型期城市规划精细化编制与管理的实践探索——以深圳法定图则为例 [J]. 城市规划学刊，2010（7）：12-18.

❸ 周丽亚，邹兵．探讨多层次控制城市密度的技术方法 [J]. 城市规划，2004，28（12）：28-32.

❹ 罗秋近．深圳事业单位改革首家法定机构试点机构揭牌 [EB/OL].(2008-06-02)[2010-11-10]. http://www.sznews.com/news/content/2008-06/02/content_2088684.htm.

法定图则的编制工作、全部在编法定图则的技术审查工作、信息平台搭建工作、“一张图”工作、编制技术规范与方法的制定工作等，均由发展研究中心承担[❶]。

3）法定图则编制的动态管理。市规划局组织开发了法定图则制定动态管理系统，2009 年 1 月 15 日开始试运行，强化对 150 多项在编法定图则的跟踪、督办和协调管理，建立了规范化的管理程序和动态管理机制。

4）不同地域实行差异化控制。全市法定图则地区，依据建设特点和管理要求，将全市标准分区分为基本建成地区（A 类）、发展地区（B 类）和特别指定地区（C 类）三种类型，进行差异化控制。三种类型地区的范围在《深圳市城市规划标准分区》中明确划定。

5）法定图则的内容与成果。法定图则，主要是在已经批准的全市总体规划、次区域规划及分区规划的指导下，对分区内各片区的土地利用性质、开发强度、配套设施、道路交通及城市设计等方面作出详细控制规定；重点是对分区规划所确定的各项指标进行深化和落实[❷]。法定图则的成果包括法定文件和技术文件两部分：法定文件，由文本和图表构成。技术文件，是法定文件的基础和技术支撑，包括现状调研报告、规划研究报告和规划图[❸]。

（2）法定图则的审批制度

1）审查机制：“321 工作机制”。即每项法定图则从编制初始到报签归档，需要至少经历包括规划处初审、局技委再审、图则委终审的 3 审甚至多审；除编制单位设计人员外，每个法定图则均另指定专人负责、全程跟踪服务、包括政府管理 2 人，市规划和国土资源委员会规划处 1 人 + 规划分局 1 人，技术咨询服务 1 人，充分发挥市城市规划发展研究中心的技术统筹、技术监理和技术服务作用[❹]。为严格把控法定图则的质量，深圳市规划和国土资源委员会先后颁布了《法定图则审查报批操作细则》、《关于加强法定图则审查的补充通知》、《法定图则技术核查要点》等规范性文件，规范了法定图则不同阶段的内容审查要点、负责机构、时间进度、审查报批程序以及相关部门的事权划分等（图 3-8）。

2）审批主体。《深圳市城市规划条例》（2001 修正）第 6、8 条规定，法

❶ 深圳市城市规划发展研究中心．控制性详细规划编制与审批办法调查报告——附件：各地控规编制与管理概况汇编 [R]. 2009：80.

❷ 《深圳市城市规划条例》（2001 修订稿），第十九条。

❸ 深圳市规划和国土资源局．深圳市法定图则编制技术规定 [Z]. 2003-01-27.

❹ 游俊霞，朱俊．转型期城市规划精细化编制与管理的实践探索——以深圳法定图则为例 [J]. 城市规划学刊，2010（7）：12-18.

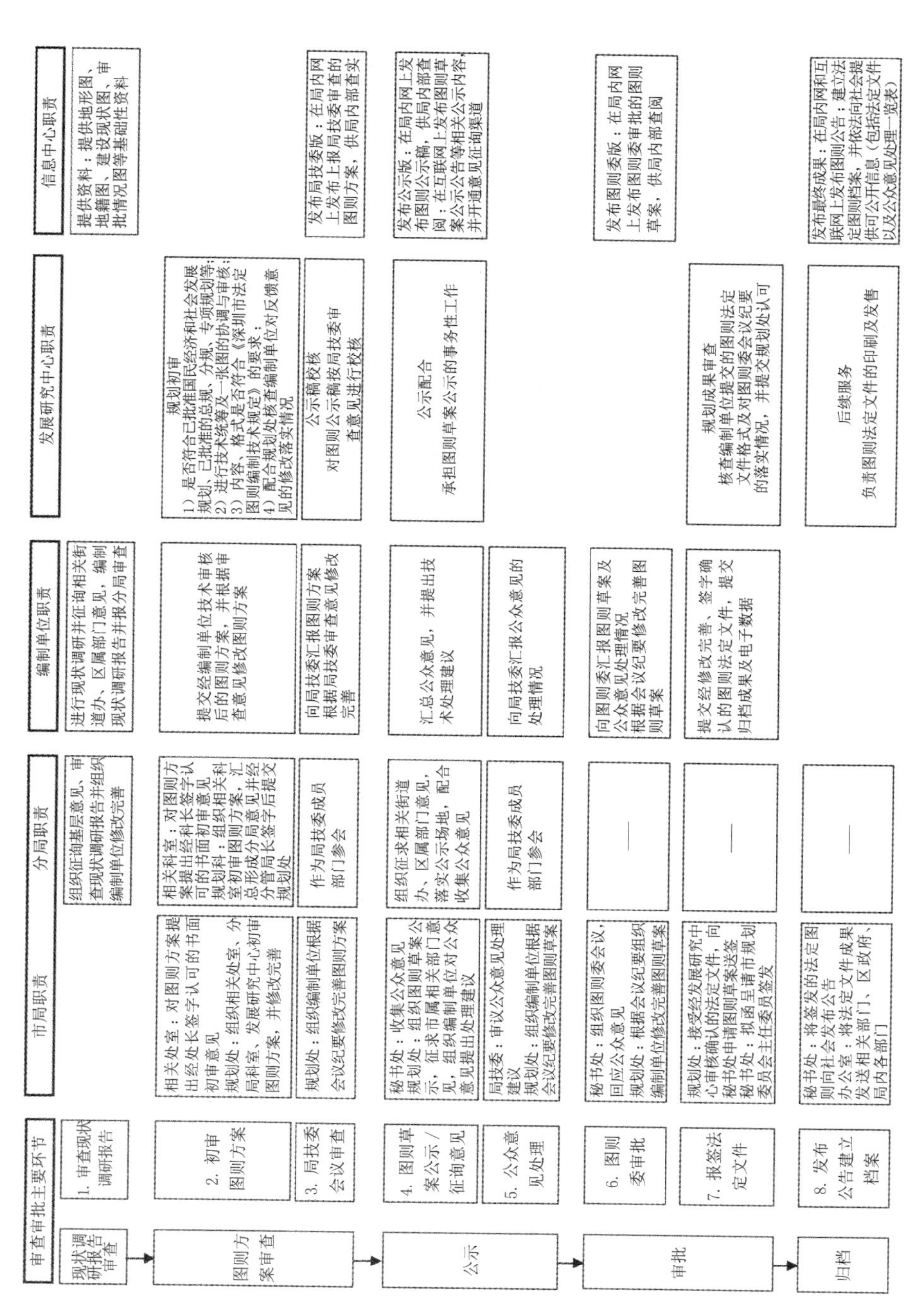

图 3-8　法定图则审查报批部门分工图

资料来源：深圳市规划和国土资源委员会．法定图则大会战政策与技术指引汇编［R］．2009：11.

定图则的审批机构是深圳市城市规划委员会；经市规委会授权，其下设的法定图则委员会[1]可行使法定图则审批权。市规委会特点是人员构成的非官方主导，具体由包括公务人员、专家及社会人士的29名委员组成（公务人员不超过14名）。法定图则委员会则由19名委员组成（公务人员不超过10名）。目前，深圳在编的法定图则审批机构为法定图则委员会，但原有法定图则修改、调整的审批机构仍为深圳市城市规划委员会[2]。

3）审批程序。《深圳市城市规划条例》明确规定，法定图则应当经过组织编制、公开展示、审议、审批和公布程序方能生效。法定图则编制、审查的一般程序是：市规划局依据政府批准的法定图则年度编制计划，组织编制法定图则，编制单位经过现状调研后编制草案，经过规划分局初审、市规划局处室联审等多次沟通、协调和审查后上报市规划局技术委员会，审查通过后公示征求公众意见，编制单位根据公示意见进行修改，之后再次报市规划局技术委员会对公示意见处理情况（采纳、不采纳、局部采纳和解释四种情况）进行审查，通过之后报市规委会法定图则专业委员会审批，通过后报市长签发、公布实施[3]（图3-9）。一般一个新的法定图则从编制到审批公布大约需要18个月[4]。

4）公示规定。法定图则草案公开展示之前，一般在相关网站和主要新闻媒体上公告拟公开展示的城市规划草案的名称、公开展示的时间和地点。公开展示的内容包括规划文本和图纸，必要时配以说明。公开展示的时间不少于30日。城市规划草案公开展示期间，任何单位和个人都可以规定的形式提出意见或者建议，规划委员会审议后可在规划委员会网站上予以分类答复。必要时，组织制订城市规划的单位应当就城市规划的重大问题举行专家论证会或者听证会[5]。

（3）法定图则的实施制度

1）法定图则修改[6]。主要分为两种情况：①规划主管部门对图则实施情况的定期评估，根据评估进行动态维护，即政府对法定图则的主动完善，其程序

[1] 《深圳市城市规划条例》（2001年修正），第8条规定，市规划委员会可设发展策略、法定图则和建筑与环境艺术等专业委员会。

[2] 笔者2010年10月19于深圳对深圳市城市规划发展研究中心的访谈.

[3] 笔者2010年10月20于深圳对深圳市规划和国土资源委员会地区规划处的访谈.

[4] 深圳市城市规划发展研究中心.控制性详细规划编制与审批办法调查报告——附件：各地控规编制与管理概况汇编[R].2009：83.

[5] 深圳市城市规划发展研究中心.控制性详细规划编制与审批办法调查报告——附件：各地控规编制与管理概况汇编[R].2009：83.

[6] 笔者2010年10月20于深圳对深圳市规划和国土资源委员会地区规划处的访谈。

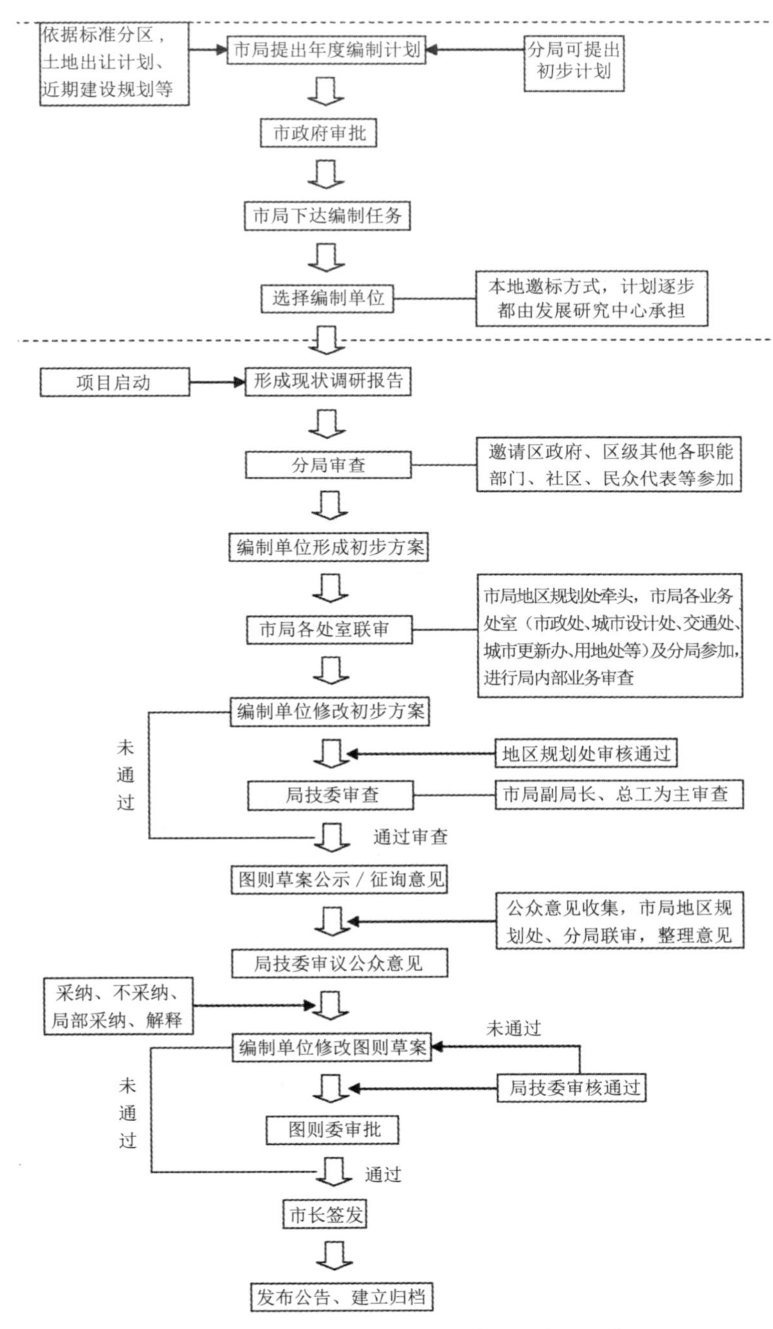

图 3–9　深圳法定图则编制、审查、审批程序

同新编法定图则的审批程序；②土地权属人向规划主管部门提出申请，修改法定图则对土地使用权地块的规定，其程序与新编法定图则的审批程序相似，但最后需深圳市规委会审批，而不是由法定图则委员会审批（图3-10）。对于招拍挂取得土地使用的权利人提出的法定图则修改申请原则上一律不予批准。

2）信息平台搭建与法定图则动态维护[1]。深圳市规划和国土资源委员会（原深圳市规划局与国土局合并而成）现已建立较全面的规划成果资料库，部分重要的成果建立了空间数据库，包括基础地形图数据库、遥感影像数据库、地下管线和建筑物数据库、规划审批成果数据库，以及城市总体规划、分区规划和法定图则数据库。在深圳市规划和国土资源委员会内网及门户网站发布了各类规划成果；搭建了规划电子政务平台，基本实现了各类规划信息的共享，以及行政审批与业务管理、行政事务管理、政务督办管理等工作的信息化与自动化。

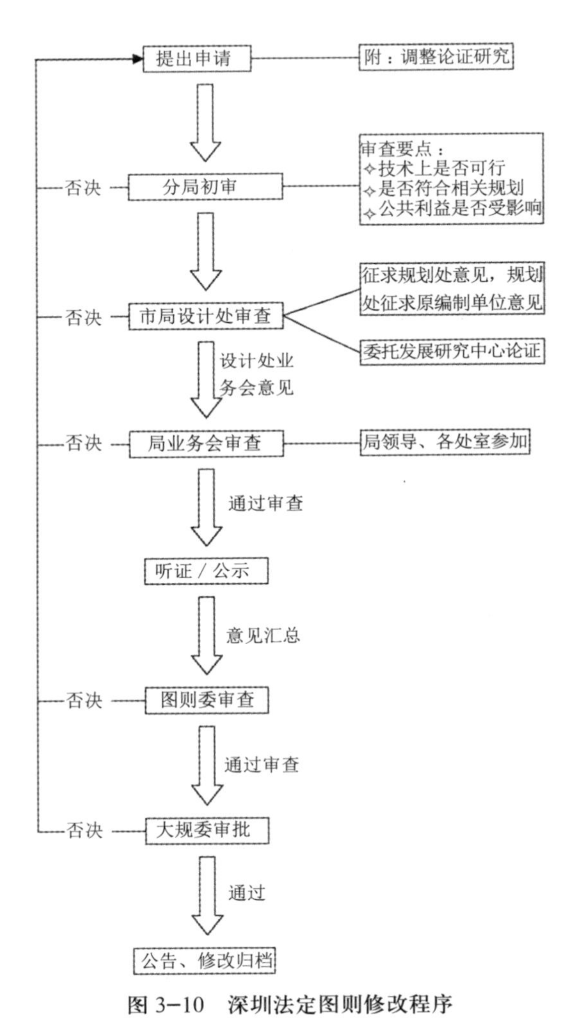

图3-10　深圳法定图则修改程序

2008年深圳启动了城市规划“一张图”建设工作。通过完善现状基础信息及其动态更新机制，为规划编制工作提供基础数据，为规划实施管理提供简洁明晰的信息支撑和保障；通过梳理整合规划编制成果，利用信息技术建立“一张图”管理平台，实现城市规划编制及其成果的系统化、动态化管理，大力提升规划管理工

[1] 深圳市城市规划发展研究中心．控制性详细规划编制与审批办法调查报告——附件：各地控规编制与管理概况汇编［R］．2009：83.

作质量和工作效率；进一步研究并建立城市规划编制、管理的预警和协调机制，力求在三年内基本实现全市城市规划“一张图”管理。通过编制入库系统软件的开发和运用、图则标准格式与规划管理通用平台的建立，以及动态维护机制的建立，使法定图则与城市规划管理形成标准化、统一的工作平台。

总之，法定图则作为深圳城市规划的一项核心制度，体现的是技术立法的过程，它有一整套法律、法规和制度性文件的支撑。目前，深圳市已逐步建立起一套相对完善、体系健全的规划编制、审议、审批、修改、实施等法制与规范程序。具体以《深圳市城市规划条例》为法律核心，《法定图则编制管理规定》为程序制度文件，《深圳市城市规划标准与准则》、《法定图则编制技术规定》等技术标准、指引为技术规范性文件，法定图则的“法制化”与“权威化”深入人心。

3.2.4 广州控规制度建设实践

2001年，广州市在分区规划的基础上，尝试建立了基于规划管理单元的规划管理图则新模式，从而实现面向日常规划管理工作需要的“一张图”管理目标；广州市规划管理图则分为分区规划与控制性规划导则两个层次（图3-11）；2004年，广州全面开展了广州市中心八区分区规划及控制性规划导则的编制；2005年2月，广州市政府公布实施[1]。广州市控制性规划导则，相当于控规层次，是广州市规划管理和编制修建性详细规划的重要依据[2]。

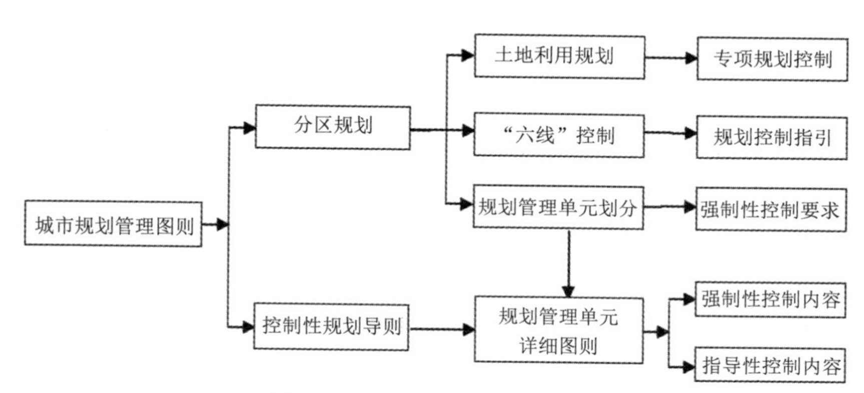

图3-11 广州规划管理图则框架

资料来源：吕传廷，观·思·立．广州市城市规划编制研究中心规划成果（2001-2005）[M]．北京：中国建筑工业出版社，2006：31.

---

[1] 吕传廷．观·思·立：广州市城市规划编制研究中心规划成果（2001-2005）[M]．北京：中国建筑工业出版社，2006:31-36.

[2] 姚燕华，孙翔，王朝晖，彭冲．广州市控制性规划导则实施评价研究[J]．城市规划，2008,32(2)：38-44.

控制性规划导则应用GIS技术，形成了高效的“一张图”管理平台，提高了规划管理效率。2004年，《广东省城市控规管理条例》实施；2007年，《广州市实施〈广东省城市控规管理条例〉办法》颁布，对广州控规的编制、审批、实施、公示、法律责任方面进行了规定。2009年，广州为促进控规全覆盖工作、保障“一张图”管理，进一步确保控规在规划管理中的核心作用，开始了控规整合工作。目前，广州中心城区控规覆盖率已达100%，外围几个新区和县级市的控规覆盖率也均已超过50%[1]。

（1）广州控规的编制制度

1）控规编制的地域范围划分。广州以行政街道为基础，划分若干规划管理单元，形成行政区—行政街道—规划管理单元三级结构，1个行政街道划分为1个或若干个规划管理单元[2]。规划管理单元对应于社区级行政单位，其规模基本与社区规模相当，单元内配套设施规模和类型与社区配套设施要求基本一致[3]。规划管理单元是规划区内控规的基本编制单位；用地规模上，旧城中心区约0.2~0.5km^2，新区0.8~1.5km^2；非城市建设区，视具体情况定[4]。

2）控规编制主体。一般由本地规划单位和全国常驻广州的规划编制单位承担，采取本地邀标或政府单一来源采购的方式进行具体选择。

3）控规编制内容构成。控制性规划导则是在分区规划的基础上，建立基于“规划管理单元”的控制体系，编制直接面向规划管理的管理图则，并提出图则执行与使用的相关要求，其核心内容是规划管理单元的详细图则[5]（表3-2）。规划管理单元控制内容包括主导属性、净用地面积、总建筑面积、配套设施、开敞空间、文物保护、人口规模等7个方面[6]。规划管理单元详细图则，主要确定管理单元层面的强制性与指导性控制内容、分地块的控制指标，并制定规划控制条文对该规划管理单元的开发建设提出控制要求等[7]。

---

[1] 深圳市城市规划发展研究中心．控制性详细规划编制与审批办法调查报告——附件：各地控规编制与管理概况汇编 [R]. 2009：73.

[2] 王朝晖，师雁，孙翔．广州市城市规划管理图则编制研究——基于城市规划管理单元的新模式 [J]. 城市规划，2003，23（12）：44.

[3] 彭高峰，李颖，王朝晖等．面向规划管理的广州控制性规划导则编制研究 [C]// 中国城市规划学会．城市规划面对面：2005城市规划年会论文集，北京：中国水利水电出版社，2005：839.

[4] 《广州市实施〈广东省城市控规管理条例〉办法》（2007）第五条。

[5] 吕传廷．观•思•立：广州市城市规划编制研究中心规划成果（2001-2005）[M]. 北京：中国建筑工业出版社，2006:31.

[6] 王朝晖，师雁，孙翔．广州市城市规划管理图则编制研究——基于城市规划管理单元的新模式 [J]. 城市规划，2003，23（12）：44.

[7] 姚燕华，孙翔，王朝晖，彭冲．广州市控制性规划导则实施评价研究 [J]. 城市规划，2008，32（2）：40.

广州控制性规划导则的主要内容与指标控制体系 表 3-2

序号	主要内容	具体内容	指标分类	指标属性	备注
1	划分规划管理单元	划分原则：依托行政界线和天然的地理界限；注重功能的内在关联性和统一性；主次干道围合；适宜的用地规划等			
2	绘制详细图则	落实“六线”控制性，表明规划管理单元界限、地形图分幅网络、地块编码、用地性质、配套设施、道路坐标、道路宽度、道路转弯半径等			
3	确定规划管理单元控制内容	1）主导属性：确定的单元主要功能定位，可分为居住区、商业区、工业区、生态保护区等		强制性	
		2）净用地面积：单元内除主次干道以外的建设用地面积（含村镇建设用地）	总量指标	强制性	
		3）总建筑面积：单元内可开发建设用地的建设规模（不含配套设施建筑面积）	总量指标	强制性	
		4）配套设施：包括公共服务设施和市政设施	总量指标	强制性	数量与规模为强制性，位置为指导性
		5）开敞空间：包括公共绿地、广场、运动场地等	总量指标	强制性	数量与规模为强制性，位置为指导性
		6）文物保护：包括各级文物保护单位和历史保护区（含登记在册和规划保护），应划定保护范围和建设控制地带	总量指标	强制性	
		7）人口规模：单元内的人口控制数量	总量指标	强制性	
4	确定单元内分地块控制指标	包括用地性质、容积率、建筑密度、绿地率、人口毛密度、建筑高度、配套设施等	分项指标	指导性	分地块用地性质、土地开发强度指标原则上不得随意更改，但可根据法定程序调整，但分地块建设总规模不得超过单元总建筑面积
5	制定规划控制条文	明确单元内指导性指标和强制性指标、提出城市设计指引、其他控制要求			

资料来源：王国恩，方正兴等．刚柔相济，调控结合——广州控制性规划导则的思考[M]// 桑劲，夏南凯，柳朴．理想空间（第 39 辑）：控制性详细规划创新实践，上海：同济大学出版社，2010：36-39.

分地块的控制指标，则属于规划管理单元指导性指标，包括：地块编码、用地性质、用地面积、容积率、建筑密度、建筑限高、绿地率、人口毛密度、配套设施等方面的内容。规划管理单元内的分地块土地开发强度指标（容积率、建筑面积等）可适当调整，但分地块建设规模（建筑面积）的总和不能超过规划管理单元强制性控制指标中对总建筑面积的规定❶。

4）控规成果构成。广州市控规的成果由规划管理单元导则（即法定文件）、规划管理单元地块图则（即管理文件）和技术文件三部分构成。规划管理单元导则由文本和导则组成，是规定控规强制性内容的文件；规划管理单元地块图则由通则和图则组成，是城市规划行政主管部门实施规划管理的操作依据；技术文件包括基础资料汇编、说明书、技术图纸，是规划管理单元导则和规划管理单元地块图则的技术支撑和编制基础❷。

（2）广州控规的审批制度

1）审批主体。广州市控制性规划导则上报市政府审批前须经市规划委员会审议。广州市规委会下设发展策略委员会、建筑环境与艺术委员会，经规委会授权，发展策略委员会对影响城市发展的重大决策（包括控规）提出审议意见❸。人员构成上，市规划委员会及发展策略委员会、建筑与环境艺术委员会中，专家和公众代表的人数均超过全体成员的半数以上，其中：市规委会共 31 人，政府部门 13 人、专家 18 人；发展策略委员会共 31 人，政府 14 人、专家 17 人。规委会旁听制度开全国先河，广州市规委会做到将会议审议和专家发言的全过程（除个别专家要求屏蔽外）向公众代表和媒体记者实行全面公开，具体采用视频同步转播会议全过程，公众和媒体代表可报名参加旁听❹。

2）审批程序。广州控制性规划导则编制、审查、审批的一般程序是：①市规划编研中心制定控规编制计划，确定控规编制任务书，组织编制控规；②编制单位经过现状调研后提交现状调研报告，由规划分局、编研中心审查；③编制单位提交控规初步方案，提交编研中心进行技术审查，包括编研中心的内部符合性审查与学术委员会技术性审查，征求区县政府、城市各职能部门意见，征求市规划局

❶ 王朝晖，师雁，孙翔．广州市城市规划管理图则编制研究 [J]. 城市规划，2003，23（12）：44．

❷ 广州市规划局．广州市实施《广东省城市控规管理条例》办法 [Z].2007. 第七条．

❸ 周方，倪明．广州市城市规划委员会昨日成立 [N/OL]. 广州日报，2006-11-15（A1/A3 版）[2010-12-13]. http://gzdaily.dayoo.com/html/2006-11/15/node_10264.htm 与 http://gzdaily.dayoo.com/html/2006-11/15/node_10262.htm.

❹ 陈果．广州市规划局澄清：规委会专家公众意志高于政府意志 [EB/OL]，(2009-11-17) [2010-12-13]. http://ycwb.com/gdjsb/2009-11/17/content_2332950.htm.

各处室意见，召开专家评审会讨论等；④编制单位提交修改成果，编研中心再次进行审查，通过后，提交市规划局进行行政审查，审查形式为局业务会，局领导及各处室领导参加，但如果控规涉及的情况比较复杂或是比较重要，在此之前，可能还有一次由副局长主持、局内总工、各处室参加的技术审查；⑤审查通过，编制单位修改后形成控规草案，即可进行公示，向社会征求意见；⑥依据公示意见，编制单位进行控规草案修改后，即上报规委会审议，在规委会授权下，也可由规委会下设的策略委员会审议，此时，公众可根据网上公布的信息，申请参加规委会的旁听；⑦规委会审议通过后，即可由市政府审批并发布，同时进入"一张图"管理系统[1]（图 3-12）。

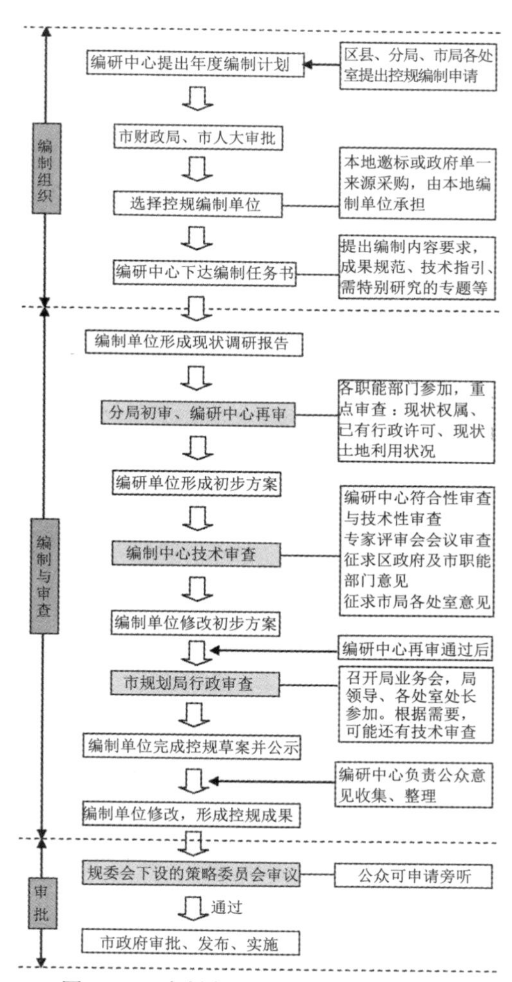

图 3-12　广州市控规编制审查审批程序

3）公示规定。目前，广州市控制性规划导则主要公示规划管理单元的强制性内容，而不是每个地块的具体控制指标[2]。

（3）广州控规的实施制度

1）基于规划管理单元的"一张图"管理。控制性规划导则这"一张图"，汇集了历史用地信息、规划管理信息以及主要规划控制内容，提高了工作效率。但规划管理是复杂的，因此广州在"一张图"基础上，建立了"一网三层"的信息化规划管理平台，即以控制性规划导则为"基准控制层"，以城市设计、历史地区保护规划等其他规划内容为"特殊控制层"，以正在编制的规划、局业务信息等内容为"动态参考层"，共同建

---

❶ 笔者 2010 年 10 月 17 日于广州市城市规划编研中心的访谈。

❷ 王国恩，方正兴等．刚柔相济，调控结合——广州控制性规划导则的思考 [M]// 桑劲，夏南凯等．理想空间（第 39 辑），上海：同济大学出版社，2010：39.

构起规划管理的信息化平台。规划管理决策的结果往往是以控制性规划导则的刚性控制要求为基础，综合“基准控制层”的弹性引导内容以及“特殊控制层”和“动态参考层”的有关信息而得出的，不会因为有了“一张图”而忽略了其他重要信息[1]。

2）动态更新的工作平台与更新机制。基于规划控制单元的控制性规划导则是一个不断动态更新的工作平台。这是由其“规划整合”与“直接面向日常规划管理工作”的双重特征所决定的，它是其他一系列详细规划、专项规划的依托。针对一定规划范围进行深入研究所产生的新的规划信息，如：用地性质、开发强度（容积率、建筑密度等）不断整合到控制性规划导则中，覆盖、替换、补充，其本身就是一个动态更新的过程，从而确保规划适应于日常管理工作。对于各专项规划及重要地区编制的新的详细规划一经审批即纳入分区规划成果中；局部的规划调整将以规划管理单元为范围进行规划研究，经城市规划行政主管部门审批后，每次记录在案，每半年或一年纳入分区规划成果中；城市重要地段的规划调整报原审批机关审批后，再纳入分区规划成果中[2]。

3）控制性规划导则的修改。为适度简化规划行政审批程序，提高审批效能，《广州市控规局部修正程序规定（试行）》（2010）将广州控规修改分为规划管理单元层面的控规调整与控规局部修正两大类。规划管理单元层面的控规调整是指对已批准的控规规定的规划管理单元的主要功能、主导属性和强制性指标等的调整。控规局部修正则是指在不改变规划管理单元的主导功能、属性、强度等前提下对规划地块的技术指标进行的局部修正，具体包括4类情形：①正向修正；②非重要地区微调地块建筑高度、建筑密度的；③因工程实施局部修正红线、蓝线、黄线等规划控制线，进而修正沿线地块指标的；④控规勘误的，包括现行控规与有效的历史规划审批、许可文件不符、信息错误等。规划管理单元层面的控规调整，按照《广东省城市控规管理条例》所要求的法定程序修编控规，并报原审批部门（即广州市人民政府）审批；而控规局部修正，则经规范化程序，由广州市规划局审查和审批，并报广州市规划委员会备案。

---

[1] 王国恩，方正兴等．刚柔相济，调控结合——广州控制性规划导则的思考[M]// 桑劲，夏南凯等．理想空间（第39辑），上海：同济大学出版社，2010：39.

[2] 彭高峰，李颖，王朝晖等．面向规划管理的广州控制性规划导则编制研究[C]// 中国城市规划学会．城市规划面对面：2005城市规划年会论文集，北京：中国水利水电出版社，2005：841. 王朝晖，师雁，孙翔．广州市城市规划管理图则编制研究——基于城市规划管理单元的新模式[J]. 城市规划，2003，23（12）：41-47.

3.2.5 南京控规制度建设实践

南京于2004年开始推进控规编制，2006年完成控规全覆盖，2007年进行了控规整合[1]。目前，依据《城乡规划法》、《城市、镇控制性详细规划编制审批办法》以及基本修编完成的《南京市城市总体规划2010—2020》，对既有控规进行修编，明确了“在既有控规制度框架下推进控规法定化、建立动态维护机制”的新一轮控规工作思路[2]。南京控规的制度建设主要体现在一系列与控规相关的工作规定、技术规定和专项技术标准上（图3-13），初步形成了具有南京特色的技术标准体系[3]。

（1）南京控规的编制制度

1）控规编制的地域范围划分。南京城市规划确定“综合分区—分区—规划编制单元—图则单元—地块”五级地域划分体系，其中:“综合分区—分区—规划编制单元”三级由市规划局划分；“图则单元—地块”两级由规划设计单

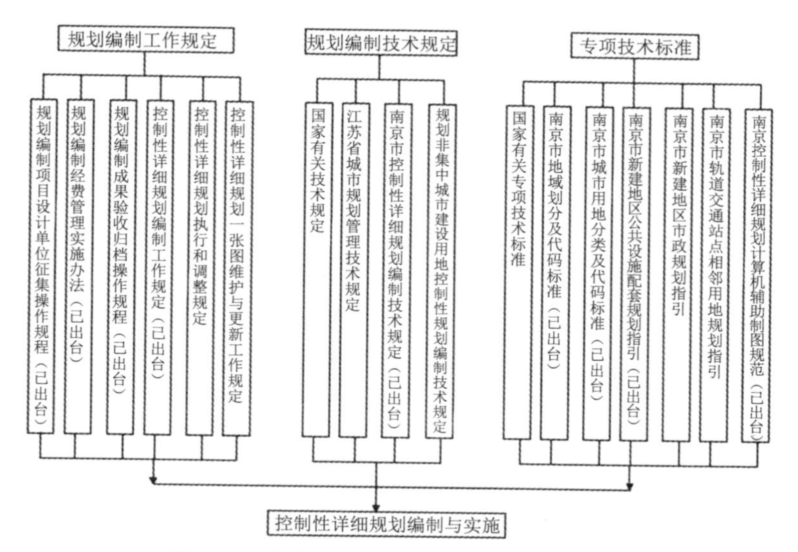

图3-13 南京市控规编制规定和技术标准框架

资料来源：周岚，叶斌，徐明尧．探索面向管理的控制性详细规划制度架构——以南京为例［J］．城市规划，2007，31（3）：18.

---

[1] 笔者2011年5月30于南京对南京市规划委员会某副总规划师的访谈。

[2] 叶斌，郑晓华，李雪飞．南京控制性详细规划的实践与探索［J］．江苏城市规划，2010（4）：4-8.

[3] 周岚，叶斌，徐明尧．探索面向管理的控制性详细规划制度架构——以南京为例［J］．城市规划，2007，31（3）：14-29.

位划定；规划编制单元是控规编制的基本单位，编制控规时，也可根据需要合并若干个规划编制单元一同编制，也可将规划编制单元进一步细分为编制次单元进行编制组织[1]。规划编制单元划分上，需根据南京市布局结构特点，并考虑行政区划界线、主要河道、交通干道、生态走廊等要素，用地规模在新区为10~15km^2 左右，已建成区略小[2]。

2）控规编制主体。南京采取市场化的办法组织规划编制项目，在全国范围内引入了十余家编制单位参与了控规编制工作；建立了规划编制单位公开征集制度，通过网上公开征集单位，综合考虑规划单位的技术力量、思路、人员构成、经费等因素，择优选择编制单位[3]。不过，大部分控规还是多由本地的几个设计院编制，且以已改制后的市规划院为主[4]。

3）控规内容构成。南京控规的核心内容：一是保证城市健康发展的必须由政府控制的内容，包括“六线[5]”控制和公共设施、基础设施用地控制；二是塑造城市特色的内容，包括高度控制和特色意图区控制引导等[6]。这两者基本构成了南京控规的总则内容，即：“6211”;“6”是对“道路红线、绿化绿线、文物紫线、河道蓝线、高压黑线和轨道橙线的六线”的规划控制；“2”是对公益性公共设施和市政设施两种用地的控制;“1”即高度分区及控制;最后的“1”即特色意图区划定和主要控制要素确定[7]。

4）控规成果构成。南京控规成果分为总则（即强制执行规定）、执行细则和附件三部分：总则从总体调控的角度着重保证城市基本功能、健康持续发展的内容，是规划管理的法定性文件；执行细则从具体规划管理的角度制定详细技术图则，是规划管理人员进行具体项目审批管理的技术依据[8]。附件包括现状基础资料汇编、规划说明及交通影响评价等技术资料[9]，是对总则和执行细则的技术支撑。

---

[1] 详见：《南京市城市规划地域划分及编码规则（NJGBBC 01-2005）》的相关规定。

[2] 周岚，叶斌，徐明尧．探索面向管理的控制性详细规划制度架构——以南京为例 [J]．城市规划，2007，31（3）：14-29.

[3] 周岚，叶斌，徐明尧．探索面向管理的控制性详细规划制度架构——以南京为例 [J]．城市规划，2007，31（3）：14-29.

[4] 深圳市城市规划发展研究中心．控制性详细规划编制与审批办法调查报告——附件：各地控规编制与管理概况汇编 [R]．2009：27.

[5] 具体是指：道路红线、绿化绿线、文物紫线、河道蓝线、高压黑线和轨道橙线等“六线”。

[6] 详见：《南京市控规编制技术规定（NJGBBB 01-2005）》第 1.0.4 与 2.0 条。

[7] 周岚，叶斌，徐明尧．探索面向管理的控制性详细规划制度架构——以南京为例 [J]．城市规划，2007，31（3）：14-29.

[8] 周岚，叶斌，徐明尧．探索面向管理的控制性详细规划制度架构——以南京为例 [J]．城市规划，2007，31（3）：14-29.

[9] 详见：《南京市控规编制技术规定（NJGBBB 01-2005）》第 1.0.3 条。

（2）南京控规的审批制度

1）控规审批主体。南京控规的审批主体是南京市人民政府，南京控规审批前需经过“南京市重大项目规划审批领导小组会”的审议通过❶。

2）控规审批程序。一般包括六大阶段：控规初步方案规划分局审查—控规草案的专家评审与市规划局项目审批会审查—控规草案公示—“南京市重大项目规划审批领导小组会”审议—市政府审批—控规备案与批后公布。

3）控规公示机制。公示方式主要有网站、规划展览馆、媒体报纸等；有时还不定期召开一些市民座谈会，但不是每个控规都能做到“下社区、下街道”，“公示收集的意见由局委会审议，由编制单位进行方案修改❷”。具体而言，编制单位需逐条反馈给规划分局，以确定是进行草案修改还是进行相应解释，但整个过程不对社会公开，也不直接回复公众；少数由市规划局推动的重要项目可能会直接回复公众。总体来看，公众参与的效果不明显，公众意见少，其原因有：①公众规划意识薄弱；②控规属抽象行政行为，不直接涉及公众切身利益，他们自然关注少；③控规比较专业，公众看不懂❸。

（3）南京控规的实施制度

1）“一张图”管理。南京市控规成果实行“一张图”管理，控规成果全部纳入规划成果信息系统，并制定严格的归档标准，归档成果电子文件格式必须符合《南京市控制性详细规划计算机辅助制图规范及成果归档数据标准》的要求❹。

2）分类分级的控规修改制度。南京控规修改分为：控规的修编与局部修改两大类，其中：局部修改细分为：控规修订与控规调整。控规修编、控规修订由市规划局报市政府审批；控规调整由市规划局审批❺。控规修订的情况包括：对局部地段的主要用地结构进行调整的；对文物紫线和城市紫线进行调整

---

❶ “南京规划委员会”是1983年江苏省发文成立的，成员由省发改委、建设厅、省政府副秘书长、省军区、市人大、市政协、市政府、市直各部门等代表构成，这个会很难召开，一年开不了一次，效率低。为解决南京规划委员会的很难组织召开会议的问题，市政府成立了“南京市重大规划项目审批领导小组会”，由市长、副市长、市政府秘书长、副秘书长、规划局、市直各部门等构成，负责对若干规划问题和重大规划项目（总规除外）进行审议和一定程度上的决策，本质上类似于其他城市的规委会（笔者2011-05-30对南京市规划局副总规划师的访谈）。

❷ 深圳市城市规划发展研究中心．控制性详细规划编制与审批办法调查报告——附件：各地控规编制与管理概况汇编[R]. 2009：30.

❸ 笔者2010-05-30于南京对南京市规划局副总规划师的访谈。

❹ 深圳市城市规划发展研究中心．控制性详细规划编制与审批办法调查报告——附件：各地控规编制与管理概况汇编[R]. 2009：31.

❺ 详见：《南京市控规执行与调整暂行规定》(2007)。

或取消，对道路红线、河道蓝线、绿化绿线、高压黑线、轨道交通橙线进行重大调整或取消（高压线敷设方式的调整除外），对公益性公共设施和市政设施用地进行重大调整或取消的；对建设容量进行重大改变的；对城市特色意图区的建筑高度进行调整的；市政府认定的其他情况。控规修订之外的控规局部修改，属控规调整，但结合土地使用权边界和建设实际，对控规确定的地块边界进行合理优化，以及对规划用地性质按照有关适建性规定进行调整的除外。

3.3 中国若干发达城市控规制度比较

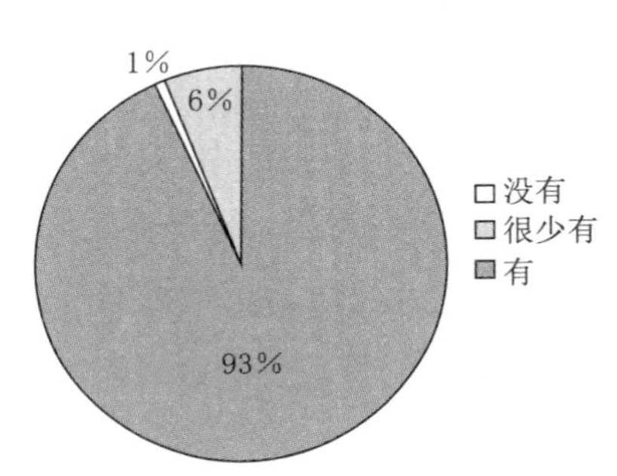

图 3-14 是否将城市划分为管理单元，有序编制控规（中国五大发达城市 159 份问卷分析）

2008 年《城乡规划法》实施后，控规的严肃性和权威性得到了法律强化；作为城市开发控制的“制度规则”，控规应具有稳定性，不能随意修改。但是，城市规划并非静态蓝图，市场经济下，城市发展具有很大不确定性，控规作为一种预判式的规划控制，不可能精准预测，其编制完成后无法一劳永逸；它必须根据城市发展变化进行适宜的优化和调整，否则，就很可能僵化而失去必要的动态适应性。所以，在城市开发控制中，如何既保持控规作为开发规则的稳定性，以维护其严肃性和权威性；又能保持控规的动态适应性，使其能不断适应城市发展变化的需要，是当前控规实践的最大难题，亦是现行控规编制与管理中存在诸多问题的症结所在。简言之，即是：控规维护公共利益的刚性与适应市场开发的弹性的矛盾问题，实际上，前述各地控规制度探索也基本是围绕这个主题而展开的。比较来看，各地探索主要分为三大方面：一是控规的编制制度探索，核心在于提高控规编制的“科学性”，二是控规的审批制度探索，重点在于推进决策的科学化与民主化；三是控规的实施制度探索，目的在于实现执行的规范化与法制化。

3.3.1 控规编制制度比较

控规编制面临的共性问题主要是：①如何进行合理的控规编制组织；②如何处理好控规与总规的衔接；③如何针对不同地区特点，实施差异化控制；④如何协调控规的“刚性”控制与“弹性”控制的合理划分；⑤如何加强控规对城市三维空间形态的调控等。对此，中国一些发达城市的控规编制进行了如下探索：

（1）编制组织：将城市细分为“规划管理单元”，并作为控规编制的基本单位

将城市划分为规模适宜的规划管理单元，并将“单元”作为控规编制（或调整论证）的基本单位，分单元有序推进控规的编制（图 3-14）。不过，规划管理单元的具体名称、用地规模以及划分方式有所差异（表 3-3）。各地“单元”划分的共性原则基本是：①覆盖城市规划区范围、单元之间没有交叠且无缝衔接；②综合考虑城市结构、行政辖区界线、街道办事处范围、社区规模、城市主干路网、自然界线、局部地区功能完整性等因素。

北京、上海、深圳、广州、南京的“规划管理单元”划分比较　　表 3-3

城市	城市地域划分	单元名称	单元规模	单元划分依据
北京	中心城—区域—片区—街区—地块	街区	2~3km²	城市主次干道
上海	中心城—分区—控制性编制单元—街坊	控制性编制单元	内环线以内 1~3km²，内外环之间 3~5km²，每个单元为 1 个居住区，人口 3~5 万人	以社区（街道）为基础研究单位，以主要干道、河流等自然界限等
深圳	全市—分区—片区—街坊—地块	片区（法定图则空间单元）	全市域共划定约 220 个法定图则标准分区，单个规模：特区内 1~4km²，特区外 5~10km²	城市功能布局、现有行政辖区，主干路网
广州	城市行政区—行政街道—规划管理单元	规划管理单元	旧城中心区 0.2 ～ 0.5km²，新区 0.8 ～ 1.5km²，非建设区视情况而定，单元规模基本与社区规模相当	行政街道界限，河流、铁路等地理界限，土地利用结构、功能关联性，土地使用性质的同一性，主次干道、合理的交通分区等
南京	城市—综合分区—分区—规划编制单元—图则单元—地块	规划编制单元	新区 10~15km²，已建成区略小	城市布局结构特点、行政区划界线、主要河道、交通干道、生态走廊等
武汉	城市—综合分区—分区—控规编制单元—控规管理单元—地块	控规编制单元 控规管理单元	控规编制单元面积 1.5~4km²，控规管理单元面积 20~50ha	自然界线，行政区划，主要道路，合理公共服务半径，功能相对独立，城市历史、景观、生态等控制要素相对完整等

资料来源：北京中心城控规动态维护的实践与探索（邱跃，2009）、《上海市控制性详细规划技术准则（试行）》（2010）、探讨多层次控制城市密度的技术方法（周丽亚等，2004）、《广州市实施〈广东省城市控规管理条例〉办法》（2007）、探索面向管理的控制性详细规划制度架构（周岚等，2007）、《武汉市城市规划地域划分及编码规则（试行）》（2008）。

（2）分层控制：加强控规与总规衔接，进行控规的“分层控制”

控规偏重于具体地块开发的微观控制，总规则侧重于城市宏观发展战略的

把握，两者衔接较为困难。市场经济下，城市发展不确定性增加，致使传统控规直接细化到各个具体地块控制指标的做法越来越难以为继，如何保持具体地块开发控制的弹性，同时又能保持地区建设发展公共利益控制的刚性，是各地探索的重点。对此，各地控规编制探索中不约而同地提出了“分层控制”的思路：即从城市整体出发，依据总规或分区规划，研究密度分区[1]，运用适宜的分级控制方法，将总规确定的人口容量与开发总量“从整体到局部，由粗到细，层层夯实，逐步落实到开发地块，最终达到对整个城市的控制和管理[2]”。如：上海的“控制性编制单元规划 + 控规”、北京市的“街区控规 + 地块控规”、广州市的“规划管理单元控制 + 单元分地块控制”、武汉市的“控规导则 + 控规细则”等（表 3-4）。

“分层控制”的具体做法就是：在传统控规以微观具体开发地块控制为主（即：地块控规）的基础上，尝试增加中观层次的“街区或单元”控制。街区或单元控制的重点是衔接总规，落实城市宏观发展战略，主要包括：“街区或单元”的主导功能、规模容量、土地利用结构、道路交通、公共设施、景观环境、特别控制（特定意图区、生态保护、历史文化保护等）等内容，用以指导地块控规的编制。从类型上看，控规的“分层控制”主要分为两类：一是“分层分级”编制，即：分阶段进行控规编制，先编制“单元或街区控制”，然后根据城市发展需要，再编制“地块控制”，如：北京新城控规中，先进行“街区控规”的覆盖，然后，根据城市建设时序，逐步细化“地块控规”；武汉控规则分为“控规导则”（对应于控规编制单元）和“控规细则”（对应于控规编制单元之下的控规管理单元）两个阶段编制。二是“分层不分级”编制，即：在控制内容上分层，但在编制阶段上不分级。如：广州控规导则中的“规划管理单元控制 + 单元分地块控制”。

（3）分类控制：强制性控制与引导性控制的划分

为协调控规保障公共利益的“刚性控制”与适应城市发展变化需要的“弹性控制”的平衡，各地对控规内容进行了强制性与引导性的划分，以加强控规权威性、法定性的同时，增强其适应性。强制性内容纳入到法定文件之中，引导性内容归入技术文件。强制性内容，大多包括三类：①单元或街区的主导属性与总量控制；②公益性的设施或用地控制，如：“四线”、基础设施、公共服

---

[1] 密度分区即指开发强度分区，世界上大部分城市都是用容积率作为开发强度控制的指标。详见：唐子来，付磊．城市密度分区研究——以深圳经济特区为例 [J]．城市规划汇刊，2003(4)：1-9.

[2] 沈德熙．关于控制性规划的思考 [J]．规划师，2007，23（3）：73-75.

北京、上海、广州、武汉的“控规分层”比较　　表 3-4

城市	控规层次划分	主要控制内容	作用	备注
北京	街区控规	街区主导功能、建设总量控制、三大公共设施安排、城市设计整体框架。通过制定一个相对刚性的规划框架，明确应当控制和引导的内容，为规划实施留出多种可能性	街区控规是基于保障政府的、市一级的、远期刚性目标的框架与规则	单独编制
	地块控规	按照街区控规，根据土地开发时序和实际建设具体要求，对近期需要实施的区域制定详细的规划控制指标	新城开发建设和建设工程规划管理的依据	单独编制
上海	控制性编制单元规划	以单元为基本单位，对人口、建筑量进行分解和控制；落实社区级公共配套设施；确定市政、道路等基础设施的分布和规模；提出历史文化风貌区、优秀历史建筑的保护要求等	“承上启下”，将总体规划、分区规划确定的总体控制要求在单元层面分解细化，指导控规的编制	单独编制，严格而言并不属于控规的范畴
	控规	依据单元规划，对单元内的土地使用强度、空间环境、市政基础设施、公共服务设施等作出更为具体的规定	落实城市规划管理的各项要求，作为建设项目管理的直接依据	单独编制
广州	规划管理单元控制	单元主导属性、净用地面积、总建筑面积、配套设施、开敞空间、文物保护、人口规模等	在分区规划的基础上，建立基于“规划管理单元”的控制体系，明确控规强制性内容	控制性规划导则的两个核心内容，不分级编制
	单元分地块控制	地块编码、用地性质、用地面积、容积率、建筑密度、建筑限高、绿地率、人口毛密度、配套设施等	城市规划行政主管部门实施规划管理的操作依据	
武汉	控规导则	编制单元的主导功能、“五线”控制、公共配套设施控制、人口规模、规划用地控制、管理单元划分、强度指标控制、特殊控制	落实分区规划，指导控规细则编制，在控规编制完成前作为过渡时期规划管理、局部控规和规划咨询的主要依据	单独编制
	控规细则	以管理单元为单位，对控规导则提出的定性、定量、定位要求在空间上细分至地块，对管理单元的主导性质、建设强度、“五线”、公益性公共设施和特殊控制等内容提出强制性要求	直接指导规划咨询编制、日常规划管理	单独编制

资料来源：北京新城控规编制办法的创新与实践（马哲军，2009），上海控制性编制单元规划的探索和实践（姚凯，2007），《控规编制与审批办法——附件：各地控规编制与管理概况汇编》（深圳市城市规划发展研究中心，2009），广州市城市规划管理图则编制研究——基于城市规划管理单元的新模式（王朝晖等，2003），控制性详细规划编制框架体系和控制模式创新——以武汉市为例（胡忆东等，2009）、《城乡规划法》实施背景下的武汉控制性详细规划编制方法探讨（黄宁等，2009），笔者各大城市的访谈。

务设施、公共安全设施等控制；③城市特色控制，如：城市历史文化保护区、自然景观地段、城市重要地区或节点等的控制。引导性内容，则多是传统控规中对于具体开发地块方面的控制，如：广州和武汉。不过，也有城市还把具体开发地块的核心控制指标（用地性质、容积率和配套设施）纳入到强制性内容之中，而把地块的一般控制指标（如：绿地率、建筑密度、建筑高度等）作为引导性控制内容，如：深圳的法定图则（表 3-5）。

北京、上海、深圳、广州、南京、武汉控规强制性内容比较 表 3-5

城市	控规层次	强制性控制内容	文件归属	备注
北京	街区控规	街区主导功能、建设总量控制、三大公共设施（基础设施、公共服务设施、公共安全设施）安排	街区控规	
	地块控规	建筑密度、绿地率、特定地区和有限定条件地区的建筑控制高度	地块控规	
上海	控制性编制单元规划	土地使用性质、建筑总量、建筑密度和高度、公共绿地、主要市政基础设施和公用设施等	单元规划	
	控规	普适图则规定控制要素和指标，包括控制线、用地面积、用地性质、容积率、建筑高度、配套设施、建筑界面等。根据普适图则确定的重点地区，通过城市设计、专项研究等形成附加图则，明确其他特定的规划控制要素和指标。经法定程序批准纳入普适图则和附加图则的规划控制要素和指标	法定文件	
深圳	法定图则	建设用地的功能组合与开发强度、基础设施和公共服务设施的布局和规模、自然生态和历史文化遗产保护。根据不同地区情况，还可包括：重点地区或其他空间管制区的城市设计控制要求、地下空间开发利用的控制要求、各地块和公共空间开发利用的其他强制性规定	法定文件	
广州	规划管理单元控制	单元的主导属性、净用地面积、总建筑面积、文物保护、配套设施的数量与用地规模、开敞空间的数量与用地规模	规划管理单元导则（法定文件）	
	单元分地块控制		规划管理单元地块图则（管理文件）	地块控制为指导性控制
南京	控规	“6211”；“6”指道路红线、绿化绿线、文物紫线、河道蓝线、高压黑线和轨道橙线的六线控制；“2”是公益性公共设施和市政设施控制；“1”即高度分区；“1”即特色意图区划定和主要控制要素确定	总则	执行细则（具体地块控制指标与控制要求）为指导性

续表

城市	控规层次	强制性控制内容	文件归属	备注
武汉	控规导则（对应控规编制单元）	编制单元的功能定位，道路红线、绿化绿线、水系蓝线、历史文化保护紫线、基础设施黄线等“五线”控制，公共配套设施控制	控规导则法定文件	人口与用地规模、基准容积率、高度分区为弹性控制
	控规细则（对应控规管理单元）	管理单元划分、用地性质控制和净用地面积和平均净容积率、“五线”控制、居住区公益性公共设施的规模和点位控制	控规细则法定文件	地块控制为弹性控制，纳入指导文件

资料来源：《北京新城控规管理技术规定》（2007），《上海控规技术准则（试行）》（2010）第13.2条，上海控制性编制单元规划的探索和实践（姚凯，2007），《深圳市城市规划条例（送审稿）》第28条，广州市城市规划管理图则编制研究—基于城市规划管理单元的新模式（王朝晖，2003），《南京市控制性详细规划编制技术规定（NJGBBB 01-2005）》，城乡规划法下控制性详细规划的探索与实践——以武汉为例（刘奇志，2009），笔者各大城市的调研访谈。

（4）分区控制：针对城市不同地区建设发展的差异，实行差别化控制

在同一城市内，不同地区由于区位、现状、功能定位、开发时序、投资主体等多方面存在较大差异，在编制控规时，应因地制宜，有不同的控制重点和控制要求。为此，一些城市控规编制中根据地区特点，尝试将城市空间划分为不同的发展区域，实施差异化控制。其基本思路是：将有特殊要求的地区划为特别管制区，如：历史保护地区、生态敏感区、城市中心区、发展预留区等，与城市一般地区区分开来，采取有针对性的、差别化的控制。具体来看，“地域差异化控制”主要分为两类：一是将城市划分为几大片区，实施不同的控制要求，如：上海市控规将城市建设用地划分为一般地区和发展敏感区、发展预留区和重点地区，分别采用不同的编制深度和要求[1]；南京针对已建成区和新建地区的不同特征，规划在编制内容、深度方面和技术标准方面予以区

[1] 对于一般地区，根据《上海市控制性详细规划成果规范（试行）2010》的要求，提出普适性的规划控制要求；而对于具有特殊发展要求的地区，则划为特别管制区，包括：发展敏感区、发展预留区和重点地区，分别适用不同的编制深度。发展敏感区，包括建设敏感区、楔形绿地、水源保护地、特殊环境要求地区和产业园区。发展敏感区控规编制的深度与一般地区相同。对于发展前景不明确或政策不明朗的用地，可划定为发展预留区。控规中以街坊为单位确定建筑总量、公共服务设施、交通和市政基础设施等总体控制要求。在规划实施中，根据发展需要，适时增补普适图则，达到一般地区的规划深度。重点地区，包括城市公共活动中心、地区公共活动中心、历史风貌保护区、大型枢纽地区、大型居住社区等。重点地区在控规中提出普适性的规划控制要求，并在此基础上，通过城市设计和专项研究提出附加的规划控制要求，形成附加图则。附加图则可在控规批准后另行编制。

别[1]；深圳全市法定图则地区依据建设特点和管理要求分为基本建成地区（A类）、发展地区（B类）和特别指定地区（C类）三种类型，不同类别的图则地区，其控制内容不同。二是在控规编制的基本单位（单元或街区）地域范围内，对特别地段进行特殊控制，如：南京以规划编制单元为基本单位的控规编制中，要求划定单元的特色意图区，并提出相应控制要求；特色意图区指因城市景观塑造、城市空间特色塑造、自然和历史风貌保护等需要提出特殊规划控制和规划管理要求的区域。

（5）空间控制：注重城市设计融入，加强对城市空间特色的控制

针对城市设计在我国现行规划体制中尚缺乏法律地位，而传统控规对城市空间形态与城市特色的调控又存在较大不足的问题，为促进城市空间品质与地区整体形象的提升，以及完善控规的编制，发达地区纷纷探索将城市设计融入控规编制之中（图3-15）。具体做法主要分为三类：①有些城市直接将城市设计（特别是重点地区的城市设计）作为控规编制的核心内容之一，如：南京控规中的特色意图区控制；②有的则将城市设计研究作为控规编制的技术支撑，如武汉、北京；③有的城市提出，控规编制完成后，根据实际需要可进行城市设计研究，然后将其研究结果增补到控规之中，如：上海控规中的附加图则（表3-6）。

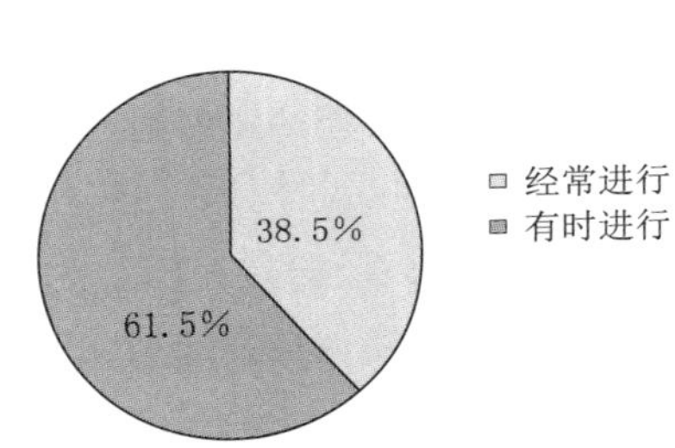

图3-15　控规编制是否进行城市设计研究（中国五大发达城市161份问卷分析）

（6）成果表达：法定文件、技术文件或管理文件，各司其职

针对控规成果中内容繁杂、重点不突出的问题，一些发达城市将控规的成果划分为："法定文件、技术文件或管理文件和附件"。法定文件，是控规的核心内容，重点保障涉及城市可持续发展的公益性用地不被侵占，具体包括：基础设施、公益性公共设施、城市开放空间等城市"公共产品"以及生态环境保护、自然景观保护与历史文化保护地区等，多由文本和图则构成。技术文件则是编制法定文件的基础和技术支撑，是规划实施管理的技术依据和内部管理参考，一般由现状调研报告、规划研究报告、规划说明和规划图构成（表3-7）。

[1] 周岚，叶斌，徐明尧．探索面向管理的控制性详细规划制度架构——以南京为例［J］．城市规划，2007，31（3）：14-29.

北京、上海、深圳、广州、南京、武汉控规中城市设计比较　　表 3-6

城市	城市设计所属阶段	城市设计内容	在控规中的地位
北京	街区控规	研究开敞空间及景观特色控制、历史文化要素、空间形态的特点、划定重点风貌区、提出整体建筑高度控制、建筑强度控制等控制引导要求	指导性
	地块控规	依据街区控规提出的整体城市设计框架，结合具体建设进行城市设计研究，深入挖掘自然环境、人文底蕴及空间特征，在城市特色、格局、空间、肌理、文化、风貌、景观以及活动组织与联系等方面，提出相应的城市设计控制要求，重点加强对城市公共活动空间的精细化管理	指导性
上海	编制单元规划	风貌保护、空间景观、轮廓线规划要求和特殊颜色限制等	指导性
	控规	研究单元及更大范围内的城市设计框架，主要内容包括：城市设计的目标策略、空间景观结构、开放空间体系、地区风貌特色等。根据城市设计框架引导的内容，确定控制性详细规划的空间管制指标	重点地区城市设计为强制性，一般地区城市设计为引导性
深圳	法定图则	对不同地段有针对性地提出维护公共空间环境质量和视觉景观控制的原则要求和管理规定，具体根据图则地区实际情况确定	指导性，但被纳入法定文件之中
广州	规划管理单元控制	景观风貌结构、沿街立面控制、建筑轮廓线控制、建筑风格控制、绿化景观及开敞空间设计、附属设施控制、照明与标识系统控制	强制性，被纳入到控规法定文件中
南京	控规	高度控制和特色意图区控制，详细划定特色展示区（指具有市级特色的地段）和特色敏感区（指为保护和更好显示特色展示区而设立特别保护措施的景观缓冲区）边界	强制性，被纳入控规总则之中
武汉	控规导则	对分区城市特色进一步研究，提出城市景观等控制要求	指导文件
	控规细则	确定特色控制要素，包括高度、风貌、色彩、体量等	指导文件

资料来源：《北京市新城控制性详细规划编制技术要点》（2007），上海控制性编制单元规划的探索和实践（姚凯，2007），《上海控制性详细规划技术准则（试行）》（2010），《深圳市法定图则编制技术规定》（2003），《广州市控制详细规划编制技术规定》（2010），《南京市控制性详细规划编制技术规定（NJGBBB 01-2005）》，城乡规划法下控制性详细规划的探索与实践——以武汉为例（刘奇志，2009），笔者各大城市的调研访谈。

北京、上海、深圳、广州、南京、武汉的控规成果表达比较　表 3-7

城市	控规成果	成果构成	地位与作用
北京新城	街区控规	规划文本、规划图纸、街区图则	制定《地块控规》和规划管理的重要依据
	地块控规	规划文本、规划图纸、地块图则	新城开发和建设工程规划管理的直接依据
上海	法定文件	图则和文本，图则包括普适图则和附加图则	是控规中经法定程序批准、具备法律效力的规划成果
	技术文件	基础资料、说明书和编制文件。基础资料包括文字材料和现状图纸；说明书包括规划说明和规划系统图	规划管理部门执行控规的参考文件，为修建性详细规划编制和审批、建设项目规划管理提供指导
深圳	法定文件	文本和图表	规划实施管理的依据
	技术文件	现状调研报告、规划研究报告和规划图	法定文件的编制基础和技术支撑
广州	法定文件（规划管理单元导则）	文本和导则	规划管理单元的强制性指标，规划实施管理的依据
	管理文件（规划管理单元地块图则）	通则和图则	规划管理单元指导性指标，规划实施管理的依据
	技术文件	基础资料汇编、说明书、技术图纸	法定文件与管理文件的技术支撑和编制基础
南京	总则（强制性执行规定）	文本和图则	衔接总规，维护公共利益，控规强制性内容
	执行细则	执行细则文本和技术图则	规划实施管理最直接、最基本和最完备的技术依据
	附件	现状基础资料汇编、规划说明及交通影响评价等	控规编制的技术支撑
武汉	法定文件	文本和图则	控规刚性内容，落实上位规划，确保公共利益，是城乡规划管理的根本依据
	指导文件	文本和图则	控规的弹性内容，是下位规划编制或规划管理的指导依据
	附件	基础资料汇编、规划说明书与图纸	控规编制的技术基础，法定文件和指导文件内容的详细说明

资料来源：《北京市新城控制性详细规划编制技术要点》（2007），《北京市新城控制性详细规划管理技术规定》（2007），《上海市控制性详细规划成果规范（试行）》（2010），《上海市控制性详细规划管理规定（试行）》（2010），《深圳市法定图则编制技术规定》（2003），《广州市实施<广东省城市控规管理条例>办法》（2007），探索面向管理的控制性详细规划制度架构——以南京为例（周岚，2007），《南京市控规编制技术规定（NJGBBB 01-2005）》，城乡规划法下控制性详细规划的探索与实践——以武汉为例（刘奇志，2009），《城乡规划法》实施背景下的武汉控制性详细规划编制方法探讨（黄宁，2009），笔者各大城市的调研访谈。

3.3.2　控规审批制度比较

控规审批方面，各地面临的共性问题主要是：①如何协调“低效”的控规审批决策与快速城市化背景下量大、面广、速度快的城市建设开发之间的矛盾；②如何进行控规审批前的技术审查与行政审查；③如何推进控规审批决策的“民主化”，保障市民合法利益不受侵犯；④如何构建公平、高效的控规审批程序。对此，中国一些发达城市进行了如下探索：

（1）分级审批：区别控规成果类别，由不同级别的机构进行审批

原则上，对于控规的强制性内容或法定文件，都规定了严格的公示、审批和修改程序和高级别的审批机构（城市政府）；而对于控规的指导性内容或技术文件，则程序简化，多由规划主管部门直接审批，且不一定进行公示和备案（表 3-8）。

北京、上海、深圳、广州、南京、武汉控规分级审批情况比较　　表 3-8

城市	控规分层	成果分类	审批机构	是否公示
北京	街区控规	规划文本、规划图纸和街区图则	北京市政府	是
	地块控规	规划文本、规划图纸和地块图则	北京市规划委员会	是
上海	控制性编制单元规划		上海市规划和国土资源管理局审批	是
	控规	法定文件	上海市政府审批	是
		技术文件	上海市规划和国土资源管理局审批	是
深圳	法定图则	法定文件	法定图则委员会审批	是
		技术文件	深圳市规划和国土资源委员会审批	否
广州	控制性规划导则	法定文件（规划管理单元导则）	重点地区的法定文件由市政府审批，一般地区的法定文件由市规划局审批	是
		管理文件（规划管理单元地块图则）	市规划局审批	否
		技术文件	市规划局审批	否
南京	控规	总则	市政府审批	是
		执行细则	市政府审批	否
		附件	市规划局审批	否
武汉	控规导则、控规细则	法定文件	市政府审批	是
		指导文件	市国土资源和规划局审批	否

注：北京市规划委员会、深圳市规划和国土资源委员会分别为北京和深圳的政府部门，相当于一般城市的规划主管部门。资料来源：北京新城控规编制办法的创新与实践（马哲军，2009），《上海市控制性详细规划管理规定（试行）》（2010），广州市实施《广东省城市控规管理条例》办法（2007），《控规编制与审批办法——附件：各地控规编制与管理概况汇编》（深圳市城市规划发展研究中心，2009），笔者各大城市的调研访谈。

（2）审批程序：内部技术审查、外部意见征询、政府行政审批

为提高控规的严肃性和权威性，依据《城乡规划法》，各地不断规范和完善控规的审批行为。总结来看，各地控规的审批程序基本包括：内部技术审查、外部意见征询、政府行政审批等三大阶段。

内部技术审查，大多城市都是由规划主管部门内部的相关处（科）室与技术委员会负责完成；个别城市则由专门机构负责（如：上海市规划编审中心、深圳市城市规划发展研究中心），规划主管部门配合完成。

外部意见征询，主要是指在规划主管部门组织下，规划编制单位配合，将不同阶段控规编制成果，向基层政府、相关部门、专家、土地权属人、利害关系人、公众等进行意见征询，少数城市还会有监察部门的参与和监督。工作方式上，主要有部门意见征询会、专家论证会、听证会、座谈会、规划下基层、规划公示等多种形式。工作目的上，主要是听取社会各界对控规方案的意见和建议。

政府行政审批，一般是经由“规委会”审议后，市政府履行控规的行政批复程序。由于前期已进行控规的内部技术审查与外部意见征询，此阶段，规委会审议的重点是控规中的重大问题，如：地区发展定位、相关矛盾与民生问题的应对和解决、内外部意见的处理、控规可操作性等。从调研来看，控规草案的规委会审议基本上都能得到通过，最后，市政府一般只是履行市长签字的行政批复程序。

（3）技术审查：构建完善的控规审查机制，成立专门的控规审查机构

建立有效的控规审查制度是控规审批科学的前提和关键。但限于技术人才的不足，如何在控规审批前对编制的控规成果进行审查，是各地规划主管部门的难题。对此，很多城市纷纷探索控规的审查机制，甚至成立了专门的控规审查机构，如：上海市规划编审中心[1]、深圳市城市规划发展研究中心[2]。总体而言，控规审查机制上，一般至少包括：控规初步方案规划分局初审、控规草案市规划局再审以及控规成果规委会终审等三个环节。如：深圳法定图则审查的“321 工作机制”。有的城市可能还有“现状调研审查”，以确保控规编制前期资料收集和现状把握的准确性，如：广州有的控规就单列了现状调研审查环节，由市规划分局、市规划编研中心负责，相关部门参加，重点审查现状土地权属、已有行政许可行为、现状

[1] 2010 年成立，上海市规划编审中心是市规土局直属的事业单位。主要负责建立全市统一标准的规划基础要素底版，负责为规划报审成果提供技术审查，负责控规信息平台的建设和维护，为市规划国土资源局提供规划专业技术服务，为详细规划编制提供技术支撑等。详见：http://www.wowotou.net/institutions/shanghai/2010-08-18/12821457115608.html.

[2] 深圳于 2008 年成立了全市第一家法定机构——深圳市城市规划发展研究中心，试图打造一支高素质的“政府规划师”专业队伍，专门负责全部在编法定图则的技术审查工作，以及部分剩余法定图则的编制、信息平台搭建、“一张图”管理、相关技术规范与方法的制定等工作。

土地利用状况等❶；上海控规编制前期，要求区县规土局会同编制单位编制《控规研究（评估）报告》❷，在听取区级各部门意见后，提交市规土局，由市局详规处会同编审中心，组织专家、市级相关部门和局内相关处室进行审议（表3-9）。

上海、广州、深圳、南京、武汉控规技术审查制度比较　　表3-9

城市	控规编制阶段	具体工作	审查性质
上海	研究（评估）报告	市局详规处会同编审中心，组织专家、市级相关部门和局内相关处室审议	市局、编审中心、专家、市级部门联审
	初步方案	区县规土局负责，开展规委专家咨询，听取区县部门意见，市局详规处和编审中心参与	分局审查 区县部门联审
	修改方案	1. 市局详规处组织市级单位和局内各处室会审 2. 涉及重要地区或重大问题，召开专家咨询会 3. 通过后进行公示，征求社会意见	市局审查、市级部门会审、专家审查、公众审查
	草案	1. 编审中心进行技术审查 2. 涉及疑难问题，可组织局内相关处室会审 3. 通过后，提交市级相关部门反馈意见 4. 规委会专题会议审议	编审中心审查 规委会审议
	报审稿	1. 市编审中心初步审核，市局详规处终审， 2. 通过后，报政府审批	编审中心初审 市局终审
广州	现状调研报告	分局、市规划编研中心负责，区县部门参与	分局初审 编研中心二审
	初步方案	市规划编研中心负责 1. 对方案进行符合性审查和技术性审查 2. 发文征求区县政府及其相关部门意见 3. 组织进行专家评审会 4. 征求市局各处室的意见	编研中心审查 区县部门审查 专家审查 市局处室审查
	修改方案	市规划编研中心负责，区政府及其各部门、市局各处室参与	编研中心审查 区县部门联审
	草案	市局技术审查、局业务会审查，通过后公示	市局技术审查
	草案修改稿	发展策略委员会审议，公众、媒体可申请旁听	小规委会审议
	报批稿	编研中心审核	
深圳	现状调研报告	分局负责，征询街道办、区属部门等基层意见	分局与基层审查

❶ 笔者2010年10月17于广州对广州市城市规划编研中心的调研访谈。

❷《控规研究（评估）报告》重点是核对基础要素信息并整理汇总，对拟启动规划编制的地区进行发展趋势和需求分析，研究规划定位和发展要求，对于已有控规地区，需在总结原有控规的实施情况和评估原有控规适用性的基础上，提出修编建议。

续表

城市	控规编制阶段	具体工作	审查性质
深圳	初步方案	分局规划科负责，分局各科室会议联审 市局规划处负责，将方案发局技委成员部门初审	分局初审 市局二审
	修改方案	市局规划处组织，召集部门审查会议，相关处室、分局相关科室、发展研究中心参加。通过后，提交总师室申请局技术委员会审查	市局审查 局技术委员会审查
	草案	公示，市局规划处征询市属部门意见，分局征询基层部门意见，局技委会议审议公众意见	社会审查
	草案修改稿	图则委审查、审批	审批机关审查
	报批稿	编制单位负责人签字，发展研究中心审核	研究中心审查
南京	初步方案	规划分局组织，市规划局分管领导、区县政府参加，并征求市直各个部门意见	分局审查 市直部门联审
	修改方案	规划分局组织召开专家评审会或咨询会，市局各处室及编研中心参加	专家审查 市局处室审查
	控规草案	1. 市局规划项目审批会审查，会议由局长、分管副局长、总工、责任处室参加，为技术决策会 2. 通过后进行公示，征求社会意见	市局技术委员会审查 社会审查
	控规报审稿	市重大项目规划审批领导小组会审议，通过后报批	政府审查
武汉	初步方案	市规划局控规编制技术小组预审 规划分局及局内相关处室同步初审	技术小组预审 分局初审
	修改方案	1. 市规划局控规编制技术小组复核 2. 市局技委会或专题会审查，分局负责人参加	技术小组复核 局技委会审查
	草案	1. 公示，征求社会意见 2. 武汉规委会控规 - 法定图则委员会审议	社会审查 规委会审议
	报批稿	市局规划处会同相关处室、规划分局组织验收	市局处室联审

注：表中市局指市规划主管部门，分局指区县级规划主管部门。
资料来源：《上海控制性详细规划管理规程（试行）》（2010），《深圳市法定图则审查报批操作细则》（2009），《武汉市控制性详细规划（导则和细则）审查工作细则（试行）》（2008），笔者各大城市的调研访谈。

(4) 意见征询：控规的公众参与制度

控规的公众参与制度是控规审批程序中“外部意见征询”环节的一个重要制度，是规划社会化、决策民主化的重要保证。不过，总体而言，我国规划的公众参与尚处于起步阶段，很多城市还是停留在规划宣传、公众被动参与的状态，公众参与控规多处于走过场的状况，“假参与或非参与”居多，真正具有实质意义的公众参与控规决策的城市凤毛麟角（仅有深圳、广州等）。具体而言，控规的公众参与上，主要分为三大类：①控规草案公示的公众参与，即：控规草案编制完成后，由规划主管部门负责，通过媒体发布消息，在当地的规划展览馆、规划网站或规划地段的社区现场等进行控规草案公示，并收集社会公众意见，目前很多城市的公众参与控规都处于此阶段；②有的城市将公众参与控规，由通常的"结果参与"（控规草案公示参与）拓展到"过程参与"，即在控规编制的前期调研、初步方案以及控规草案等各个重要阶段都加强公众参与，如：深圳城市规划发展研究中心在法定图则编制过程中，委托专业性公司进行公众意愿调查；北京市特别试行了责任规划师制度，即在控规编制的每个街区聘任一名责任规划师，该规划师负责听取和协调该区域内各方利益群体利益诉求，耐心回答各种提问，进行主动而平等的沟通、互动和服务；③公众参与控规决策，表现形式是：有的城市规定"规委会"的成员构成上非公务人员占半数以上，从而保证规划决策的社会化，如：深圳市、广州市、武汉市的"规委会"。

（5）批前审议：控规审批前"规委会"审议制度

为推进规划决策的民主化、实现规划编制、执行、决策的相对分离，国内很多城市都建立了"城市规划委员会（以下简称：规委会）"制度，而且有些城市又进一步确立了控规审批前的"规委会"审议制度，深圳甚至赋予规委会或其下设的法定图则委员会直接具有法定图则的审批权。总结来看，当前"规委会"制度具有两大特点：①规委会成员构成的多元化与社会化，由原先的政府部门成员构成为主逐步吸纳社会成员的加入，从而推进规划决策的民主化。如：深圳、广州、武汉的规委会在委员构成上，均要求非公务员的人数超过半数以上；②设置常设机构与专业委员会，以更好地发挥专家咨询作用，提高规划决策效率。如：深圳市城市规划委员会下设发展策略委员会、法定图则委员会和建筑与环境委员会，法定图则委员会经城市规划委员会授权，具有法定图则的审批权；广州市城市规划委员会下设发展策略委员会和景观艺术委员会，发展策略委员会负责控规审议工作；武汉市规委会下设常务委员会、控规委员会、专家咨询委员会（表 3-10）。

3.3.3　控规实施制度比较

控规实施方面，各地面临的共性问题主要是：①如何在《城乡规划法》规定的控规修改程序框架下，满足快速城市化背景下控规实施修改的实践需要；②如何进行高效、公平、公正的控规实施管理；③如何建立控规的"纠错机制"，促使控规动态适应城市发展变化的需要。对此，中国一些发达城市进行了如下探索：

北京、上海、深圳、广州、南京、武汉控规“规委会”审议制度比较　表 3–10

城市	控规审议机构	成员数量（非公务员数）	议事规则		备注
			参会人数	决议方式	
北京	北京市规划委员会	（0）			北京市规划委员会为政府机构，即为北京市规划主管部门
上海	规划实施专业委员会		参加人数不少于全体委员的 2/3	形成专家审查意见	规划实施专业委员会为上海市规委会下设的专家委员会
深圳	法定图则委员会	19（10）	参加会议的委员人数不得少于本委员会委员总数的 2/3	与会 2/3 以上且不少于委员总数的半数方可通过	法定图则委员会为市规委会下设机构，根据市规委会委托具备法定图则的审批权
广州	发展策略委员会	31（17）	到会专家委员必须多于政府人员	与会 2/3 及以上人员表决通过	发展策略委员会为市规委会下设机构
南京	南京市重大项目规划审批领导小组会	（0）			
武汉	控规－法定图则委员会	17（8）	参加人数不少于全体委员的2/3，其中专家委员不少于一半	与会 2/3 委员及以上表决通过	控规委员会为市规委会下设机构

资料来源：《上海市规划委员会专家委员会工作规程》（2009），《深圳市城市规划委员会章程》（2002），广州市规划局澄清：规委会专家公众意志高于政府意志 [2009-11-17]（http://ycwb.com/gdjsb/2009-11/17/content_2332950.htm），《控规编制与审批办法——附件：各地控规编制与管理概况汇编》（深圳市城市规划发展研究中心，2009），笔者各大城市的调研访谈。

（1）控规修改：区别控规修改的类别，进行分级审批，提高规划决策效率

为提高控规决策效率，增强控规适应性，很多城市首先根据控规修改内容的整体性与局部性，将控规修改划分为控规修编和控规局部调整两大类；然后，进一步根据控规局部调整对“公共利益”的影响程度，将其细分为：控规强制性内容调整、控规引导性内容调整以及控规修正（内容勘误）三小类。在此基础上，分别采用不同的控规修改审批程序。原则上，控规修编和控规强制性内容调整的审批程序等同于新编控规的审批程序，由原审批机关（市政府）审批；而对于控规引导性内容调整和控规修正则程序适当简化，多由规划主管部门审批。

此外，控规修改启动上，很多城市规定只能由政府、规划主管部门以及地块权属人提出；只有个别城市规定，公众（第三方）也可提出修改申请，如：上海市。

（2）数字化管理：搭建信息平台，推行“一张图”，实现精细化管理

面对快速城市化背景下量大、面广、速度快的城市建设开发，以计算机技术为依托，建立高效统一的数字化城市规划建设管理平台，应是提高规划管理效率的有效途径。从调研来看，北京、上海、广州、深圳、南京、武汉等国内发达城市都纷纷成立规划局直属的规划信息中心，探索规划信息化与“一张图”管理工程，推进规划管理的精细化，取得了很好的成效。

总体而言，“一张图”管理的基本思路是将规划编制与规划管理作为一个整体，以“一张图管理”为目标，通过深入调查研究各区现状，将已编制完成的各层次规划、规划管理动态信息协调整合到“一张图”上，并纳入各区较为明确的发展战略设想，建立面向规划管理工作的基础平台[1]。

数字化管理除了信息平台搭建和“一张图”建设工程外，还包括：管理主体和归档控制两大内容。管理主体上，很多城市基本都是委托市规划局直属的规划信息中心和编研中心（或市规划院）联合管理，信息中心负责已批规划成果的归档，编研中心（或市规划院）则负责规划信息的动态跟踪与更新。

（3）控规运行：建立规范化的控规动态维护制度，提高控规适应性

由于城市发展的不确定性，控规作为一种规划活动，应具有一定的灵活性，以适应城市社会经济发展的变化。所以，如何既保持控规的“稳定性”，又使之具有必要的“灵活性”是控规实施管理的关键。理性而言，既然控规无法做到精准预测，那么，控规编制完成后，在规划实施中，应有一套相应的控规“纠错或纠偏”机制，以使控规在保持其维护公共利益的“刚性”同时，具有不断适应城市建设发展变化的“弹性”。因此，北京、深圳、上海等城市开始了控规实施的“动态维护”机制的探索。控规“动态维护”，最早起始于北京，动态是指控规编制和实施的状态，维护是指维护其基本原则和科学性。“动态维护”使得控规成为一个在实施过程中不断修改完善的动态过程，不仅适用于控规实施过程中的被动修改，也适用于政府对控规的主动完善[2]。

控规动态维护制度主要包括：维护主体、维护机制和维护工作类别三大内容。维护主体上，一些城市成立了专门的控规动态维护队伍，如：上海市规划编审中心与信息中心、深圳市城市规划发展研究中心，武汉成立控规编制和维护专门机构（编专班）；有的城市则依托规划局直属的规划院或编研中心来进行，

[1] 吕传廷．观·思·立：广州市城市规划编制研究中心规划成果（2001-2005）[M]．北京：中国建筑工业出版社，2006:31.

[2] 邱跃．北京中心城控规动态维护的实践与探索 [J]．城市规划，2009，33（5）：22-29，25.

如：北京市规划院、广州市规划编研中心等。

维护机制上，基本上由专门机构负责，建立控规调整论证、定期评估、定期更新、定期总结的制度。如：北京控规动态维护机制的主要内容包含了规划管理部门内部处室的会商会办制度、规划编制单位的技术论证制度、政府有关部门和专家参加的专题会议制度、公示听证等公众参与制度、内部督察督导和外部行政监察制度、档案管理制度、总结评估制度和完善更新制度等[1]。

维护工作类别上，主要分为三类：①控规的局部调整，规划主管部门及时将调整后的内容纳入到控规"一张图"管理之中；②规划主管部门主动对控规实施进行跟踪、并对控规执行进行定期或不定期的评估，适时修正控规中不合理或不适应的内容，但同时保证对涉及城市公共利益、整体利益和长远利益的"四线"、基础设施、公共服务设施和公共安全设施等的"刚性"控制不受侵犯，如：《成都市控规编制（调整）、审批管理办法》规定控规原则上5年应更新一次，《上海市控规管理规定》明确控规每5年要进行定期评估；③城市政府对原有控规进行整体修编。与之相对应，依据控规动态维护工作类别的差异，采用不同的维护方法：一般而言，控规的修编和强制性内容调整，严格执行《城乡规划法》规定的控规修改程序，而控规引导性内容的调整，则程序相应简化。不过，为维护控规的法定性和严肃性，严控控规调整，深圳、广州甚至规定控规局部调整的申请必须经过大规委会审议后，方可批准；而新编控规的审批，一般只需经过大规委会下设的专业委员会审议即可（表3-11）。

3.4 中国控规制度建设状况反思

3.4.1 控规向公共政策转型缓慢致使其制度建设缺乏方向指引

改革开放之前，我国计划经济体制下的城市规划是为实现国家和地方的各项计划而在建设领域进行的土地和设施的配置，工程技术属性突出。1990年代后，计划经济向市场经济转轨，进入21世纪后，随着改革的深化与市场经济的深入发展，城市进一步转型，城市建设中利益群体逐渐多元化，市民参与意识和维权意识也不断提高，新形势下，城市规划与公共政策的关系越来越受到关注，逐步达成了城市规划是一项公共政策[2]或是具有公共政策属性[3]的思

[1] 邱跃．北京中心城控规动态维护的实践与探索[J]．城市规划，2009，33（5）：22-29，26.
[2] 汪光焘．以科学发展观和正确政绩观重新审视城乡规划工作[J]．城市规划，2004，28（3）：8.
[3] 石楠．城市规划政策与政策性规划[D]．北京：北京大学环境学院博士学位论文，2005：8.

北京、上海、深圳、成都、厦门控规动态维护机制比较　表 3-11

	维护主体	工作方法	维护工作分类			工作管理	
			修编	局调	个案	管理机构	信息平台
北京	市规划院	依据《北京中心城控规动态维护工作程序》(2007)，以月报、季报、年报的形式对控规动态维护项目进行定期的总结评估	√	√		信息中心	一张图
上海	市规划编审中心	一般每5年对控规实施进行定期评估，也可根据实际需要，组织不定期的规划评估	√	√	√	信息中心	一张图
深圳	市规划发展研究中心	一般每5年对法定图则实施进行定期评估和维护	√	√	√	信息中心	一张图
成都	市规划院	每年评估一次，五年更新一次	√	√		信息中心	
厦门	市规划院	每半年或一年检讨一次，3~5年修编一次	√	√		信息中心	

资料来源：《北京中心城控制性详细规划动态维护工作方案》(2007)，《上海控制性详细规划管理规定（试行）》(2010)第七条，《深圳市城市规划条例（送审稿）》第28条，《控规编制与审批办法——附件：各地控规编制与管理概况汇编》(深圳市城市规划发展研究中心，2009)，笔者各大城市的调研访谈。

想共识[1]。但是，受长期计划体制下城市规划“技术化”的思维影响，城市规划的公共政策属性的建立并非一蹴而就，城市规划如何向公共政策转型还有很多问题需要研究。就控规而言，如果说过去控规是土地空间资源的技术型配置，在土地使用权市场化以后，控规已转变为土地利益分配的重要工具，控规的编制过程也就是土地发展权的赋予过程；但所有这些只是理论界的探讨，实际操作中大多数城市控规制度的完善仍停留在编制内容的探讨上，对控规如何向公共政策转变缺乏系统的思考[2]。

如果说控规作为一项公共政策或是具有公共政策属性，那么其制定和实施，也需遵循公共政策学原理。但是，对比来看，在内容上，控规更多地体现为一种技术文件，连公共政策的要求都达不到，从决策机关上看我国的控规与“规章”

---

[1] 冯健，刘玉．中国城市规划公共政策展望 [J]．城市规划，2008，32（4）：33.

[2] 颜丽杰．《城乡规划法》之后的控制性详细规划——从科学技术与公共政策的分化谈控制性详细规划的困惑与出路 [J]．城市规划，2008，32（11）：46-50.

都相距甚远[1]。在运作上，控规并不具备像公共政策那样的“生命周期”，现实中控规既没有明确的“有效期”，也缺乏修订时限方面的规定。在知识和方法上，“由于政策问题复杂多样，涉及社会生活各个领域，公共政策学是一门综合运用相关学科的知识和方法[2]”，但控规却“工程技术”倾向严重，“参与编制控规的规划师更多关心的是技术合理和空间美观的问题，尚未意识到控规是利益分配的重要工具[3]”，控规十分缺乏政策学、行政管理学、土地经济学、博弈论等学科的知识和方法。在决策民主化上，由于公共政策指向的是一系列公共问题，涉及的是公共利益，无法依靠市场中的个人行为得到解决，因此，公共决策过程是一个“公共选择”过程，是一个类似于市场决策的复杂交易过程；如同市场运转需要遵守一定的规则，公共决策需要遵循民主规则，并且先于具体的决策过程[4]；然而，现行控规运作中公众参与程度低，控规审批决策中上诉、申诉机制缺乏，显然无法达到公共决策民主化的要求。

所以，由于对控规的公共政策属性缺乏深刻认识及相关改革支持，控规向公共政策转型的滞后，致使控规的制度建设缺乏清晰的方向指引，因而多只能停留在现行程序细节的修补之中，而缺乏系统、完善的控规制度优化研究与探索，这很可能也是造成前述控规制度存在诸多问题的重要原因。

3.4.2 规划理论创新惰性化导致控规制度研究薄弱

城市规划要真正实现向公共政策的转型，关键是按照公共政策的属性，重新系统地建构城市规划学科知识体系，尤其是要将城市规划纳入整个社会系统，进行制度创新，使城市规划能够成为真正意义上的公共政策[5]。因为“公共政策的中心就是作出或修改制度安排[6]”。但是当前，一方面，在全球化、信息化、市场化、城市化和分权化推动下，我国城市发展正进入一个总体转型的历史阶段[7]。面对新形势，就整体而言，我国城市规划的理论发展却滞后于时代，

---

[1] 颜丽杰．《城乡规划法》之后的控制性详细规划——从科学技术与公共政策的分化谈控制性详细规划的困惑与出路 [J]．城市规划，2008，32（11）：46-50.

[2] 冯静，梅继霞，庞明礼．公共政策学 [M]．北京：北京大学出版社，2007：15.

[3] 田莉．我国控制性详细规划的困惑与出路—— 一个新制度经济学的产权分析视角 [J]．城市规划，2007，31（1）：17.

[4] 宁骚．公共政策学 [M]．北京：高等教育出版社，2003：292.

[5] 何子张，李渊．城市规划的政策属性 [J]．城市问题，2008（11）：96.

[6] 张庭伟．规划理论作为一种制度创新——论规划理论的多向性和理论发展轨迹的非线性 [J]．城市规划，2006，30（8）：17.

[7] 张京祥，罗震东，何建颐．体制转型与中国城市空间重构 [M]．南京：东南大学出版社，2007：20-27.

没有形成与社会主义市场经济发展相适应的理论框架体系，没有形成有效指导城市发展实践的系统理论方法；对城市建设众多问题仍停留在表象的说明层面，对于许多新情况、新问题更是束手无策，难以有效指导城市规划实践[1]。所以，当前我国城市规划学科发展上存在“规划理论创新的惰性化”的严重问题[2]。由于“规划工作的本质是特定社会条件下、应对当时当地社会需求做出的一种制度安排；规划理论的变迁，其本质是在特定社会中一种不断的制度创新[3]”。规划理论研究的滞后，自然也就制约了规划制度的创新。另一方面，制度经济学原理指出，稳定性是制度的主要特性，稳定性是制度的优点或长处，但也恰恰是制度的缺点或短处；制度一旦形成，是压制变化的；制度变迁存在时滞与路径依赖，制度变迁的时滞，使得规划的制度创新落后于时代的发展，而制度变迁的路径依赖，则使得一个社会一旦选择了某种制度，无论它是否有效率，都很难从这种制度中摆脱出来[4]。因此，要进行城市规划的制度创新，摆脱规划制度变迁的时滞与路径依赖，城市规划的制度研究十分重要。然而，长期以来，受传统建筑学思维的影响，城市规划发展中一直存在重设计轻管理、重技术轻制度、重物质形态轻社会经济发展的不利倾向，实践中尤为突出，因而也制约了规划的制度创新。以控规研究为例，笔者查阅了中国知网（http://www.cnki.net/index.htm）中重要规划建筑类期刊和重要会议论文的控规文献296篇（统计截止至2008年12月发表的），发现控规技术研究一枝独秀，制度研究则十分薄弱。所以，由于规划理论创新的惰性化、控规制度研究的缺失、宏观社会政治制度改革的缓慢性、制度变迁的时滞与路径依赖原理等多种因素的交织，致使城市规划及控规的制度建设十分缓慢，落后于时代的要求，现行控规制度中存在诸多问题也由此而生。

3.4.3 国家控规制度供给的单一性与地方需求的多样化之间存在矛盾

尽管《城乡规划法》（2008）与《城市、镇控制性详细规划编制审批办法》（2011）已确立了中国控规制度体系的框架，较好地指导了各地控规的实践；但是，由于中国幅员辽阔，各地经济水平、建设基础、城市规模、历史文化、

---

[1] 周建军. 论新城市时代中国城市规划创新 [EB/OL].（2010-01-28）[2010-09-16]. http://www.xhut.cn/archives/152.

[2] 吴志强，于泓. 城市规划学科的发展方向 [J]. 城市规划学刊，2005（6）：2-10.

[3] 张庭伟. 规划理论作为一种制度创新——论规划理论的多向性和理论发展轨迹的非线性 [J]. 城市规划，2006，30（8）：17.

[4] 卢现祥. 新制度经济学 [M]. 武汉：武汉大学出版社，2004：142-193.

自然环境等的差异，决定了各地的城市发展、建设开发与规划管理的状况和需求亦存在很大的不同，国家层面单一的控规“制度供给”不可能具有普适性，其与地方层面多样化开发控制的“制度需求”之间存在较大矛盾。因此，如何在国家控规制度框架之下，探索地方化的控规制度建设十分重要，深圳成立城市规划发展研究中心（法定图则运作的技术支撑机构）、北京探索控规动态维护机制等即源于此。这不仅仅是地方发展实践的现实需要，也是国家层面相关制度体系优化和完善的重要基础，因为“地方多元化的积极探索与国家规划体系的不断完善是相互促进的，多元化的地方探索取得的经验与教训，可以为国家规划体系的调整完善提供直接的素材，可以通过总结提炼上升为新的理论，从而更好地指导地方的规划实践[1]”。不过，需注意的是，一方面，《城乡规划法》已明确了控规的程序性内容，特别是严苛、细致的控规修改规定；另一方面，《城市、镇控制性详细规划编制审批办法》则又规定了控规的实体性内容，如：控规的基本内容等；因此，地方性控规的制度建设应在国家规定的控规制度框架下进行探索，否则，将带来改革的合法性问题。

3.5　本章小结

探讨控规的制度建设与优化，首先需要研究中国控规的制度建设现状，以把握问题的核心所在。为此，首先，本章运用历史分析方法，系统梳理了中国国家层面控规制度建设的发展历程，并在研究《城乡规划法》与《城市、镇控制性详细规划编制审批办法》的基础上，结合中国控规实践，分析中国现行控规制度体系的内容构成与运作机制。其次，通过调研访谈，运用案例研究方法，从控规的编制制度、审批制度与实施制度三个层面，对北京、上海、深圳、广州、南京等中国若干发达城市的控规制度建设实践进行实证性研究。然后，运用比较分析的方法，进一步对中国若干发达城市的控规制度体系进行比较研究，总结各地控规的编制制度、审批制度和实施制度建设中面临的共性问题以及各自的控规制度建设经验。最后，对现行控规制度建设状况进行反思，以明确未来控规制度建设与优化的可能方向。

[1] 周岚，何流．中国城市规划的挑战与改革——探索国家规划体系之下的地方特色之路［J］．城市规划，2005，29（3）：9-14.

第四章 定位研究：控规在开发控制中的属性定位

城市规划不仅具有技术性、区域性、艺术性、综合性等特点，更重要的是，它最基本的属性在于政策性，正是政策属性才决定了它有别于一般的工程科学，才决定了城市规划不是一般的产品设计或生产，而是政府对城市发展进行宏观调控的手段[1]。近年，我国规划界和学术界对城市规划作为一项公共政策或是具有公共政策属性已基本认同[2]，但城市规划如何向公共政策转型尚有待深入研究[3]。就控规而言，是否也是一项公共政策或具有公共政策属性？控规是怎样或是什么层次的公共政策？作为公共政策的控规的标准是什么？现行控规是否符合？为什么？以及如何实现控规向公共政策的转变等并未厘清。由于这些控规的属性定位问题直接关系到控规改革和制度建设的方向，亟待深入探讨。

4.1 控规与公共政策

4.1.1 城市规划是政府调控城市发展的重要公共政策之一

考察国内外城市规划的发展历程，都可以发现较为明显的演变轨迹，即向公共政策的转变：国外城市规划的发展大体上经历了从“关注物质空间”向“关注社会经济”再向“作为公共政策”的转化过程，并基本上形成了基于公共政策的城市规划体制；相对于国外，中国城市规划自新中国成立以来则呈现出从“纯粹的物质工程设计的技术工具”向“独立的行政职能”进而向“综合空间政策”的转变趋势[4]。

近年，中国规划界和学术界对城市规划作为一项公共政策或城市规划具有公共政策属性已基本认同[5]。孙施文（2000）认为：“城市规划的本质在于是城市公共政策的一种陈述，保证各类城市规划的延续性是贯彻城市政策、实施城市规划的一种手段[6]”。汪光焘（2004）回顾新中国成立以来中国城市规划的发展，提出：“城乡规划不是一个简单的空间形态问题，它是政治、经济、文化、社会等的综合体现，是政府的公共政策[7]”。赵民（2004）指出：“作为现代社

---

[1] 石楠．试论城市规划社会功能的影响因素 [J]. 城市规划，2005，29（8）：9-18.
[2] 冯健，刘玉．中国城市规划公共政策展望 [J]. 城市规划，2008，32（4）：33-40，81.
[3] 何流．城市规划的公共政策属性解析 [J]. 城市规划学刊，2007（6）：36-41.
冯健，刘玉．中国城市规划公共政策展望 [J]. 城市规划，2008，32（4）：33-40，81.
[4] 何流．城市规划的公共政策属性解析 [J]. 城市规划学刊，2007（6）：36-41.
[5] 冯健，刘玉．中国城市规划公共政策展望 [J]. 城市规划，2008，32（4）：33-40，81.
[6] 孙施文．有关城市规划实施的基础性研究 [J]. 城市规划，2000，24（7）：12-16.
[7] 汪光焘．以科学发展观和正确政绩观重新审视城乡规划工作 [J]. 城市规划，2004，28(3)：8-12.

会的一种建制，城市规划的本质就是制定与空间发展及与空间资源使用相联系的公共政策，并凭借公共权力加以施行[1]”。石楠（2005）强调：“城市规划是一项政策性极强的工作，作为一项公共政策，城市规划不仅具有技术性、艺术性、综合性等特征，最根本的在于它的政策属性[2]”。2006 年 4 月 1 日施行的《城市规划编制办法》第 3 条规定：“城市规划是政府调控城市空间资源、指导城乡发展与建设、维护社会公平、保障公共安全和公众利益的重要公共政策之一”。至此，历经多年的学术探讨，城市规划作为公共政策的定位以制度的形式得到了确认。

4.1.2 控规本质上是一种有关城市土地和空间资源利用的公共政策

目前，“城市规划作为公共政策”似乎已经成为一种不言而喻的共识，但规划界对于“城市规划是公共政策”更多地还只是停留在“认可”阶段，对它的认识还不够深刻，理解也不够全面[3]；城市规划如何向公共政策转型，城市规划与公共政策的关系如何，都需要深入的讨论[4]。具体就控规而言，它是否也是一种公共政策或是具有公共政策属性，更需进一步研究，下面从公共政策的概念内涵、功能效用和内容层次三个方面进行论证。

（1）控规符合公共政策的内涵要义

刘玉（2005）总结归纳了公共政策涵义的四个基本方面：第一、公共政策是由政府或社会权威机构（有时会包括普通民众，在民主社会尤其如此）制定的；第二、公共政策要形成一致的公共目标；第三、它的核心作用与功能在于解决公共问题，协调与引导各利益主体的行为；第四、它的性质是一种准则、指南、策略、计划[5]。如果具备了这四个方面的公共行为与文件，基本上可以认为是一种公共政策。

就控规而言：首先，依据《城乡规划法》（2008）第 19、20 条，控规由城市人民政府城乡规划主管部门或镇人民政府组织编制，城乡规划主管部门作为城市政府的重要职能部门，是具有社会权威性的机构。

其次，市场经济并非万能，市场经济下城市开发存在“负外部性”与“公

---

[1] 赵民．在市场经济下进一步推动我国城市规划学科的发展 [J]．城市规划汇刊，2004（5）：29-30.

[2] 石楠．城市规划政策与政策性规划 [D]．北京：北京大学环境学院博士学位论文，2005：8.

[3] 何流．城市规划的公共政策属性解析 [J]．城市规划学刊，2007（6）：36-41.

[4] 何子张，李渊．城市规划的政策属性 [J]．城市问题，2008（11）：93-96.

[5] 刘玉，冯健．区域公共政策 [M]．北京：中国人民大学出版社，2005：12-13.

共产品”提供不足等公共问题，因此，政府干预必不可少[1]。控规对土地使用的位置与性质的控制，目的是防止土地使用之间的相互干扰，而对开发的容积率、建筑高度等指标控制，则是为了控制开发项目对周边可能产生的日照、视线、交通等方面的不利影响；而对于配套设施的控制，则是为了保证“公共产品”的提供。所以，控规的核心意图在于保护公共利益。

第三，《城乡规划法》实施后，控规成了规划实施管理最直接的法律依据，是国有土地出让、开发和建设管理的法定前置条件[2]。控规一旦经过多方协商被确定下来后，其经批准的成果将成为城市建设的“社会契约”和“开发准则”，不同利益主体（包括政府）都需严格遵守[3]。因此，控规是城市开发的制度规则。

由此可见，控规符合公共政策的内涵要义，是一种典型的有关城市开发方面的公共政策。从这个角度而言，控规的本质，是为弥补城市建设开发中可能存在的“市场失灵”或“政府失灵”，防止或最大程度降低建设开发的“负外部性”，保障城市运转所必需的“公共产品”，落实城市总体规划中确定的城市发展战略，以维护土地使用者合法的发展权和公众公共利益为核心，以协调城市土地与空间资源利用中局部利益与整体利益、近期利益与远期利益、及不同利益群体之间的利益矛盾和冲突为重点，由政府、开发者、公众、社会团体等相关利益主体共同协商所形成的、由政府强制力保障实施的土地与空间利用的公共政策。

（2）控规具备公共政策应有的管制、引导、调控和分配等四大功能

公共政策是政府等公共权力机关实现其职能的基本手段，在社会生活中发挥着重要作用[4]。概括而言，公共政策主要有：管制、引导、调控和分配四大功能[5]。

1）管制功能。政策问题的解决，可以通过政策对象不做什么来达成政策目标；政策主体要制约、禁止政策对象不做什么，或者说要使政策对象不发生

---

[1] 汪坚强．溯本逐源：控制性详细规划的基本问题探讨［J］．城市规划学刊，2012（6）：58-65.

[2] 全国人大常委会法制工作委员会经济法室等编．城乡规划法解说［M］．北京：知识产权出版社，2008：61.

[3] 《城乡规划法》第7条规定：经依法批准的城乡规划，是城乡建设和规划管理的依据，未经法定程序不得修改。

[4] 冯静，梅继霞，庞明礼．公共政策学［M］．北京：北京大学出版社，2007：10.

[5] 宁骚．公共政策学［M］．北京：高等教育出版社，2003：228-230.
冯静，梅继霞，庞明礼．公共政策学［M］．北京：北京大学出版社，2007：10-11.
谢明．公共政策导论［M］．北京：中国人民大学出版社，2009：48-52.

政策主体不愿见的行为，就须使政策对政策对象的行为具有管制功能；这种功能常通过政策条文规定表现出来[1]。在我国城市高速发展的转型期，市场经济瞬息万变，即使再高明的规划师也无法预测未来的投资商是谁，对地块的使用有什么要求（尤其是新区开发的地块），因此，仅凭规划师的主观臆想将地块的使用条件以法律形式确定下来，无异于作茧自缚[2]；规划编制和管理的重点需从确定开发建设项目转向各类脆弱资源的有效保护利用和关键基础设施的合理布局[3]。基于此，很多城市将土地开发利用中涉及公共利益的内容确定为控规的强制性内容，首先明确开发建设中"哪些不能做、哪些需要进行第一位的保障"等，即形成了控规的管制功能。如：深圳法定图则区分为法定文件和技术文件，法定文件是经法定程序批准具有法律效力的规划条文和图表，明确规定了地块的用地性质、开发强度、地块配套设施等三项规划控制要素；南京提出了以公用资源集约利用和环境历史保护为重点的控规"6211"核心内容[4]；武汉控规中，道路红线、绿化绿线、文保紫线、基础设施黄线、水系蓝线等"五线"和公共服务设施的控制为刚性内容，纳入法定文件之中[5]；北京控规中优先保障涉及公共利益的城市基础设施、公共服务设施和公共安全设施等三大设施用地，原则上不得改变；其他用地规划则可以适应市场的选择和平衡不同利益群体的需求后加以适度调整[6]。

2）公共政策的引导功能，是指为了解决某个政策问题，政府依据特定的目标，通过政策对人们的行为和事物的发展加以引导，使得政策具有导向性，也就是说，政策给社会发展、人们行动确定了方向；引导功能是政策的积极功

---

[1] 宁骚．公共政策学[M]．北京：高等教育出版社，2003：228.

[2] 田莉．我国控制性详细规划的困惑与出路——一个新制度经济学的产权分析视角[J]．城市规划，2007，31（1）：16-20.

[3] 仇保兴．城市经营、管治和城市规划的变革[J]．城市规划，2004，28（2）：8-22.

[4] "6"即是对"道路红线、绿化绿线、文物紫线、河道蓝线、高压黑线和轨道橙线的六线"的规划控制；"2"即是对公益性公共设施和市政设施两种用地的控制；"1"即高度分区及控制；"1"即特色意图区划定和主要控制要素确定。在"6211"核心内容中，"6"即是最刚性内容，是城市空间系统的基本框架，必须予以最严格控制；"2"次之，其中大型的服务城市和区域的公共设施和基础设施用地必须严格控制，服务片区、街区的基层设施在空间位置上则有更多的调控余地。"11"则是目前未被充分重视但确需提升其控制刚性的内容。详见：周岚，叶斌，徐明尧．探索面向管理的控制性详细规划制度架构——以南京为例[J]．城市规划，2007，31（3）：14-19，29.

[5] 刘奇志，宋忠英等．城乡规划法下控制性详细规划的探索与实践—以武汉为例[J]．城市规划，2009，33（8）：63-69.

[6] 邱跃．控规动态维护之实践与探索[J]．北京规划建设，2007（5）：8-10.

能，它表明政策不仅要告诉什么是该做的，什么是不该做的，而且还要使人们认识到为什么要这么做而不那样做，怎样才能做得更好[1]。《城市规划编制办法》(2005）第41条规定，控规应提出各地块的建筑体量、体型、色彩等城市设计指导原则，即属控规的引导性功能，其目的是为了发挥控规对土地开发的经济利益调控作用的同时，促进对城市的空间形态及环境品质的引导。《安徽省城市控规编制规范》(DB34/T547-2005）第5.2条提出：控规应对在规划许可范围内的开发建设项目，常年向社会提供公共开放空间的，给予适当奖励，并提出奖励的具体措施；对旧城改造地区，控规可提出街坊整体开发建设强度高于内部各地块单个开发建设强度总和等奖励措施，来鼓励街坊整体开发建设。这些均属于控规的引导性功能。

3）公共政策的调控功能，是指政府运用政策手段对社会生活中出现的利益冲突进行调节和控制；政策的调控作用主要体现在调控社会各种利益关系特别是物质利益关系方面[2]。控规作为土地开发中最直接的规划调控手段，其控制的核心在于土地开发中的经济利益[3]。如前述，控规是一个利益博弈的结果，它是在政府引导下，通过协调不同利益群体在建设开发中的不同诉求、调解不同利益的冲突和矛盾，最终需要达成维护公共利益的公共目的，形成建设开发的调控“规则”，控规在土地开发利用中具有重要的调控功能。

4）公共政策的分配功能，主要体现在对人们利益的调整上。戴维·伊斯顿（David Easton）曾认为公共政策“是对一个社会进行的权威性价值分配[4]”。任何一个社会的实际资源是有限的，不可能时时事事都满足每一个人的需要；社会中每一个利益群体和个体都希望在有限的资源中多获得一些利益，这必然造成利益分配上的冲突；为减轻社会成员之间的利益冲突，缓解而不是激化这类社会矛盾，需要通过政策来调整社会利益关系；因此，从利益调整和分配的角度来看，公共政策具有明显的分配功能[5]。就控规而言，在市场经济体制下，规划所要控制的最大问题就是开发商的经济利益与社会公众利益之间

---

[1] 宁骚．公共政策学[M]．北京：高等教育出版社，2003：229.

[2] 谢明．公共政策导论[M]．北京：中国人民大学出版社，2009：49.

[3] 孙晖，梁江．控制性详细规划应当控制什么——美国地方规划法规的启示[J]．城市规划，2000，24（5）：19-21.

[4]（美）戴维·伊斯顿．政治体系——政治学状况研究[M]．马清槐译．北京：商务印书馆，1993：122-128.

[5] 冯静，梅继霞，庞明礼．公共政策学[M]．北京：北京大学出版社，2007：11.

的矛盾[1]。控规各项指标的确定，决定着土地开发中的利益分配。因此，开发商在开发过程中，总会想方设法地申请控规调整，"拱高"容积率，以期获得更多的开发收益。从这一点来看，控规具有明显的土地开发利益的分配功能。

（3）控规是城市规划公共政策体系中的具体政策

从公共政策的纵向分类上看，公共政策主要分为：总政策、基本政策和具体政策三大类。总政策又称元政策，是指用来规范与引导政策制定行为本身的准则或指南，即关于如何制定政策的政策；基本政策是执政党和政府针对某一社会领域或社会生活某个基本方面规定的目标、任务和指导原则；具体政策是在基本政策的指导下，为解决特定时期和范围内的某类或某个特定问题而确定的具体目标任务和行动准则[2]。基于此，城市规划作为政府的公共政策，在体系构成也具有层次性:《城乡规划法》（2008）、《城市规划编制办法》（2005）、其他各级政府和部门制定的相关政策文件以及各种城市规划行业规范是城市规划元政策；作为城市空间发展总体纲领的城市总体规划是城市规划基本政策；而对城市空间开发建设进行较为详细控制和引导的控规则是城市规划具体政策[3]。

4.2 控规公共政策属性缺失的现状及原因

尽管控规在本质上是一种公共政策或是具有公共政策属性，但现行控规在制定主体、编制思维、运作过程、体系构成以及修改程序等方面均存在不足，尚未真正具备公共政策的属性，影响了其作用的发挥。

4.2.1 制定主体上：组织者"功利化"，编制者"企业化"

（1）控规制定组织"功利化"——盲目追求土地收益的最大化

转型期，由于政府公共服务职能的缺位，各级干部考核机制又过分看重招商引资与 GDP 增长值，在财政分税制体制下，地方政府的事权设置与财权配置不对称，客观上使得地方政府有了假借"经营城市"的旗号以地生财、谋求自

[1] 孙晖，梁江．控制性详细规划应当控制什么—美国地方规划法规的启示 [J]．城市规划，2000，24（5）：19-21.

[2] 冯静，梅继霞，庞明礼．公共政策学 [M]．北京：北京大学出版社，2007：8-9.

[3] 何流．城市规划的公共政策属性解析 [J]．城市规划学刊，2007（6）：36-41.

身利益最大化的借口；土地变成了一些地方政府财源的大金矿[1]。由此催生的畸形的“卖地规划”特别反映在了控规的编制组织之中。首先，控规编制组织上，存在编制计划随意，围绕招商引资的土地开发需求而编制的突出问题，为控规的技术理性不足埋下了隐患[2]；其次，为获取更多的土地出让收益和“打造城市形象”，控规编制中，一些城市政府不顾城市经济发展水平，盲目追求高层建筑、高容积率，致使城市环境品质下降，如：笔者访谈了解到山东省某县级市，在控规编制时，市领导明确要求容积率至少定在 3.0 以上，显然是出于卖地的冲动。而依据公共政策学原理，公共政策的制定主体必须以维护授权人—国民的利益为前提，否则其制定出来的“政策”将有违公共政策的主旨，并不能成为真正意义上的公共政策。现行控规制定主体的功利化——围绕开发商转、盲目追求土地出让收益最大化等，显然有违公共政策制定主体应有的价值定位，致使控规的“公共性”缺失[3]，控规也就沦为了地方政府谋取“卖地”私利的工具和“伪政策”。

（2）控规制定单位“企业化”——追求设计产值的最大化

政策制定又称为政策规划，从公共政策学的视角看，城市规划编制工作可以理解为一种政策规划过程，张国庆（1997）曾明确指出《北京市城市总体规划》就是一种典型的政策规划文件[4]，同理，控规编制亦可视为一种有关城市土地开发利用方面的政策规划。因此，控规编制者的政治和业务素质对控规的制定具有重要影响，甚至关系到控规政策的成败。然而，由于很多规划设计院早已进行企业改制，大多城市的控规编制都是通过设计招标、以经济合同的方式来委托“企业化”的设计单位进行[5]。这种以企业行为编制控规存在较大缺陷：①控规编制完成即意味着合同终止，编制单位并无后续的设计服务，即缺乏政策评估与监控的服务环节；②企业化的规划设计单位，追求设计产值（企业利润）最大化是其重要目标，根据“成本—效益”原则，他们往往希望以最小的投入获得最大的回报，为此，如何以最少的人力、物力最快地完成控规编制工作是

---

[1] 余建忠．政府职能转变与城乡规划公共属性回归 [J]．城市规划，2006，30（2）：26-30.

[2] 汪坚强．迈向有效的整体性控制——转型期控制性详细规划制度改革探索 [J]．城市规划，2009，33（10）：60-68.

[3] 公共性是政策的基本属性，离开了公共性，公共政策就有可能变为某些个人、团体、阶层谋取私利的工具。详见：冯静，梅继霞，庞明礼．公共政策学 [M]．北京：北京大学出版社，2007：4.

[4] 张国庆．现代公共政策导论 [M]．北京：北京大学出版社，1997：149.

[5] 目前，仅有少数城市的市规划设计研究院还隶属于城市的规划主管部门，但即便如此，由于人手不够，城市发展速度快，一般也很难由其承担城市全部的控规编制工作。

他们的首选，因而，也就出现了控规编制的模式化、程式化，很多刚出校门的大学生就被安排控规编制的工作（人力成本最低），甚至流行出“会 CAD 就会控规”的错误认识，而这显然与公共政策制定的高要求相矛盾。这些问题均在不同程度上影响了控规的公共政策属性。

4.2.2 编制思维上：工程技术思想主导的控规编制

受长期计划经济影响，城市规划是作为工程技术而存在的。控规亦不例外，其注重的是控规的工具属性，强调的是如何编制控规，偏重于地块划分、用地性质确定、指标预测，交通组织、设施配套等工程技术内容，忽视了控规的价值属性。然而，当前市场经济的发展使城市问题社会化、复杂化，单纯地依靠工程技术已解决不了城市规划的问题，城市规划的公共政策属性越来越突出；如果说过去控规是土地与空间资源的一项工程技术配置，那么在市场经济深入发展的今天，在土地使用权市场化以后，控规已转变为土地利益分配的重要工具[1]。这意味着，深藏于控规背后的利益辨析、分配与协调远远比控规编制技术本身重要，“控规成了一项以城市科学为核心的公共政策[2]”。因此，现行局限于工程技术思维的控规编制既无法满足控规实践的需要，也不符合公共政策的内涵要求。

4.2.3 控规运作上：封闭操作、社会参与度低

公共政策的根本出发点在于解决社会公共问题，维护公共利益，因而应当具有一定程度的开放性[3]。城市规划作为一种公共政策，在规划的整个过程中都要充分体现公共政策的理念或其公共政策性，应围绕“公共利益”这一核心构成要素，以解决“公共问题”为目标导向，调动公众参与规划的积极性并实现政府与社会各阶层的有效互动[4]。所以，规划运作过程的开放性、透明性十分重要。

现行控规，虽然规定草案公示、成果公开，但运作过程并不透明。控规从编制组织、成果审查到执行均由规划主管部门内部操作，透明度较低[5]；如：

---

[1] 颜丽杰．《城乡规划法》之后的控制性详细规划 [J]．城市规划，2008，32（11）：46-50.
[2] 颜丽杰．《城乡规划法》之后的控制性详细规划 [J]．城市规划，2008，32（11）：46-50.
[3] 何流．城市规划的公共政策属性解析 [J]．城市规划学刊，2007（6）：36-41.
[4] 冯健，刘玉．中国城市规划公共政策展望 [J]．城市规划，2008，32（4）：33-40，81.
[5] 薛峰，周劲．城市规划体制改革探讨—深圳市法定图则规划体制的建立 [J]．城市规划汇刊，1999（10）：58-61，24.

据笔者对北京、上海、深圳、广州、南京五大发达城市进行的控规问卷调查，就有 62.7% 的人认为控规运作不透明、规划部门自编自导是当前控规制度建设中的主要问题之一（图 4-1）。在编制程序上，“控规”延续了规划体系内部化操作方式，违背了市场运作的公开、公平原则，规划的制定未能代表全体市民的整体利益，规划的实施缺少必要的社会基础[1]。而即使从控规草案公示、成果公开来看，有些城市的控规公示也只是走过场，有的没有通知公告，有的展示在不起眼的地方，有的展示信息不全面，致使公众无法知情；控规成果公开上，一些城市的控规成果审批后只公开了用地布局、道路交通等总图图则内容，而具体地块的分图图则，特别是地块控制指标并未公开。如：笔者在 2011 年 1 月 4 日登陆南京市规划局官方网站，一是只能查看到处于公示期间的控规草案，内容仅限于总图图则，而无含地块控制指标的分图图则；二是查询不到任何之前经过审批后的控规成果，笔者点击规划局的政府信息公开目录中的重点地区控制性详细规划，结果显示是无相关记录，这表明，要么南京控规公示后未审批，要么审批后并未公布，显然与《城乡规划法》第 8 条规定的“城乡规划组织编制机关应当及时公布经依法批准的城乡规划”相背离。

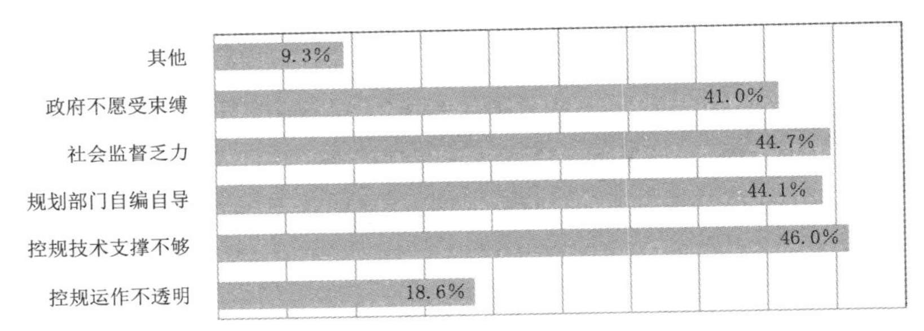

图 4-1　控规制度建设中的问题（中国五大发达城市 161 份问卷分析）

此外，控规运作过程中参与主体多由政府和规划师主导、社会参与不足、部门协作缺乏。控规制定实质是一个土地经济利益分配、协调和平衡的过程，其应建立在政府、开发者、土地权属者、利益相关人、社会团体、公众等不同产权所有者、多方利益主体充分协商的基础之上。在西方国家，公众参与是政府决策的重要步骤，拥有法定程序，并贯穿于城市规划的全过程[2]。对比来看，

---

[1] 唐历敏．走向有效的规划控制和引导之路——对控制性详细规划的反思与展望 [J]．城市规划，2006，30（1）：28-33.

[2] 冯健，刘玉．中国城市规划公共政策展望 [J]．城市规划，2008，32（4）：33-40，81.

近年来我国公众参与城市规划的实践，基本上还停留在教育性公众参与和信息性公众参与阶段．并未真正参与规划的决策；还存在公众参与缺乏制度、途径的保障，公众参与意识、技能薄弱等问题[1]。反映在控规运作上，编制阶段仍多以规划师为主导，仅通过现场踏勘、有关部门走访、少量公众调查、方案公示的方法进行浅层的利益群体意愿的摸查和协调，显然难以达到公共政策中“协作治理”的目标。据笔者调查，深圳法定图则编制中，公众意愿调查也都不是常态化、必备的前期工作。此外，控规的横向协调缺乏制度保障，如：深圳法定图则经常在实施中出现各项公共设施的负责部门不能协调操作的问题[2]。

控规审批决策阶段，则以政府官员、专家为主导，公众参与十分有限。尽管《城乡规划法》规定，控规审批前有征求公众意见的环节。然而，实践中，首先，控规审批决策阶段的公众参与多表现为控规草案公示时的公众意见征询，但对于公众意见如何判别、是否采纳以及如何采纳，各地并无明确规定，一定程度上，导致了公众意见征询成为“走过场”。以笔者调研的北京、上海、南京、广州、深圳、武汉等城市为例，控规草案公示期间收集的公众意见既不公开，也不回复或很少回复，且多由规委会秘书处或规划局自行判断如何吸纳公众意见，显然很难达到公众的实质性参与。其次，控规审批决策中公众参与的另一种形式，在控规审批或审议的主体——城市规划委员会中设定一定比例的公众代表席位，以实现控规制定决策的公众参与。但是，第一，这类城市数量很少，据笔者调查，目前仅有天津、武汉、深圳、广州、香港等少数城市规定了规划委员会中的非公务员的比例须占半数以上，北京、上海规划委员会委员全部为公务员或专家，很多中小城市规委会中并无公众代表；第二，即使在深圳，尽管规划委员会以非政府成员代表占多数，但这些代表多与政府部门联系密切，难以对政府决策构成制衡，距离真正的民主决策尚有不小的距离[3]。

4.2.4 系统构成上：“静态蓝图”式实施、评估环节缺乏

著名的公共政策学者莱斯特（James P. Lester，2000）则认为，公共政策是一个过程，它包括：列入议程、政策制定、政策实施、政策评估、政策调整与政策终止六个阶段（图4-2），每个阶段都有不同的侧重，完整的公共政策过程就是包括了从“问题出现”到

---

[1] 田莉．论开发控制体系中的规划自由裁量权［J］．城市规划，2007，31（12）：78-83.
[2] 王富海．以 WTO 原则对法定图则制度进行再认识［J］．城市规划，2002，26（6）：15-17.
[3] 邹兵，陈宏军．敢问路在何方——由一个案例透视深圳法定图则的困境与出路［J］．城市规划，2003，27（2）：61-67.

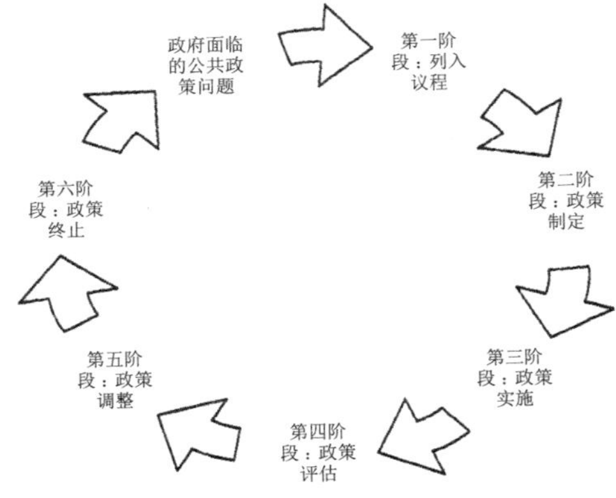

图 4–2　莱斯特的公共政策周期图

资料来源：石楠．城市规划政策与政策性规划［D］．北京：北京大学环境学院博士学位论文．2005：22.

"问题解决"的全部过程[1]。

现行控规，一方面，缺乏控规实施的评估环节。控规研究多停留在"如何编"的政策制定问题上，特别缺乏控规实施评价的反馈性研究，因而，也就无法判断对"如何编"问题研究得是否科学、是否正确了[2]，造成无法认清控规问题的所在。深圳法定图则虽有"定期检讨"的要求，但是对于定期检讨的工作方法还不够完善，如：检讨的时间间隔、检讨的方法、规划根据检讨修改的制度等还有待完善[3]。成都在《控规编制（调整）、审批管理办法》中规定控规"原则上应 5 年内更新一次"，并建立了控规评估机制，控规每年评估一次，且出具控规年度实施评估报告，作为控规修订的依据[4]，这一经验十分值得借鉴。

另一方面，当前控规还没有从"静态蓝图"的模式中跳出来[5]。现行控规多停滞于工程技术层面制定各种规划控制指标和控制要求，在投资项目与投资主体尚不明确的情况下，预先制定出"蓝图"，去管控市场经济环境下多变的建设开发，显然不符合"公共政策是一个动态连续过程"的内涵要义，注定失败。所以，控规本身不应是一个固化的终极理想目标的设定，而应是一个基于资源、环境、安全承载底线要求的，适应城市经济社会发展需要而不断深化完善的动态的公共政策的集合；正因此，北京近年来提出控规"动态维护[6]"制度，"动态维护"使得控规成为一个在实施过程中不断修改完善

---

[1] （美）詹姆斯 P. 莱斯特．公共政策导论（第二版）［M］，北京：中国人民大学出版社，2004：4.

[2] 这不仅仅是控规问题，我国城市规划学科发展过程中一直很缺乏并忽视规划的实施评价研究。

[3] 吴晓松，缪春胜，张莹．法定图则与地方发展框架的比较研究［J］．现代城市研究，2008（12）：6-12.

[4] 深圳市城市规划发展研究中心．控制性详细规划编制与审批办法——研究报告（送审稿）［R］．2009：34.

[5] 唐历敏．走向有效的规划控制和引导之路——对控制性详细规划的反思与展望［J］．城市规划，2006，30（1）：28-33.

[6] 所谓"动态维护"就是按照城市规划有关法律法规的规定，根据城市经济和社会发展需要，针对规划编制中的不足和控规实施过程中出现的新情况和新问题，按照科学发展观的要求，不断探索研究，不断积累经验，在此基础上制定统一的标准和规范的程序，对已批准的城市规划不断进行细化落实、调整修改和完善更新。详见：邱跃．北京中心城控规动态维护的实践与探索［J］．城市规划，2009，33（5）：22-29.

的动态过程，较好地适应了城市社会经济发展变化的需求❶。

4.2.5 修改程序上：程序不完善、公正缺乏

公共政策的本质在于“公共性”，修改公共政策，必须按照严格的公共政策程序进行；程序公正是公共政策顺利实施，不被私人利益“篡改”的有效保障，缺乏程序公正的“简单决策式”的城市规划很可能导致对公共利益的忽略❷。

控规调整制度不完善，控规随意修改、调整成为规划管理中的一大诟病，也是腐败贪污、权力寻租的重要资本和根源，并对规划的科学性和严肃性提出了挑战❸。重庆、成都、海口、昆明等地规划局曾出现的腐败案件很多源自于此❹。

《城乡规划法》（2008）虽规定了严格的控规调整程序要求。但是，控规在使用中面临的挑战就是非常复杂的执行和调整情况，而《城乡规划法》的单一和复杂的调整程序与此相矛盾❺。《城乡规划法》未对控规修改的不同情形做出细分规定，致使控规修正、控规局部调整以及控规修编的审批程序同一化，一定程度造成了控规实施操作的困难。无奈之下，一些城市为规避严格的控规调整程序，采取了控规“编而不批或编而少批”的对策，致使公共政策的程序规定落空。如：南京控规虽然基本完成了主城区控规全覆盖，但截至 2010 年，南京市区共编制控规 100 余项，经市政府批复的仅有 9 项，占编制总数的比例不到 10%，这不利于增强控规的法定性和严肃性，在某种程度上导致规划管理工作较为被动❻。

4.3 控规改革：从工程技术走向公共政策

控规要实现向公共政策的转型，关键是按照公共政策的内涵要求、属性特征、运行原理、程序安排等，重构和完善有关城市土地开发利用的规划知识体系，尤其是要将控规纳入到当前城市社会经济发展转型的宏观背景之中，进行

---

❶ 邱跃．北京中心城控规动态维护的实践与探索 [J]．城市规划，2009，33（5）：22-29.
❷ 魏立华．城市规划向公共政策转型应澄清的若干问题 [J]．城市规划学刊，2007（6）：42-46.
❸ 李江云．对北京中心区控规指标调整程序的一些思考 [J]．城市规划，2003，27（12）：35-40.
❹ 详见：吴高庆，谢忱．封闭循环为规划腐败滋生提供了土壤 [N/OL]．检察日报，2011-06-14（7）[2011-06-26]．http://newspaper.jcrb.com/html/2011-06/14/content_73176.htm.
❺ 段进．控制性详细规划：问题和应对 [J]．城市规划，2008，32（12）：15.
❻ 叶斌，郑晓华，李雪飞．南京控制性详细规划的实践与探索 [J]．江苏城市规划，2010（4）：6.

制度创新和整体架构的优化。简言之，作为公共政策的控规应以体现城市规划的“公共政策性”为目标，调整和优化控规的制度体系，“在规划的思想基础、方法论以及规划程序和步骤等方面都要全面体现公共利益[1]”。

4.3.1 建立以“公正、公平”为核心的价值观

戴维·伊斯顿（David Easton）指出，“公共政策是对一个社会进行的权威性价值分配[2]”。既然是“分配”，那么首先就需要确定分配的价值立场问题。由于公共政策制定是关系到社会、经济、政治发展大局的重大行为，公共政策制定者及相关机构必须坚持社会公正原则，保障公共利益的实现[3]。社会公正是公共政策价值理性范畴的基本准则[4]。因此，控规要向公共政策转型，其前提是要确立以“公正、公平”为核心的价值观。其实，我国城市规划制度创新的关键问题就在于整个理论、工作、运行体系建立在什么样的核心理念之上；一直以来，在实际运行的城市规划体制中最为明显的两条基本线索是人类思想发展史中提出的“公平和效率”问题，尽管理论上对“公平和效率”的争论从未停止过[5]，但“公平”是目标、“效率”是手段的两者关系的本质是清晰的。作为公共政策的控规的制度改革，其核心理念是对“公平”的重新认识，公平性更多地体现在：如何协调不同利益主体的矛盾和冲突（利益主体平衡），如何协调城市近、远期发展的矛盾（代纪发展平衡），如何实现城市经济、社会、环境的可持续发展（综合效益平衡），以及如何构建和谐社会等方面的价值观确立。一定意义而言，如果失去“公正、公平”的价值立场，控规或控规调整很容易会沦为地方政府卖地、开发商获取超额利润的工具，进而背离公共政策属性，这正是现行控规被人诟病的症结之一。

具体制度建设上，在控规编制（即政策制定）阶段，应有制度化的渠道来保障不同利益主体（特别是弱势群体）的合理利益诉求得到有效表达；在控规审批（即政策决策）阶段，需给予不同利益主体民主参与的机会；在控规实施（即政策执行）阶段，应有相关的利益补偿机制；在控规调整（即政策评估调整）阶段，则有基于“公平、公正、公开”的评估调整程序设计以及利害关系人申诉、上诉的渠道等。

---

1. 冯健，刘玉．中国城市规划公共政策展望 [J]. 城市规划，2008，32（4）：33-40，81.
2. （美）戴维·伊斯顿．政治体系——政治学状况研究 [M]. 马清槐译．北京：商务印书馆，1993：122-128.
3. 冯静，梅继霞，庞明礼．公共政策学 [M]. 北京：北京大学出版社，2007：156.
4. 何流．城市规划的公共政策属性解析 [J]. 城市规划学刊，2007（6）：36-41.
5. 王洪．中国城市规划制度创新试析 [J]. 城市规划，2004，28（12）：37-40.

4.3.2 确立保障“公共利益”的政策目标

公共政策学的研究表明，公共政策是公共权力机关经由政治过程所选择和制定的为解决公共问题、达成公共目标、以实现公共利益的方案；谋求公共利益的实现是公共政策的灵魂和目的[1]。作为公共政策的城市规划，必须以“公共利益”为核心，以实现“公共利益”为其政策目标。实际上，作为政策性规划，真正起决定性作用的既不是空间布局的合理性，也不是安全、卫生等技术标准，更不是构图、尺度等形象考虑，而是所有这些因素背后的利益关系，它经常主宰着城市规划的走向和决策[2]。

在我国目前的规划体系中，总规是基础，控规是核心[3]。控规作为政府调控城市建设开发最重要的规划管理依据，直接涉及城市建设中各个方面的利益，是城市政府意图、公众利益和个体利益平衡协调的平台，体现着在城市建设中各方角色的责、权、利关系，是实现政府规划意图、保证公共利益、保护个体权利的“游戏规则”[4]。美国区划（Zoning）制度的经验表明，调控土地开发中的经济利益，协调开发商开发利益与社会公众利益之间的矛盾是区划的核心作用，反映了公共利益为上的原则[5]。因此，作为公共政策的控规，应该以保障和增进土地开发利用的“公共利益”为政策目标，在公共利益中包含社会的共同利益及各个独立社会主体的合法利益，实现不同利益集团的“共赢”。

4.3.3 基于公共政策的控规改革与制度建设

一般而言，城市规划向公共政策的转型要分为三个步骤：①制定出科学合理的公共政策；②这些公共政策在规划行政管理部门的执行过程中不变形、不走样、不变味；③对公共政策执行的绩效进行评估，并将评估建议反馈公共政策的制定机构，由其按照法定的程序做出修改与否的判断[6]。基于此，以公共政策为导向的控规改革与制度建设主要包括以下内容：

---

[1] 宁骚．公共政策学 [M]．北京：高等教育出版社，2003：185-186.
[2] 石楠．城市规划政策与政策性规划 [D]．北京：北京大学环境学院博士学位论文，2005：1.
[3] 仇保兴．城市经营、管治与城市规划的变革 [J]．城市规划，2004，28（2）：8-22.
[4] 蔡震．我国控制性详细规划的发展趋势与方向 [D]．北京：清华大学建筑学院硕士学位论文，2004：34.
[5] Barry Cullingworth，Roger W.Caves.Planning in the USA: Policies，Iissues，and Processes（third edtion）[M].London and New York: Routledge，2009：65-75.
[6] 魏立华．城市规划向公共政策转型应澄清的若干问题 [J]．城市规划学刊，2007（6）：42-46.

（1）思想理念上：注重控规的工具理性与价值理性的统一

如果说传统控规是地方政府用于满足土地出让、调控城市开发的一项技术工具，偏重的是工具理性；那么，公共政策型的控规则是以解决城市土地开发中的负外部性控制、公益性公共设施保障、历史文化与自然环境保护等公共问题为基本出发点，并且以落实城市总体规划确定的城市发展战略、保障公共利益、建设宜居城市、实现城市可持续发展等一致的共同目标作为行动指南，关注的是价值理性，强调的是工具理性与价值理性的统一。因此，公共政策型控规需以问题和目标为双重导向进行控规的编制、审批、实施、评估和调整等。如：控规编制组织上，应摈弃以"卖地"为导向、围绕开发项目"跑"的编制组织模式，而从城市整体发展调控的视角，依据城市近、远期建设发展战略及社会经济发展需求，制定有序的控规编制计划，引导城市土地开发的良性运转。

（2）编制主体上：尝试建立稳定的高素质的控规编制队伍

公共经济学研究表明，公共产品应由公共部门来供给，但这并不意味着这些公共产品就必须由公共部门来生产，即："公共供给"（Public Provision）并不等于"公共生产"（Public Production），公共供给可以由私人由生产；换言之，公共产品的生产可以由公共部门来承担，也可以私人部门来承担，不过其前提是均应将保护公共利益作为首要考量之处，并贯穿于"公共产品"生产过程的始终，否则，政府及社会公众有权不接受此项"不合格产品"❶。前述的控规编制单位"企业化"导致控规编制质量出现了很多问题，其原因不在于设计单位市场化运作与否，关键在于：一是"企业化"的控规编制单位追求设计产值最大化的同时，忽略了企业应有的社会责任心，缺乏对控规重要性的认识，没有自始至终地贯彻以"公共利益"为核心的价值立场，从而出现调研仓促、研究粗浅、后续服务缺失等问题；二是缺乏明确、科学的作为"公共产品"的控规的技术标准、编制要求与监管制度，致使控规编制的过程与成果均缺乏质量监控。

所以，控规作为调控城市开发的公共政策，其编制是一项政府行为，代表全民的共同利益❷。控规的专业性、政策性以及需不断动态跟踪、检讨、优化等特征，客观要求控规编制需要有稳定的高素质队伍。实践操作上，条件许可

❶ 余建忠．政府职能转变与城乡规划公共属性回归［J］．城市规划，2006，30（2）：26-30.

❷ 唐历敏．走向有效的规划控制和引导之路——对控制性详细规划的反思与展望［J］．城市规划，2006，30（1）：28-33.

地区，可成立独立的控规编制与维护的专业队伍，如：深圳2008年成立的全市第一家法定机构——深圳市城市规划发展研究中心，专门负责法定图则的编制、技术监理及动态维护等工作；或是依托规划局直属的事业单位（市规划院、市规划编研中心）来承担。对于规划技术力量不足地区，则可以经济合同的方式，委托对本地情况熟悉的控规编制单位进行编制，并提供编制完成后的控规动态维护工作；而且特别在合同中明确控规制定的要求和标准，如：要求进行公众意愿调查、分析利害关系人的诉求、协调利益群体之间的冲突、协助进行控规的动态更新等。

（3）控规制定上：参与主体多元化、提高编制者的政策分析与社会协调能力

首先，政策制定，又称政策规划，指的是为解决某个政策问题而提出一系列可接受的方案或计划，并进而制定出政策的过程❶。在现代公共政策过程中，除了那些机密性和紧密性程度很高的政策规划可以由政府独自完成外，政策规划主体的多元化在世界范围内已经成为一种发展趋势❷。土地有偿使用之后，随着市场经济的深入发展，控规已逐步成为调控城市土地开发利益分配的重要工具，因此，控规要向公共政策转型，控规编制作为一种政策规划，亟待将以往那种政府单一主导的编制模式扭转为政府、开发者、利害关系人、公众等不同利益主体共同参与的过程，推进控规编制参与主体的多元化，以保证利益诉求的充分表达、利益冲突的平等博弈和利益损益的相对补偿与平衡。

其次，随着市场经济的深入发展，城市社会经济转型的加快，城市建设开发中的利益主体日趋多元化，由于城市土地与空间资源的有限性与稀缺性，城市开发中的利益矛盾和冲突不断涌现，城市规划为此不得不面对日益复杂的利益协调问题。控规，作为城市开发利益协调与分配的重要工具，其编制不仅仅是一项"显性"的规划方案制定，更是"隐性"的不同利益主体之间利益诉求与利益平衡的过程。规划不仅必须解决不同背景、价值、期望及需要之间的矛盾，还要解决不同利益集团之间的冲突❸。这就需要规划师在财产所有者、开发商、公众代表、技术专家以及官员之间进行建议、谈判与沟通，以便将规划承诺转化为现实；规划师需要分析财政资源、调整土地开发、提出和评估长远的增长

---

❶ 冯静，梅继霞，庞明礼．公共政策学[M]．北京：北京大学出版社，2007：154.

❷ 宁骚．公共政策学[M]．北京：高等教育出版社，2003：337.

❸（美）国际城市（县）管理协会，美国规划协会．地方政府规划实践[M]．张永刚，施源，陈贞译．北京：中国建筑工业出版社，2006：13.

选择、评估环境风险、教育公众等，将潜在的冲突转化为合作的机会；规划师应成为协调与沟通社区诉求与其他要求的重要角色，必须密切注意他们所服务的人口的特征和需求，要及时发现不公平并确实解决这些不公平[1]。正如英国Healey教授指出的，面对利益主体的多元化，规划师是不同利益主体之间利益矛盾和冲突的协调者[2]。所以，控规编制中，不仅需要对控规编制人员进行完善的专业技术训练，更为重要的是需培养控规编制人员的政策分析能力与社会协调能力。

（4）控规运作上：加强控规运作的开放度

公共性是政策的基本属性，离开了公共性，公共政策就有可能变为某些个人、团体、阶层谋取私利的工具[3]。当前，我国城市规划的最大问题是作为公共政策核心的公共性缺失，使之不能担当对社会利益进行权威性分配和调节的权能；要扭转这一局面必须进行规划转型，城市规划要从政府实现经济发展目标的技术工具，向完善市场经济下政府公共政策的转变[4]。控规作为调控城市开发的规划管理核心层次，直接涉及政府、居民和开发商的利益，需要多元主体的共同参与，因此，注重控规的公共性，加强控规运作的开放度十分关键。

此外，公共政策决策是一个充满风险、冲突、挫折、错误甚至是激烈对抗的过程[5]。研究指出，与其说公共政策是决策者制定的，不如说是决策者“选择”的，它是相互竞争的利益群体在利益冲突中达成平衡的产物，政府的公共政策不过是它们之间周旋的一种平衡机制[6]。这种选择是政府对社会各个阶级、阶层、部门、地方、职业等的个人和群体提出的利益诉求进行的选择、综合和排序；理论而言，政府会选择那些与社会整体利益一致的方面，但由于每个选择都体现着政策主体的偏好，这种偏好性又是公共政策的根本属性之一，公共权力机

[1] 魏立华．城市规划向公共政策转型应澄清的若干问题[J]．城市规划学刊，2007（6）：42-46.

[2] Healey，P.A Planner's Day: Knowledge and Action in Communicative Practice[J]. Journal of the American Planning Association，1992，58（Winter）：9-20.

[3] 冯静，梅继霞，庞明礼．公共政策学[M]．北京：北京大学出版社，2007：5.

[4] 陈锋．转型时期的城市规划与城市规划的转型[J]．城市规划，2004，28（8）：9-19.

[5] 唐贤兴，唐豫鹏．社会转型时期的公共政策：走出短期化的诱惑[J]．中共福建省委党校学报，1997（2）：11-17.

[6] 樊纲．渐进改革的政治经济学分析[M]．上海：上海远东出版社，1996.

关在政策过程中所做的选择，也会发生政府的偏好受政府自利性[1]影响的问题，进而导致不利于增进公共利益[2]。因此，为了确保公共政策过程的“公正、公平”，必须增强公共政策过程的开放度、透明度，将政策选择置于“阳光”之下：①使不同利益群体的切身诉求得到有效表达；②使不同利益群体之间的利益矛盾与冲突得到充分沟通和博弈；③利于社会监督，最大限度地减少政府选择受到利益集团及自身自利性的影响等。基于此，特别需要加强、加大控规运作过程的开放度，从控规编制到审批决策、实施、调整全过程，应通过制度建设允许、鼓励和保障不同的社会团体、利害关系人以及公众参与进来，使得公众参与不仅仅停留在假（非）参与或形式上的参与[3]，而是真正的参与到控规编制，特别是控规的决策选择中来。

（5）系统构成上：增加控规的评估、反馈环节

公共政策是一个不断“试错”的过程，需要众多利益相关者的充分参与和博弈，耗用的时间较长，既然是“试错”，必然要有必要的反馈[4]。因此，政策评估是政策过程中的一个重要环节。通过政策评估，人们得以判断政策目标的实现程度，政策措施的预期效果，政策执行的实际障碍，政策过程的经验教训等;政策评估能够决定政策的基本走向（如:政策持续、发展、调整或终结等），对提高政策制定水平和政策执行质量都有积极的影响[5]。所以，现行控规体系中，控规实施评估机制亟待建立，特别需要对控规实施的评价目标、评价体系、评价方法、评价标准、评价内容、评价主体等展开深入研究。

（6）机制保障上：注重控规运作的程序性内容的建设

公共政策的核心目标是要实现公共利益，但对于什么是公共利益的问题，一直存在诸多理解和争议。研究表明，从实体上来定义公共利益，一定意义上说是一个伪命题，公共利益是作为一种规则或程序而存在的[6]。摆脱实

---

[1] 理性选择学派从“经济人假设”出发研究政府与人民的关系，发现政府具有自利性并谋求自身利益的最大化；政府利益是指政府系统自身需求的满足，如权力、业绩、信誉与形象，工作条件与人员的收入和福利等。详见：宁骚．公共政策学［M］．北京：高等教育出版社，2003：195.

[2] 宁骚．公共政策学［M］．北京：高等教育出版社，2003：195-196.

[3] S.R.Arnstein 把公众参与分为三类：假（非）参与、象征性参与和实质性参与，操作性参与和教育性参与都归属于假（非）参与。参见 S.R.Arnstein 的公众参与阶梯理论，详见：Arnstein S R.A Ladder of Citizen Participation[J].Journal of American Institute of Planners，1969，35（4）：216-224.

[4] 魏立华．城市规划向公共政策转型应澄清的若干问题［J］．城市规划学刊，2007（6）：42-46.

[5] 谢明．公共政策导论［M］．北京：中国人民大学出版社，2009：231-237.

[6] 徐键．城市规划中公共利益的内涵界定［J］．行政法学研究，2007（1）：68-73，81.

体上界定“公共利益”的窠臼，转向对程序或规则的关注，已成为多元社会下公共利益突围的主流[1]。正如Sorauf 指出，公共利益并不是某些具体的、实质性的目标，而是存在于不同利益主体之间利益矛盾的调解过程之中[2]。公共政策的正义性或公共利益，只有通过程序才可以在具体的公共政策中呈现出来，才可以得到真正的实现[3]。因此，公共政策的程序建设和程序正义十分重要。

所谓公共政策程序正义是指在公共政策的制定、执行、监督、评价与终止的过程与各个环节中，依照宪法与行政法规的要求，按照法定的顺序、方式与步骤作出政策选择与政策性的行动，以最有效的方式实现公共利益，并充分保障公民民主权利、尊重公民作为人而具有的尊严的制度性选择与行动秩序总和[4]。规划的核心问题是利益协调问题，这决定了不能按照一般的技术或工程问题进行规划决策，而应该按照政治学的程序进行民主决策，要从制度上保证社会不同利益群体有公平的机会参与到规划决策程序中来，必须彻底改变由少数社会精英把持城市规划的局面[5]。因此，现行控规中，只重视工程技术，忽视法律程序[6]的状况亟待改变，特别需要建立土地开发中利益博弈的程序，并秉持程序的公正，具体应包括：控规的公众参与程序、审查审批程序、实施调整程序、监督反馈程序等。

（7）成果表达上：立足城市开发的公共问题，简化内容并运用政策性语言

现行控规中控制内容繁杂、重点不突出，在“刚性不刚”的同时，又表现出“弹性”不足[7]；控规强求统一、面面俱到，不必要的控制指标反而影响实施效果，不成熟、没有把握的控制，势必导致更坏的结果，与控规的初衷相悖[8]。任何公共政策都是为了解决特定问题而制定的，公共政策问题的认定是公共政策过

---

❶ 王勇．论“两规”冲突的体制根源——兼论地方政府“圈地”的内在逻辑 [J]. 城市规划，2009，33（10）：53-59.

❷ Frank J.Sorauf，The Public Interest Reconsidered[J]. The Journal of Politics，1957，19（4）：616-639.

❸ 许丽英，谢津粼．公共政策程序正义与公共利益的实现 [J]. 学术界，2007（4）：177-181.

❹ 许丽英，谢津粼．公共政策程序正义与公共利益的实现 [J]. 学术界，2007（4）：177-181.

❺ 石楠．试论城市规划中的公共利益 [J]. 城市规划，2004，28（6）：20-31.

❻ 付予光，孔令龙．浅谈控规的适应性 [J]. 规划师，2003，19（8）：64-67.

❼ 周岚，叶斌，徐明尧．探索面向管理的控制性详细规划制度架构—以南京为例 [J]. 城市规划，2007，31（3）： 14-19，29.

❽ 付予光，孔令龙．浅谈控规的适应性 [J]. 规划师，2003，19（8）：64-67.

程的起点，也是整个政策运行过程中非常关键、困难和重要的一步[1]。美国知名政策分析专家邓恩（William N. Dunn）教授就曾指出，发掘政策问题在整个政策分析过程中十分关键，问题如果找对了，将事半功倍[2]。基于公共政策的控规，必须摒弃以往内容繁杂的做法，避免面面俱到、泛而无物，而应针对城市开发中具有广泛社会影响性的公共问题，如：具体开发项目负外部性的控制、公益性公共设施的保障、历史文化与自然环境的保护等，有重点地确定控规的编制内容，增强控规的针对性和实效性。此外，在控规成果表达上，则需用政策性语言代替以往的规划技术性语言，制定相应的政策指引，使之既利于规划主管部门的日常操作与管理实施，又易于被社会公众所理解和遵循。从控规的公共政策属性来看，控规的内容应该以土地和空间利用的政策表达为主，“具体主要包含三方面：书面声明本地区空间开发和土地使用的详细政策；说明这些政策的地图；适合在规划中解释或说明的建议或法规所规定的图表、插图或其他描述事务”[3]。

4.4 本章小结

厘清控规在城市开发控制中的属性定位，是控规制度建设与优化的前提。本章借鉴公共政策学的基本原理，首先，从公共政策的概念内涵、功能效用和分类层次三个方面对控规进行论证，指出：控规在本质上是一种有关城市土地与空间资源利用的公共政策。然后，通过对当前控规公共政策属性缺失的现状分析，辨明造成这一状况的原因主要在于：①制定主体上，控规编制组织者“功利化”与控规编制单位“企业化”并存；②编制思维上，则被工程技术思维所主导；③控规运作上，操作封闭、社会参与度低；④体系构成上，缺乏实施评估的反馈环节；⑤修改程序上，制度不完善、公正缺失等五大方面。为推动控规向公共政策的转型，控规，首先应确立“公正、公平”的核心价值观和“保障公共利益”的政策目标；其次，要基于公共政策进行控规改革和制度建设，主要包括：

---

[1] 冯静，梅继霞，庞明礼．公共政策学 [M]．北京：北京大学出版社，2007：135.

[2] William N. Dunn, Public Policy Analysis: An Introduction[M], 2nd ed., New Jersey: Prentice Hall, 1994: 2-3.

[3] 谢惠芳，向俊波．面向公共政策制定的区域规划——国外区域规划的编制对我们的启示 [J]．经济地理，2005，25（5）：604-606，611.

1）思想理念上：注重控规的工具理性与价值理性的统一；

2）编制主体上：尝试建立稳定的高素质的控规编制队伍；

3）控规制定上:参与主体多元化,提高编制者的政策分析与社会协调能力;

4）控规运作上：加强控规运作的开放度；

5）系统构成上：增加控规实施的评估、反馈环节；

6）机制保障上：注重控规运作的程序性内容的建设；

7）成果表达上：立足城市开发的公共问题，简化内容并运用政策性语言。

第五章 原理探寻：控规“为谁而做、作何而用、控制什么”

2008 年《城乡规划法》实施后，推进控规改革成了规划界的热点话题，如：2008~2010 年，中国城市规划年会连续三届分别设置了题为“控规的问题和应对、控规控什么、何去何从话控规”的专题论坛，反映了对控规的高度关注。总结来看，目前控规探讨主要集中于技术革新与制度探索两大方面[1]：前者主张创新控规编制技术，提高控规的“科学性”，如：加强经济分析[2]、城市设计研究[3]、新技术新方法探讨[4]、探索分层分级控制[5]等；后者则强调控规运作的程序建设[6]，试图通过制度完善，增强控规的“适应性”，如：探索控规的动态维护[7]、加强公众参与[8]、推进控规决策的民主化与控规调整的制度化等[9]。但迄今为止，这些探讨尚未达成共识，控规很多问题仍悬而未决。对此，溯本逐源，除了需厘清控规在开发控制中的属性定位之外，在纷繁的讨论中，似乎忽视了对控规“为谁而做、作何而用、控制什么”等基本原理的研究，致使控规的技术创新与制度建设方向不明，改革难有成效。这一状况，亟待改变！

5.1 迷茫：控规认知分歧

在中国社会主义市场经济快速发展的今天，城市土地使用方式由无偿划拨转变为有偿使用和行政划拨并存，建设方式由统一建设转变为市场开发为主，城市发展的动力机制由国家全权计划转变为地方政府、开发商、社会公众、城市规划师等各方主体之间互动的利益关系推动发展；我国城市规划工作中原来的单一的利益主体（国家 / 政府）逐步分化为目前的政府、规划师、开

---

❶ 汪坚强，于立．我国控制性详细规划研究现状与展望 [J]．城市规划学刊，2010（3）：87-97.

❷ 赵守谅，陈婷婷．在经济分析的基础上编制控规——从美国区划得到的启示 [J]．国外城市规划，2006，21（1）：79-82.

❸ 孙晖，栾滨．如何在控规中实行有效的城市设计 [J]．国外城市规划，2006，21（4）:93-97.

❹ 刘奇志，宋中英，商渝．城乡规划法下控制性详细规划的探索与实践——以武汉为例 [J]．城市规划，2009，33（8）：63-69.

❺ 汪坚强．迈向有效的整体性控制——转型期控制性详细规划制度改革探索 [J]．城市规划，2009，33（10）：60-68.

❻ 徐忠平．控制性详细规划工作的制度设计探讨 [J]．城市规划，2010，34（5）：35-39.

❼ 邱跃．北京中心城控规动态维护的实践与探索 [J]．城市规划，2009，33（5）：22-29.

❽ 邹兵，陈宏军．敢问路在何方？由一个案例透视深圳法定图则的困境与出路 [J]．城市规划，2003，27（2）：61-67.

❾ 林观众．公共管理视角下控制性详细规划的适应性思考 [J]．规划师，2007，23（4）：71-74.

发商及公众四大利益主体[1]。利益主体的多元化，利益诉求的差异化，致使不同利益主体对控规“作何而用、为谁而做、控制什么”等基本原理的认知存在较大分歧。

5.1.1 控规成了地方政府进行土地出让、获取土地收益的工具

1994年分税制改革后形成的财政体制下，中央和地方之间财权和事权形成了新的分配方式，地方政府逐步成为独立的利益主体，但同时大量的公共产品由其承担，地方政府的财权与此并不匹配，地方政府必须寻找新的财源[2]。而1988年土地有偿使用制度实施后，土地成为市场经济下地方政府所能掌控的最大资源，土地出让收益成了地方政府预算外资金的主要来源，为此，很多城市热衷于通过土地出让来增强城市财力，筹集城市建设与发展的资金，“土地财政”由此而生（图5-1）。这也正是近年来很多地方政府土地收益在地方财政收入中的比例节节高升的重要原因（图5-2）。正因此，尽管控规本应是地方政府贯彻实施总规和国家相关政策，有序调控城市建设开发，保障公共利益的重要工具，具有较强的“政策性”，但是，由于控规中的控制指标（特别是容积率），直接关系到开发商的开发利润，并决定了地方政府土地出让收益的高低，因而，地方政府对控规“经济性”的关注远超过了其“政策性”。据笔者调查，山东省某县级市控规编制之初，市领导就明确要求所有开发地块容积率不得低于3.0[3]；而不少城市的土地出让之前，地方政府明确指示要调高控规容积率之后再进行土地出让，都是源于土地收益的考量。所以，从这个意义上看，控规实质上成了地方政府进行土地出让，获取土地收益最大化的“有效工具”。

5.1.2 控规是规划主管部门进行项目开发许可的行政依据

从规划体系来看，控规是“承上启下”的关键性规划层次，其重点是将总规中有关城市发展战略的宏观调控转化为对具体开发地块的微观控制，以贯彻实施总规，保证城市发展的整体利益和长远利益。从规划管理与实施的视角看，控规则是直接面向开发地块的规划调控层次，重点保障公共服务设施、基础设施、公园绿地等“公共产品”的合理配套，并调控

---

[1] 吴可人，华晨．城市规划中四类利益主体剖析［J］．城市规划，2005，29（11）：80.

[2] 田莉．有偿使用制度下的土地增值与城市发展［M］．北京：中国建筑工业出版社，2008：74.

[3] 2010年10月4日，笔者对中国城市规划设计研究院某高级规划师的调研访谈记录。

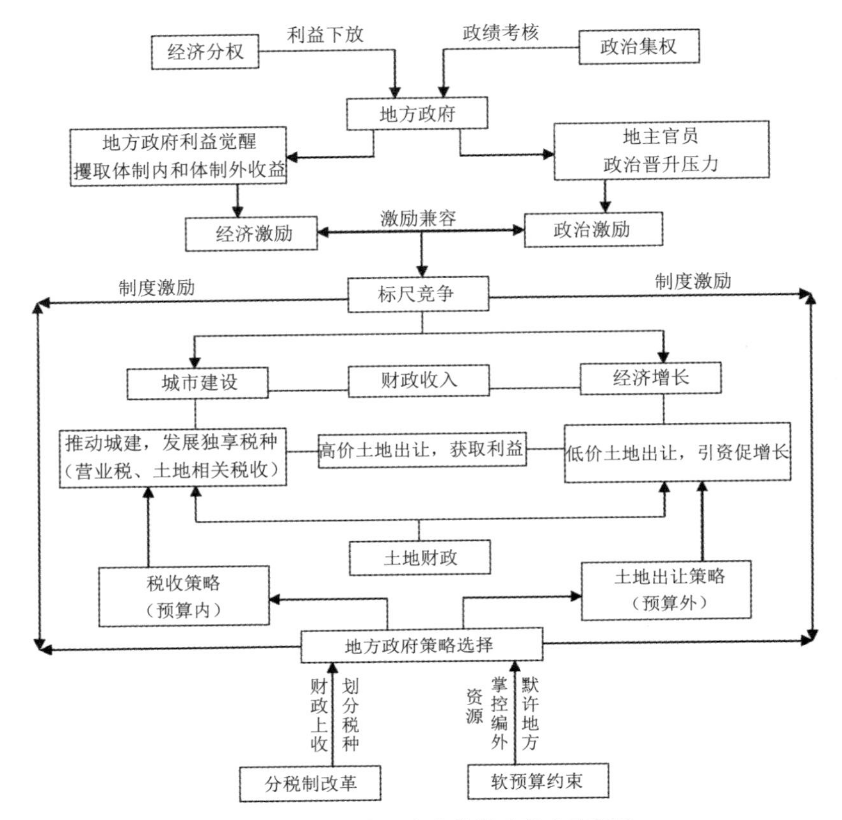

图 5-1　制度变迁中土地财政形成示意图

资料来源：刘锦．“土地财政”问题研究：成因与治理——基于地方政府行为的视角［J］．广东金融学院学报，2010，25（6）：41-53.

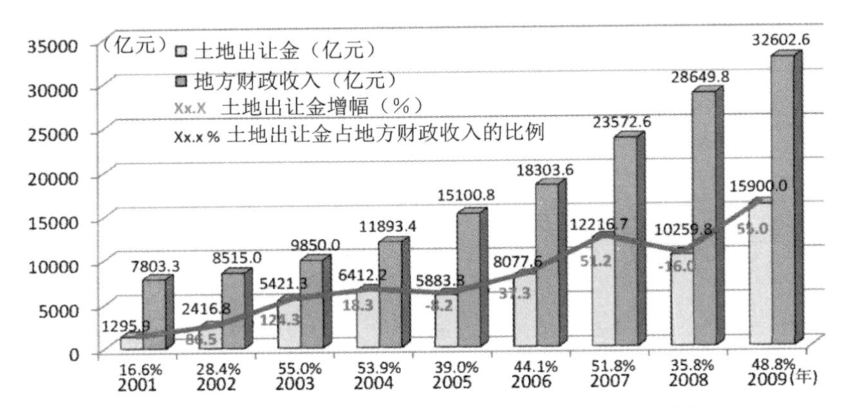

图 5-2　2001-2009 年中国国有土地出让金与地方财政收入的比例关系

资料来源：《2002-2010 年历年中国统计年鉴》、《2009 年中国国土资源统计年鉴》、徐绍史 2011 年 1 月 7 日在“2011 年全国国土资源工作会议”上的报告．

项目开发可能产生的不利影响。因此，控规是规划主管部门贯彻实施总规、将分散开发整合到城市整体发展战略之中，进行具体项目规划许可的行政依据[1]。

5.1.3　控规是开发商进行投资开发的基准信息和市场规则

市场经济因为有规则而使自由竞争能有序进行，土地开发如同交通出行，城市规划如同交通规则，其目的是在于建立土地开发市场的秩序；如果一个未开发地区的土地利用前景未明，土地开发投资将会裹足不前，害怕万一有不利的土地开发项目随后出现，导致巨额投资收效甚微[2]。所以，城市规划是政府对未来城市发展的"承诺"，它使开发商提前对自身利益情况加以判断，以对未来行为加以选择[3]。由于待开发地块的开发强度、交通可达性、周边配套以及环境条件等，是直接关系开发利润的核心要素，这些又基本由控规确定，因此，控规，特别是其中具体开发地块的控制指标直接成为开发商进行土地竞拍报价的基准信息和未来开发建设的市场规则[4]。

5.1.4　控规是公众维护自身合法权益和进行城市建设社会监督的重要依据

对于作为土地权属人的公众而言，控规的确定就意味着土地权属人不动产市场价值的相对确定。而对于作为开发地块利害关系人的公众而言，由于"土地开发是具有外部性的行为，会不可避免地对城市整体和周边土地价值产生正面或负面的影响[5]"，控规作用之一就是要调控土地开发的负面影响，因而，控规是开发地块利害关系人不动产价值不受侵犯的重要法律保障。此外，《城乡规划法》第9条规定，任何单位和个人都有权就涉及其利害关系的建设活动是否符合规划的要求向规划主管部门查询，并有权向规划主管部门或者其他有关部门举报或者控告违反城乡规划的行为。所以，控规是公众维护自身合法权

---

[1] 根据《城乡规划法》，控规是规划主管部门核发开发项目建设用地规划许可证与建设工程规划许可证的主要依据。

[2] 朱介鸣．市场经济下的中国城市规划[M]．北京：中国建筑工业出版社，2009：41.

[3] 张昊哲．基于多元利益主体价值观的城市规划再认识[J]．城市规划，2008，32（6）：86.

[4] 尽管开发商往往会在获得土地使用权后，会想方设法"拱高"自身地块的容积率，以获取超额开发利润，但是他们却要求有严格的规划（即"市场规则"）规定相邻地块的开发要求，以避免对自身开发产生不利。

[5] 袁奇峰，扈媛．控制性详细规划：为何？何为？何去？[J]．规划师，2010，26（10）：6.

益不受侵犯和进行城市建设社会监督的重要依据[1]。

5.1.5 控规成为中央政府、上级政府对地方政府进行规划督察的重要工具

《城乡规划法》条件下的控规已从政府内部的"技术参考文件"变成了规划行政管理的"法定羁束依据"，它强化了法律对规划行政的控制，控规主要是控制政府及其规划主管部门[2]。近年来，重庆、昆明、海口、成都等地涉及控规的腐败案件频发[3]，既影响了控规的严肃性与权威性，更损害了公共利益。为此，中央及上级政府特别要求通过控规来明确地方政府在城市开发中的职责边界。一方面，对规划"刚性"的追求有利于明确部门管理权限，加强对行业的监控；另一方面，还可以通过规划督察，监控地方规划机构，控制行业腐败[4]。住房和城乡建设部与监察部于2008年12月就曾联合发布《关于加强建设用地容积率管理和监督检查的通知》，要求严格"容积率指标的规划管理、容积率指标的调整程序、核查建设工程是否符合容积率要求"，以加强建设用地容积率的管理监督。从这个意义来看，控规已成为中央及上级政府对地方政府及其规划管理部门进行规划督察的重要工具。

5.2 溯源：市场经济下的城市规划

社会主义市场经济下，利益主体的多元化，导致对控规认知的分歧，致使控规"为谁而做、作何而用和控制什么"等基本问题陷入迷茫。《城乡规划法》实施后，控规已成为我国法定城乡规划体系的核心环节[5]，为此，控规基本原理的探讨，应溯本逐源，回归到对市场经济下城市规划的由来、作用和问题等基础研究之上。

---

1. 由于地方政府拥有控规编制的计划权、财政权、审批权及控规实施与监督权，开发商拥有市场资本（易与地方政府形成城市增长联盟）、规划管理者拥有控规实施管理权，加上信息不对称，上级与中央政府无法获知准确控规信息，所以，尽管法律赋予了公众参与控规权力，但实践中，往往被异化或被忽视。
2. 赵民，乐芸．论《城乡规划法》"控权"下的控制性详细规划——从"技术参考文件"到"法定羁束依据"的嬗变［J］．城市规划，2009，33（9）：29.
3. 吴高庆，谢忱．封闭循环为规划腐败滋生提供了土壤［N/OL］．检察日报，2011-06-14（7）［2011-06-26］．http://newspaper.jcrb.com/html/2011-06/14/content_73176.htm.
4. 袁奇峰，扈媛．控制性详细规划：为何？何为？何去？［J］．规划师，2010，26（10）：7.
5. 邵润青，段进．理想、权益与约束——当前我国控制性详细规划改革反思［J］．规划师，2010，26（10）：11.

5.2.1 由来：城市土地开发的"市场失灵"

市场经济意味着没有经济计划，只有管治，如合同、劳工法、污染控制等；既然自由经济发展不需要规划，为何土地使用需要规划管理？从世界经验来看，即使资本主义国家，土地业主也并不能完全按照自己意愿开发私有土地，土地市场不是一个自由市场[1]。城市土地开发需要规划调控，主要是因为土地开发中存在"市场失灵（Market Failure）"。

（1）市场失灵

经济学家指出，市场并非万能，即使市场机制的作用充分发挥时，也解决不了所有的问题，这就是市场失灵。西方经济学对市场失灵的判断，是建立在意大利经济学家帕累托提出的"帕累托效率"原理基础上的：帕累托效率是指当经济运行处于这样一种状况，即在给定的要素价格下，任何要素投入的重新配置都不可能使总产出量增加，或者在给定的收入分配状况下，任何再分配措施都不可能在不使其他任何人境况变坏的情况下而使一个人的境况较前变好，这时，经济运行处于一种最佳状态，也就是处于市场最有效率的状态；否则，市场失效或者市场失灵就会产生[2]。现在许多西方经济学家认为以往对市场失灵的看法是有局限性的，市场失灵必须扩大到包括市场对权力结构和人文发展进程两个方面的影响；他们认为，在资源的配置过程中，有些活动是合乎需要的活动，也有些活动是不合乎需要的活动；只有能够保证合乎需要的活动持续进行并停止不合乎需要的活动的价格——市场制度，才是有效率的[3]。因此，所谓市场失灵，意指维持"合乎需要"的活动或停止"不合需要"的活动（活动包括消费和生产）的价格——市场制度偏离理想化状态，简言之，即市场对资源配置出现低效率[4]。

市场失灵理论的三个主要内容为：垄断、外部性和公共产品；1970年代以来，由于对垄断现象认识的进一步加深，许多人认为，适度的垄断甚至比自由竞争更有利于资源配置；于是，在市场失灵理论这个范围内，对垄断谈得少了，而相应更集中于外部性和公共产品，因此，现代市场失灵理论的

---

[1] 朱介鸣．市场经济下的中国城市规划 [M]．北京：中国建筑工业出版社，2009：40.
[2] 蔡宇平．论西方市场失灵理论的局限性 [J]．财政研究，2000（8）：49.
[3] 王冰．市场失灵理论的新发展与类型划分 [J]．学术研究，2000（9）：37.
[4] 胡代光，周安军．当代国外学者论市场经济 [M]．北京：商务印书馆，1996：16-17.

核心点就是对外部性和公共产品的研究[1]。城市土地开发的“市场失灵”亦不例外[2]。

（2）城市土地开发中的“市场失灵”

城市土地开发中的“市场失灵”主要集中在外部性（Externality）和公共产品（Public Goods）两个方面。外部性又称外部效应，是指消费者或生产者的消费或生产过程或其提供的商品和服务，对外部产生有利或不利的影响；产生有利影响的，称作正的外部效应（正外部性）；产生不利影响的，称为负的外部效应（负外部性）[3]。城市土地开发的外部性，则是指城市土地开发对于周边所产生的正面或负面的影响，如：污染性工业建设会对周边居住地块将产生“负外部性”，导致周边房地产价值贬值；而公园建设，则会对周边地块带来“正外部性”，促进周边房地产升值，提高周边居民生活品质。城市开发如果没有政府控制，开发商追求高额利润的本性就可能损害城市和临近土地的利益[4]，城市开发的“负外部性”是造成城市土地开发“市场失灵”的主要原因。“由于土地使用的外部性，即使有区划条例的存在，市场机制也不可能产生完美的土地使用；因此，土地市场大量外部性的存在是政府干预的主要原因；政府往往通过法规条例等手段来对土地市场的外部负效应进行最小化[5]”。

公共产品，是指这样一些物品或服务，它们可供每个人消费，没有人会被排除在外而从中受益，如国防、排水及废物处理服务等；城市建设中的公共产品包括学校、道路、公园等公共设施、基础设施与开放空间。公共产品具有非竞争性和非排他性两大特征，非竞争性指当一个人对一种物品的消费并不会减少他人可使用的数量，非排他性则指每个人不管是否付费都能从一种物品中受益[6]。这引发了两个问题：①搭便车问题，免费享受公共物品而不付费，致使供给方在市场条件下，无从获得其优化配置生产的收益指标；②偏好显示不

---

[1] 刘辉．市场失灵理论及其发展[J]．当代经济研究，1999（8）：40.

[2] 市场失灵还可分为原始的市场失灵和新的市场失灵：前者是与公共物品、外部性相联系的市场失灵；后者则是不完全信息、信息不对称等造成的市场不完备（王冰，2000）。由于规划是政府对城市未来发展的“承诺”，其作用之一就是解决城市开发中信息不完全或信息不对称问题。为此，本书重点仍放在对原始的市场失灵分析之上。

[3] 王宏军．论市场失灵及其规制方法的类型[J]．经济问题探索，2005（5）：127.

[4] 袁奇峰，扈媛．控制性详细规划：为何？何为？何去？[J]．规划师，2010，26（10）：6.

[5] 田莉．有偿使用制度下的土地增值与城市发展[M]．北京：中国建筑工业出版社，2008：13.

[6] （英）迈克尔·帕金．经济学（第八版）[M]．张军，等译．北京：人民邮电出版社，2009：304-340.

真实，消费者不愿意真实表达自己对公共物品的主观需求状态，致使公共物品生产者的需求曲线无法确定[1]。由于杜绝消费公共产品而不付钱的搭便车者的费用太高，以至于追求利润最大化的私人厂商都不愿意供应这类产品[2]，所以，导致"市场失灵"。

5.2.2 作用：城市规划是政府干预土地开发市场、防止"市场失灵"的政策工具

城市土地开发是一种具有明确"外部性"的经济行为，它会对周边土地价值乃至城市整体产生正面或负面的影响，因而需要控制；但如何控制城市开发的"外部性"呢？对此，"主要有两种观点：一种是庇古（Pigou，1920）提出的征税，即对侵害的一方征收相当于对别人造成的社会收益损失的税，以使成本内在化；另一观点则是著名的科斯（Coase，1960）定理，即为两种竞争的用途提供一个机会，来决定谁来承担共同费用[3]"。

庇古认为外部性问题不能通过市场来解决，而需要政府的干预，但其隐含的假设是：政府干预的零成本与政府是公共利益的守夜人，其行为以增进公众福利为目标。然而，现实中，一是政府干预不可能零成本，二是政府也是"经济人"，有着自己的利益，其对外部性的干预行为未必一定是出于公共利益的考虑，如有时出于政绩的需要或是谋取官员的个人私利等。因此，庇古试图通过政府干预的方式来解决外部性问题有些理想化。

科斯则认为外部性源于市场本身的不完善，它可以通过市场财产权明晰界定后的自由市场交易来解决。他认为只要产权关系明确地予以界定，私人成本和社会成本就不可能发生背离，而一定会相等；虽然权利界定影响到财富的分配；但如果交易费用足够小，就可以通过市场的交易活动和权利的买卖，来实现资源的配置[4]。他指出，庇古的简单征税可能引起一方的受损超过另一方的得益，因此带来社会总效应的丧失；基于社会总效益出发，解决方法不是简单制裁产生负面影响的一方，而是建立一份双方认可的契约，使

---

[1] 刘辉．市场失灵理论及其发展 [J]. 当代经济研究，1999（8）：42.

[2] （美）罗伯特•考特，托马斯•尤伦．法和经济学 [M]. 张军，等译．上海：上海三联书店出版社，1991：61.

[3] （美）丹尼尔•W•布罗姆利著．经济利益与经济制度——公共政策的理论基础 [M]. 陈郁等译．上海：上海三联书店，上海人民出版社，2006：71 .

[4] 刘辉．市场失灵理论及其发展 [J]. 当代经济研究，1999（8）：41.

相关各方共同承担“外部效应内部化”的责任[1]。因此，理论上存在利用市场的手段解决城市土地开发的“外部性”问题的可能，前提是双方权利的事先确定。事实上，西方资本主义发展早期，相邻土地业主在土地产权方面以契约的方式相互制约，例如，房屋的使用不能产生持续噪声，房屋前的空地必须保持，房屋必须退后地块边界若干米等等，区划就是在契约的基础上发展起来的[2]。

但是，关于外部性，斯蒂格里茨（Stiglitz，1986）对科斯的观点提出了三点异议：①当受损者人数众多时，科斯定理解决不了“搭便车[3]”问题，政府干预必不可少；②外部性涉及人数众多时，他们自愿组织起来试图使外部性内在化，其成本是巨大的；③建立一系列财产权反而容易导致低效率，因为权利的实现需要成本[4]。城市由于人口密集，搭便车者多，为解决外部性问题，需要调解的对象众多，达成协议的成本高昂，因此，用市场的方法很难处理外部性造成的市场失灵问题，城市土地开发需要合适的政府干预。

关于公共产品问题，萨缪尔森（Pual A.Samuelson，1954）在《公共支出的纯理论》、巴托（Francis M.Bator，1958）在《市场失灵的剖析》书中，运用传统的均衡分析方法，得出公共物品的生产在市场条件下无法得到确切均衡解的结论；尤其是萨缪尔森认为，无解的原因是由于自利行为下，消费者偏好无法通过市场来表达，而且消费者对公共品的需求是联合和集中的，与市场的分散决策特征在内部存在着本质的区别[5]。所以，作为城市运转与居民生活所必需的公共产品，由于无利润或利润低、投资大、回收周期长等特点，市场无法自动提供，政府干预必不可少。

总之，因为土地开发中存在“负外部性和公共产品”问题，政府调控十分必要，城市规划是政府干预土地开发市场，防止“市场失灵”的政策工具。

5.2.3 问题：城市规划干预存在“政府失灵”

由于存在“市场失灵”，为保证市场机制的有效运行，发挥市场在资源

---

[1] 田莉．有偿使用制度下的土地增值与城市发展［M］．北京：中国建筑工业出版社，2008：8.
[2] 朱介鸣．市场经济下的中国城市规划［M］．北京：中国建筑工业出版社，2009：28.
[3] “搭便车”现象，是指某些人或团体在不付出代价或付出极小代价的情况下从他人或社会获得收益的行为。
[4] 刘辉．市场失灵理论及其发展［J］．当代经济研究，1999（8）：41.
[5] 刘辉．市场失灵理论及其发展［J］．当代经济研究，1999（8）：42.

配置中的基础性作用，政府需要对市场进行适宜的干预和调节，以纠正或弥补市场缺陷，从而恢复市场功能。但是，正如"市场不是万能"一样，政府干预亦非十全十美，政府同样存在缺陷和失灵。公共选择理论奠基人布坎南（James McGill Buchanan Jr.）提出，所谓政府失灵（Government Failure）就是指政府在力图弥补市场缺陷的过程中，又不可避免地产生另外一种缺陷，即政府活动的非市场缺陷；萨缪尔森指出：应当认识到，既存在着市场失灵，也存在着政府失灵，当政府政策或集体行动所采取的手段不能改善经济效率或道德上可接受的收入分配时，政府失灵便产生了❶。公共选择学派运用经济学的方法研究非市场或政府—政治过程，指出"政府失灵"的原因在于：政府及其官员所追求的并不是公共利益，而是自身利益及其最大化，具体包括：1）公共决策失误，如：政府的越位或缺位；2）政府扩张或政府成长，如政府谋求内部私利而非公共利益；3）官僚机构的低效率；4）寻租❷。

实践来看，规划作为政府干预开发市场的一种手段，也存在"政府失灵"的可能。具体表现为：①规划"缺位"，指城市开发中需要进行规划控制的，却未控制，如：历史文化地区的保护规划缺失，居住小区控规中未对必需配建的公共设施（如：幼儿园）进行明确规定等；②规划"越位"，指规划干预了本该留给市场的内容，如：对于经营性用地，其具体内容本应留给市场选择，但有的控规却对酒店、商业、娱乐等用地进行了细致划分和规定，致使规划僵化，失去了开发弹性；③规划管理低效率，如深圳一个新的法定图则从编制到审批公布大约需要 18 个月❸，而 1999-2008 年间平均每年批准的法定图则不足 8 项❹，显然难以满足城市建设快速发展的需要；④规划管理寻租，即规划管理者以权谋私，获取个人利益，重庆规划官员"买卖容积率"即是典型案例❺。为此，为提高城市规划的效用，防止规划干预的"政府失灵"，需要对城市规划及管理进行合理限制，一是要"限权"，通过界定清晰的规

❶ 杨长福，刘乔乔，双海军．政府失灵成因分析与防范对策 [J]. 生产力研究，2009（24）：8-10.

❷ 陈振明．市场失灵与政府失败——公共选择理论对政府与市场关系的思考及其启示 [J]. 厦门大学学报（哲社版），1996，（2）：1-7.

❸ 深圳市城市规划发展研究中心．控制性详细规划编制与审批办法调查报告——附件：各地控规编制与管理概况汇编 [R]. 2009：83.

❹ 杜雁．深圳法定图则编制十年历程 [J]. 城市规划学刊，2010（1）：108.

❺ 刘丁．重庆地产窝案现形 [N/OL]. 南方周末，2008-09-25[2011-06-26]. http://www.infzm.com/content/17696/0.

划内容与边界，为规划管理提供明确的依据，二是需“控权”，约束规划管理的自由裁量权。

5.3 原理：控规“为谁而做、作何而用、控制什么”

所谓原理，通常是指某一领域或科学中具有普遍意义的基本规律与基本知识。控规基本原理，则是控规中最基础的知识与理论，它对控规实践具有重要指导作用，主要包括：控规“为谁而做、作何而用以及控制什么”等内容，其中：为谁而做，是控规的价值立场；作何而用，是控规的效用目标；控制什么，则是控规的内容构成（图 5-3）。如果说控规的编制技术与制度运作是控规的具体实践，那么，控规的基本原理则是控规的理论认知，前者是“怎么做”，属“手段”，后者则是“为什么”，属“目的”，显然，只有厘清“目的”何在，方可选用适宜“手段”，否则将陷入茫然。当前，控规探讨很多，但仍未能解决控规的困境与问题，其重要原因可能就在于对控规的基本原理并未厘清，致使改革难有成效。

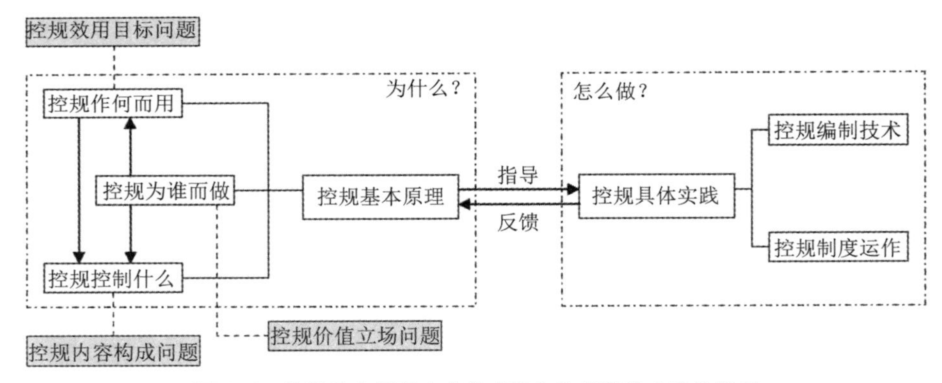

图 5–3　控规基本原理内在构成及与控规具体实践的关系

5.3.1　控规为谁而作

城市规划作为政府干预开发市场的手段，起源于自由市场经济下“市场失灵”所引发的公共卫生和环境保护等问题，它是对肆无忌惮的私权进行公权约束的结果，不过，规划公权的法定地位来源于私权的让渡，其前提在于维护公共利益[1]，控规亦不例外。近年来，控规作为一种具有约束力的公共政策工具逐渐得到了共识[2]。公共政策学指出，公共政策是公共权力机关经由政治过程所选择和制定的为解决公共问题、达成公共目标、以实现公共利益的方案；公共问题、公共目标和公共利益构成了公共政策的三要素；谋求公共利益的实现是公共政策的灵魂与目的[3]。因此，虽然公共政策的运作是由其主体——公共权力机关（如政府及其管理部门）所主导，而且政府也可能会"失灵"，但公共政策的本质和价值基础在于"公共性"，即公共政策是为社会公众服务的。基于此，控规作为政府调控城市开发的政策工具，从根本上说，应是为社会公众而作的，控规的编制、审批、实施等运作全过程，需牢牢围绕着"保护公共利益"而展开，应严格杜绝将控规异化为政府（官员）或开发商获取"私利[4]"的工具。

5.3.2 控规作何而用

明了控规为谁而做，结合对前述城市规划的由来、作用与问题等分析，可知控规的核心目标在于保护公共利益，具体作用包括：防止土地开发的"市场失灵"、构建土地开发的市场规则、实施总规的城市发展战略、防止规划干预中的"政府失灵"等四大方面。

（1）防止土地开发的"负外部性"与"公共产品"提供不足的"市场失灵"

从干预市场来看，由于城市开发中存在"负外部性"与"公共产品"提供不足等"市场失灵"问题，说明城市开发不能完全依赖于市场机制，而需要必要的政府干预。美国区划的产生即是源于此，在20世纪初期的纽约，随着人口聚集，在土地私有的制度背景下，土地所有者为获得土地开发的最大利益，不断提高土地开发强度，致使城市中（尤其是市中心）建筑密集，日照、通风条件下降，火灾危险增加，交通拥挤，整体环境不断恶化，富有阶层逐步逃离

---

[1] 张京祥．公权与私权博弈视角下的城市规划建设［J］．现代城市研究，2010，25（5）：7-12.

[2] 邵润青，段进．理想、权益与约束——当前我国控制性详细规划改革反思［J］．规划师，2010，26（10）：11-15.
徐忠平．控制性详细规划工作的制度设计探讨［J］．城市规划，2010，34（5）：35-39.
袁奇峰，扈媛．控制性详细规划：为何？何为？何去？［J］．规划师，2010，26（10）：5-10.
赵民，乐芸．论《城乡规划法》"控权"下的控制性详细规划——从"技术参考文件"到"法定羁束依据"的嬗变［J］．城市规划，2009，33（9）：24-30.

[3] 宁骚．公共政策学［M］．北京：高等教育出版社，2003：185-186.

[4] 政府（官员）私利，指对土地出让收益、政治政绩和个人收入等的追求；开发商私利指对开发利润的追求。

纽约市区，从而导致市区房地产税下降，极大影响了政府的公共财政收入；为扭转这一不利局面，保护公众的“健康、安全、福利和道德”，1916年纽约通过了《纽约市区划条例》，第一次以法律形式将私有土地开发纳入到了政府规划控制的有序轨道之中[1]。我国的控规是在借鉴国外区划原理的基础上，对城市建设项目具体的定位、定量、定性和定环境的引导和控制[2]。控规的定位与定性的控制（土地使用的区位与用地性质控制），防止了相互干扰的土地使用之间的矛盾（如：工业对居住的污染）。控规的定量控制上，容积率、建筑高度等指标控制，将开发项目对周边的日照影响、视线遮挡、交通负荷增加等控制在合理范围之内，使得开发的“外部效应内部化”；对于学校、医院、变电所等配套设施的定量控制，则有效保障了“公共产品”的提供。所以，控规的基础作用是政府干预城市开发，防止土地开发的“负外部性”与“公共产品”提供不足等“市场失灵”问题。

（2）构建市场经济下土地开发的市场规则

市场经济因为有规则而使自由竞争能有序进行，市场规则决定了市场主体的行为方式，是靠技术、质量或服务取胜，还是靠欺诈、靠关系或垄断取胜；市场经济的相关制度缺陷会使价格规律无法有效地发挥资源配置作用，而导致“市场失灵”[3]。所以，城市开发要有明晰的开发规则，以建立土地开发市场的秩序，包括：一是控制土地开发对周围土地的负面影响，保证城市土地利用的综合效益；二是土地开发市场的确定性、公平性与稳定性[4]。从这个视角来看，控规即是构建市场经济下城市土地开发规则的重要制度安排，因为：①控规首要目的是防止城市开发中的“负外部性”与“公共产品”提供不足的问题；②控规是地方政府依据总规，对城市未来建设发展的一种法定“承诺”，它明确了城市土地利用的前景，公开解决了土地开发中的信息不足或信息不对称问题，保障了城市土地开发市场的确定性；③《城乡规划法》规定了控规严格的编制、审批、实施、修改、备案以及违法处罚的程序与内容，从法律上确保了土地开发市场的公平与稳定。

---

[1] David W.Owens.Introduction to Zoning[M].North Carolina: UNC School of Government, 2007：11-19.

[2] 江苏省城市规划设计研究院．城市规划资料集第四分册—控制性详细规划[M]. 北京：中国建筑工业出版社，2002：4.

[3] 粟勤．我国经济转轨时期“市场失灵”的特征与治理[J]. 中央财经大学学报，2006，(3)：70.

[4] 朱介鸣．市场经济下的中国城市规划[M]. 北京：中国建筑工业出版社，2009：41-42.

（3）贯彻总规，落实城市发展战略，保障城市发展的整体利益与长远利益

依据《城乡规划法》，中国现行的规划体系框架中，各层次规划的主要作用都是为了控制和引导城市有序地发展，但控规是其中“承上启下”的关键性规划层次，“承上”要衔接总规，“启下”要指导修建性详细规划的编制，它需把总规有关城市发展战略的宏观控制转化为对具体开发地块的微观控制，以保持规划的延续性和总规的实施，并将“分散、短视”的地块开发整合到城市整体发展的框架之中，从而保障城市发展的整体利益和长远利益。这正是《城乡规划法》为什么要求控规编制需依据总规的原因所在。

（4）防止规划干预中的“政府失灵”，约束规划管理自由裁量权

控规是实施规划管理的核心层次和最重要依据，也是城市政府积极引导市场、实现建设目标的最直接手段[1]。在我国规划体系中，控规及控规之“上”的总规、城镇体系规划都是政府主导，而控规之“下”的修建性详细规划与工程设计则多是市场主导[2]，因此，控规是“政府性规划与市场性规划”的分界（图 2-1），它特别需要厘清政府与市场的边界，研究什么需要进行规划控制，什么应该留给市场？由于政府干预市场虽必要，但却存在“政府失灵”可能，所以，控规的核心作用除了合理、适度地干预市场开发，防止“市场失灵”外，同样重要的是，要防止规划干预的“政府失灵”，严控控规随意调整、容积率寻租等，需对规划管理进行合理约束。这其实也是市场经济的重要法则，即市场经济的制度规则不仅约束“市场方”，同时也约束“管理方”。但是，我国控规在此方面的作用十分薄弱，其原因：①长期以来，规划一直是作为工程技术定位的，追求的是技术理性与准确预见，忽视了规划的过程与制度建设；②我国控规基本都由地方政府主导，公众参与程度又低，政府的自利性决定了不会主动制定限制自己权力的规则。所以，对控规而言，既要进行“内容控权”，界定清晰的规划控制内容（即政府的边界），为规划管理提供明确的依据；更要实施“程序控权”，即通过严格的控规运作的程序性规定（即制度建设），约束规划管理的自由裁量权，这应是当前控规研究的重点所在。

5.3.3 控规控制什么

控规控制什么，前提在于要厘清什么需要进行规划调控，什么需要留给市

[1] 于一丁，胡跃平．控制性详细规划控制方法与指标体系研究 [J]. 城市规划，2006，30（5）：44.
[2] 需指出，修建性详细规划与工程设计中也有由政府主导的，如：公益项目，但数量很少。

场解决？这即意味着：一方面，控规要研究市场，适应于市场变化，保持一定的弹性；另一方面，政府要保持市场失灵时的有效调控，即控规还应保持其“刚性”的内容以调控市场那只“看不见的手”[1]。换言之，控规控制什么，关键是要解决城市开发中规划控制的“刚性”与“弹性”问题，“应该从公共利益的角度出发，因开发导致公共利益受损的就要干预[2]”，反之，则应交给市场调节。具体而言，针对城市开发中“市场失灵”与“政府失灵”问题的差异，控规可借鉴法学中有关“实体法与程序法[3]”的原理，分别采取“实体性控制”与“程序性控制”。实体性控制，是指在控规中对城市土地开发的刚性内容，包括用地功能、建筑建造、交通组织、景观环境、“公共产品”等进行明晰规定，以实现“内容限权”，这属控规技术研究的重点；程序性控制，则是对控规的编制、审批、实施、修改等运作过程，进行明确的制度性规定，建立地方政府行使控规干预城市开发职权的规则、方式和秩序，以实现“程序控权”，它是控规制度建设的核心所在（图 5-4）。

（1）实体性控制：防止城市开发中的“市场失灵”

主要对土地开发中的“负外部性”与“公共产品”提供不足两大问题的控制。

1）城市开发的“负外部性”控制

城市开发的“负外部性”控制，虽然包括对开发可能带来的噪声、废气、废水等广义影响的控制；但就控规而言，更侧重的是对城市土地开发的用地功能、建筑建造、交通组织和景观环境等建设形态方面的“负外部性”控制。

①用地功能的“负外部性”控制，指调控新的土地利用与已有用地在功能上“不相容”而出现的“负面”影响，如：工业建设对已有居住用地的环境污染，大型变电站对居住地区的辐射等。原则上，功能“相容”的用地宜集中布置，“不相容”的用地则合理分开，或划定防护地带，防止干扰。

②建筑建造的“负外部性”控制，指控制新建筑对已有建筑在日照、通风、视线等方面的不利影响，如：高层建筑对周边地块造成阳光遮挡、景观阻碍等。控制重点是开发地块内对周边产生影响的建筑的体型、体量和高度等。

---

[1] 温宗勇．适应与改变：控规在快速城市化过程中的发展 [J]. 北京规划建设，2007，（5）：42.

[2] 杨保军．控规：利益的博弈、政策的平衡 [J]. 北京规划建设，2007，（5）：184.

[3] 根据法律规定内容不同可分为实体法和程序法：实体法是规定和确认权利和义务以及职权和责任为主要内容的法律，如宪法、行政法、民法、刑法等；程序法是规定以保证权利和职权得以实现或行使，义务和责任得以履行的有关程序为主要内容的法律，如行政诉讼法、行政程序法、民事诉讼法、刑事诉讼法等。

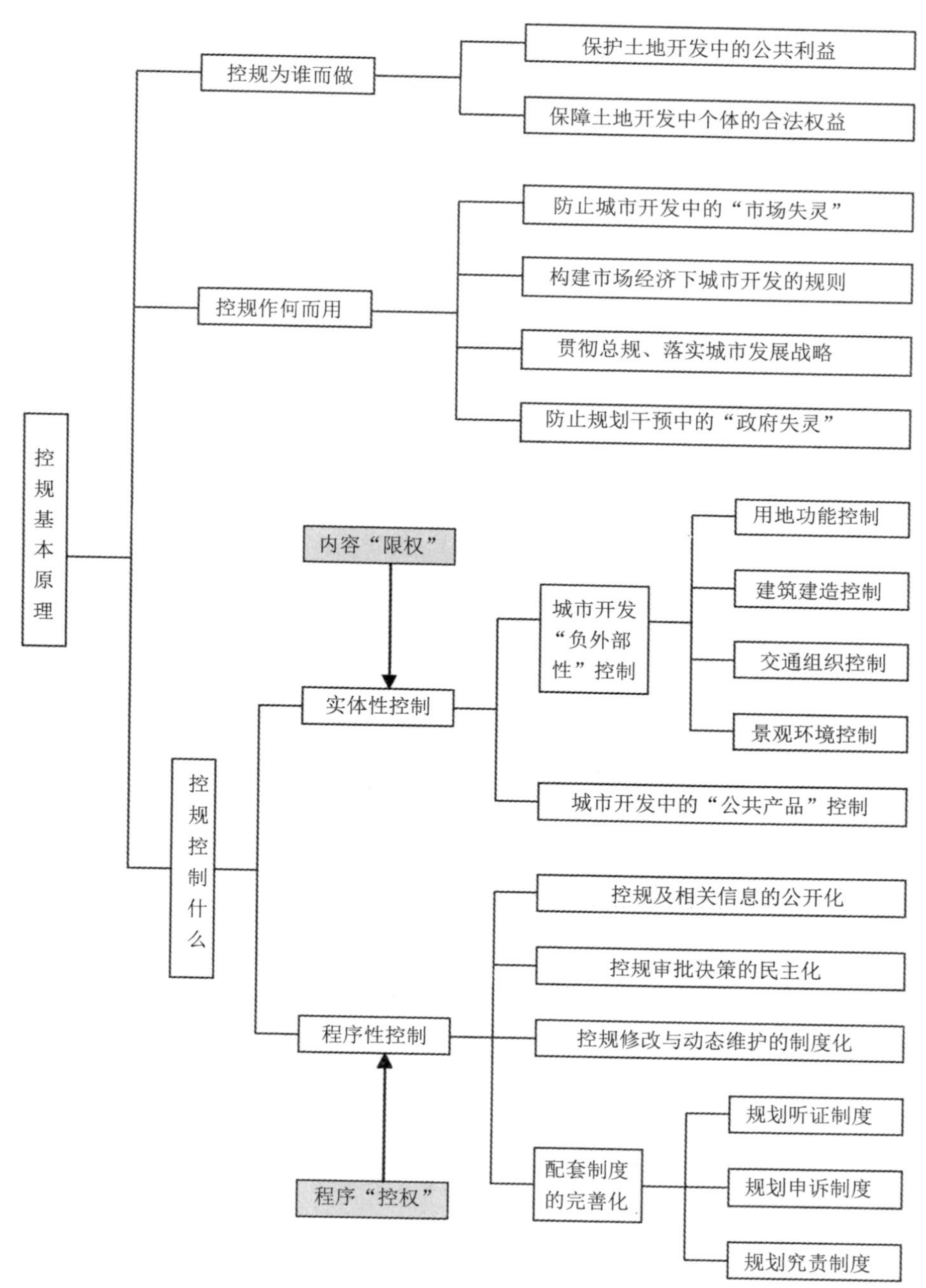

图 5–4　控规基本原理的内容构成

③交通组织的“负外部性”控制，指调控新开发用地内人流、车流的增加可能造成的局部地区交通阻塞或停车难等问题。控制重点是地块开发的总容量，进行交通影响评价，控制地块交通出入口的方位、数量以及停车配建等。

④景观环境的“负外部性”控制，指调控开发地块对周边景观环境带来的不利影响，如：历史文化地区出现的“新、奇、特”式建筑的开发，风景名胜区内破坏环境景观的建设等。控制重点是开发地块内建筑的形态、风格、色彩等。

2）城市开发中的“公共产品”控制

控规，除了控制开发的“负外部性”外，另一任务则是调控城市运转所必需的基础设施、公共设施、开放空间等“公共产品”。市场经济下城市开发具有空间、时间以及内容上的不确定性，即使再高明的规划师也无法做到精准预测和全面调控，因此，“规划编制和管理的重点应从确定开发建设项目转向各类脆弱资源的有效保护利用和关键基础设施的合理布局[1]”。就控规而言，首要任务并不在于确定“未来做什么”，预测具体地块的开发内容，并提出控制指标；更重要的是要确定“不应做什么”，以保持城市发展的“底线”不被破坏。具体而言，一是应严格控制涉及城市可持续发展的“五线”，即“水系蓝线、绿地绿线、基础设施黄线、历史文化保护紫线和干道红线”；二是应严格控制涉及城市运转所必需的“公益性”公共设施[2]，如：教育、医疗、文化、科研等设施。

（2）程序性控制：防止规划干预中的“政府失灵”

控规运作中“政府失灵”的主要原因在于：①公共决策失误，城市开发中该控制的未控制，不该控制的却控制过严，即控规“刚性不刚、弹性不弹”；②政府干预的非公正性，如：政府本应运用控规防止城市开发的“负外部性”及“公共产品”提供不足，但有时却被异化为政府谋求土地出让收益最大化的工具，一味提高出让地块的容积率，以卖得好价钱；③寻租，即运用规划管理职权随意修改控规，甚至买卖容积率，如重庆规划局腐败窝案。因此，

[1] 仇保兴．城市经营、管治和城市规划变革 [J]．城市规划，2004，28（2）：19.

[2]《城市、镇控制性详细规划编制审批办法》（2011）第 10 条中提出对“基础设施、公共服务设施和公共安全设施”的控制，但笔者认为基础设施与公共安全设施可归为基础设施黄线控制，公共服务设施则宜区分为：公益性和市场性，市场性的公共服务设施（如：商业、服务业等）应交给市场调节。

对于城市开发中的"政府失灵"，控规核心在于"控权"，应构建既能约束开发主体的"游戏规则"，也能约束政府管理者的市场制度，特别要严控控规修改，防止寻租。行政法学原理指出，现代行政法的控权机制主要是程序控权❶。因此，控规"控权"除了前述实体性控制外，关键在于对控规运作的程序性控制，主要包括：

1）信息公开化：应及时审批并公开控规及相关信息，便于社会监督，现行控规中"编而不批、编而少批、批后少公开"的做法应尽快终止，如：截至2010年，南京市区共编制控规100余项，经市政府批复的仅有9项，占编制总数不到10%，显然不利于控规的法定性和严肃性❷。

2）决策民主化：确立控规审批前的"规委会"审议制度，并逐步推进"规委会"的非公务员化，实现规划决策的民主化。

3）修改制度化：首先，土地出让后原则上不予进行控规修改，以保证土地开发市场的公平、公正❸。其次，确需修改控规的，鉴于《城乡规划法》第48条规定，"应征求规划地段内利害关系人的意见"，但既未明确谁是利害关系人、需征求多少比例的利害关系人的意见，更未规定利害关系人意见在控规修改中的作用，因而，此规定易于落空，所以应进一步明确控规修改中利害关系人的界定、数量比例、意见作用等。此外，为适应城市发展变化，保持控规弹性，应积极探索控规的动态维护制度❹。

4）配套制度完善化：一是要建立与控规相配套的听证制度与上诉制度，切实保障公众参与，降低行政相对方的维权成本，提高维权效率，约束政府管理行为；二是要建立明确的规划行政究责制度，应以权、责对称为目标，增加责任成本，尤其是加大行政主体的违规成本❺。

5.4 本章小结

谋求公共利益的实现是公共政策的灵魂与目的，控规作为政府调控土地开

---

❶ 邓小兵，车乐．自由裁量之自由——兼论规划许可的效能优化[J]．城市规划，2010，34（5）：51.

❷ 叶斌，郑晓华，李雪飞．南京控制性详细规划的实践与探索[J]．江苏城市规划，2010（4）:6.

❸ 土地出让后，开发商通过补交土地出让金的方式调高容积率的做法应严格禁止，因为，一是缺乏了原先土地竞拍参与者的竞争，二是补交土地出让金的标准缺失，显然很难保证控规修改的公正性，有违市场公平。广州、深圳等城市已对此进行了明确规定。

❹ 邱跃．北京中心城控规动态维护的实践与探索[J]．城市规划，2009，33（5）：22-29.

❺ 邓小兵，车乐．自由裁量之自由——兼论规划许可的效能优化[J]．城市规划，2010，34（5）：49.

发的政策工具，从根本上说，是为社会公众而作的，控规应牢牢围绕“保护公共利益”而展开。所以，控规的核心作用，一方面，在于防止土地开发的“负外部性”与“公共产品”提供不足的“市场失灵”，并将分散的地块开发整合到城市整体发展框架之中，保障城市发展的整体利益和长远利益；另一方面，则在于为土地开发构建“规则与秩序”，以确保开发市场的确定性、公平性和稳定性，并对政府进行“控权”，防止政府规划干预中可能出现的“政府失灵”。基于此，控规“控制什么”，其前提要厘清“什么需要规划调控，什么应该留给市场”。针对城市开发中的“市场失灵与政府失灵”，控规宜分别采取“实体性控制与程序性控制”：实体性控制，是为了界定政府规划调控的内容和范围，程序性控制则是为了规范政府规划干预开发市场的行为；前者是为了“内容限权”，属控规技术研究的重点，后者则在于“程序控权”，它是控规制度建设的核心，应以此来创新控规技术体系、完善控规制度建设，这可能是转型期控规改革的可行之道！

第六章 利益辨析：控规运作中不同利益主体之间的利益博弈

"公共政策分析最本质的方面是利益分析，这是由公共政策的基本性质决定的；政策过程中，经常会面临众多利益主体间的利益冲突，如何化解各利益主体之间的利益矛盾，实现作为社会利益核心的公共利益与具有组织分享性的共同利益和私人独享性的个人利益之间的和谐，是公共政策过程要解决的重要问题[1]"。控规各项指标的确定，事实上是政府动用了公共部门的规划权而赋予土地使用者的发展权[2]，"控规根本上是利益的分配[3]"。作为调控城市土地与空间资源利用的规划政策，控规实质上是城市开发中不同利益主体之间相互博弈的平台和利益平衡的结果。这即意味着，深藏于控规背后的土地与空间资源利用中的利益辨析、分配与协调远比控规编制技术本身更为重要。然而，现行控规编制与实施中对利益问题的忽视（如：对产权地块尊重的缺失），对市场经济下利益主体多元化问题的研究不足，致使对控规的理解、认识和作用仍简单围绕控规的编制组织主体——城市政府而展开，而对所涉及的土地权属人、利害关系人、公众、开发商等的利益分配与调整等较少涉及，最终导致控规难以实施，这应是现行控规存在诸多问题和制度滞后的症结之一。因此，控规的制度建设，特别需对控规中所涉及的利益主体及利益关系展开分析。本章借助利益分析法，重点剖析控规运作的全过程及其中政府、开发商、规划师、公众等不同参与方的角色定位、利益诉求与利益冲突，揭示城市开发中控规运作的利益机制与价值核心，辨明控规运作中的关键性问题，为控规运作中利益平衡机制的构建奠定基础。

6.1 控规的运作过程

依据《城乡规划法》（2008），控规运作可分为新编控规的运作与控规修改的运作两大类。新编控规运作，主要包括编制、审批及实施三大阶段（图 6-1）。

控规修改的运作（图 6-2），分为政府主动进行的控规修改和开发商或土地权属人提出的控规修改三种情况，主要包括：修改论证、审批和实施三阶段。

控规运作过程，基本上形成了政府组织并决策、规划设计单位编制、开发商实施、公众和专家参与的关系格局，其中：起主导性作用的是地方政府及其规划主管部门，其次是规划编制单位，而后是开发商，最后才是公众及专家（且多属

---

[1] 冯静，梅继霞，庞明礼．公共政策学 [M]. 北京：北京大学出版社，2007：302.

[2] 田莉．我国控制性详细规划的困惑与出路—— 一个新制度经济学的产权分析视角 [J]. 城市规划，2007，31（1）：16-20.

[3] 杨保军．控规：利益的博弈、政策的平衡 [J]. 北京规划建设，2007，（5）：182-185.

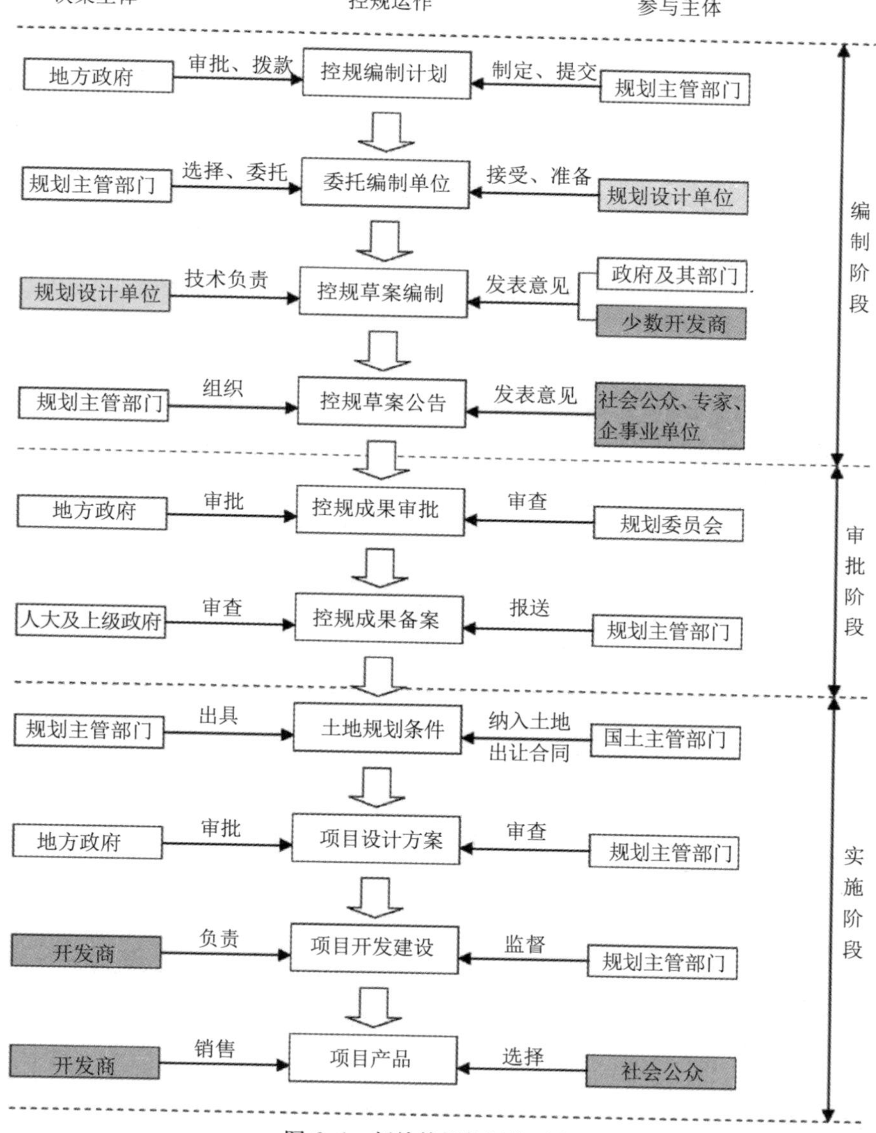

图 6-1　新编控规的运作过程

被动式参与）。这一权责清晰、分工明确、相互制约的控规运作的框架与机制看似基本合理，但由于各参与主体的利益诉求、利益关系以及利益博弈，致使一些参与主体出现“越位、缺位或错位”，其在控规中的作用及相互关系也发生了改变，最终导致控规运作的扭曲和公共利益的受损。

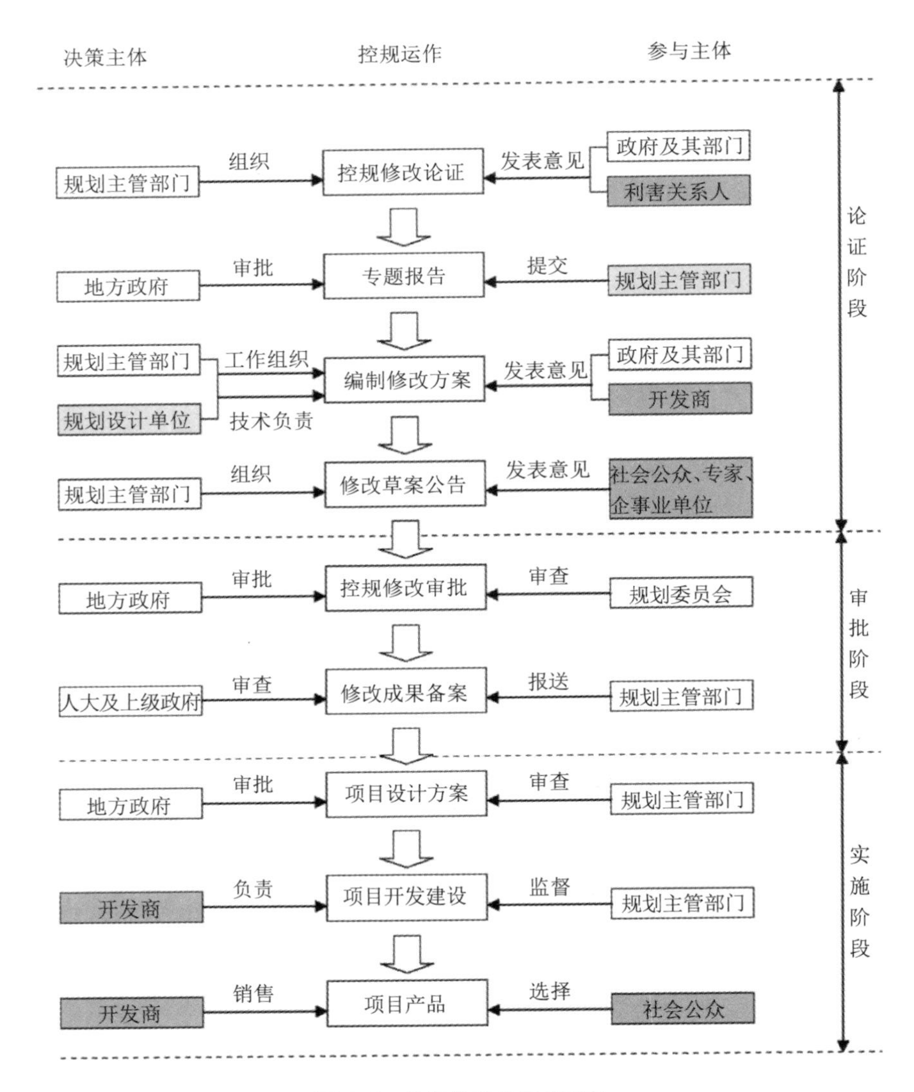

图 6-2　控规修改的运作过程

6.2　控规运作中的利益主体

利益分析的首要问题在于明确利益主体及主体间的关系和结构[1]。城市规划中的利益主体是指直接或间接地参与规划的编制、审批、执行、评估，及监督

[1] 陈庆云主编 . 公共政策分析 [M]. 北京：北京大学出版社，2006：252.

的个人、团体和组织[1]。控规运作中不同参与方主要包括：上级政府及其规划主管部门（控规的成果备案和运作情况监督）、地方政府（提供控规编制与实施管理的“人、财、物”的支持）、地方人大（控规备案和监督）、地方规划主管部门（编制组织与实施管理）、地方相关部门（成果审查）、规划设计单位（控规编制）、建设单位（建设实施）、技术专家（成果审查与技术指导）、利害关系人（控规修改的意见征询）和公众（社会监督和意见表达）等。据此，根据不同参与方的性质特征及其在控规运作中的作用，可将控规中的利益主体划分为：政府权力主体（包括地方政府及其规划主管部门、地方人大及相关部门、上级政府及其规划主管部门等），市场资本主体（城市开发单位，通称“开发商”），技术知识主体（规划设计单位、技术专家），社会公众主体（利害关系人、社会团体、企事业单位和公众）等四大类。

6.2.1 政府权力主体

控规所涉及的政府权力主体主要包括：地方政府及其规划主管部门、地方人大及地方政府相关部门、上级政府及其规划主管部门等多个细分主体，他们均属国家机构，拥有强大的政治资源。由于“城市规划是政府调控城市空间资源、指导城乡发展与建设的重要公共政策[2]”，政府权力主体独有的行政权决定着控规的运作，并深刻影响着政府主体在控规运作中的利益得失。

从对控规运作的影响来看，首先，对地方政府而言，它一是具有将控规的编制与管理经费纳入本级财政预算的权利，即决定“编什么地区和编多少”控规的权利；二是具有控规及控规修改的审批决策权；三是具有组织实施控规的权利；四是对控规的编制、审批、实施、修改等控规运作具有监督检查和相关行政处罚权；五是对于镇人民政府还直接拥有镇控规的组织编制权[3]。其次，对于地方规划主管部门，它在控规运作中行使的是控规的编制组织、批前公示、意见征询与实施管理权[4]，地方规划主管部门作为地方政府职能部门之一，直接受地方政府领导，其权力行使基本听从于地方政府；地方的其他政府部门方面，在控规运作中多是参与、协调和配合，亦受地方政府领导；地方人大和上级政府及其规划主管部门则主要是涉及控规的成果备案与运作

[1] 吴可人，华晨．城市规划中四类利益主体剖析 [J]．城市规划，2005，29（11）：80-85.
[2] 中华人民共和国建设部．城市规划编制办法（建设部令第 146 号）[Z]．2015-12-31.
[3] 中华人民共和国城乡规划法（主席令第七十四号）[Z]．2007-10-28.
[4] 中华人民共和国城乡规划法（主席令第七十四号）[Z]．2007-10-28.

监督，但据笔者近些年对北京、上海、广州、深圳、南京、武汉以及安徽省的调查，控规基本并没有向上级政府备过案，致使上级政府该项控规权利落空。所以，在诸多的政府权力主体中，由于地方政府拥有控规编制的计划权、财政权、审批决策权及控规的实施监督权，它实质上对控规运作起到着主导性作用（表 6-1）。

不同政府权力主体在控规运作中的作用及影响分析 表 6-1

政府权力主体 / 权力与影响	地方政府	地方规划主管部门	地方政府相关部门	地方人大	上级政府及其规划主管部门
在控规运作中具有的权力	计划权、财政权、决策权、监督权	编制组织、批前公示、意见征询、实施管理	参与、协调、配合、意见表达	备案与监督	备案与监督
对控规的影响分级	主导，强	执行，较强	配合，弱	弱	最弱

6.2.2 市场资本主体

控规运作中的市场资本主体主要是指城市开发单位，以开发商为代表，他们是控规实施的推动者和执行者。市场经济下，作为投资者的开发商已成为城市建设中最活跃的主体，在建设项目选址、开发强度等方面已拥有不可忽视的发言权，他们希望在城市规划形成过程中获得表达意愿的机会，以便实现其权力和利益的最大化[1]。

6.2.3 技术知识主体

控规运作中的技术知识主体主要是指控规编制单位和技术专家[2]，多由专业规划师构成，他们依靠专业知识和技术，获取利益。尽管“城市建设中最重要的利益关系是政府、开发商与公众的关系[3]”，但是，规划师却在其中起着重要的协调、沟通作用，因为政府、开发商和公众的利益关系和博弈，

---

❶ 吴可人，华晨．城市规划中四类利益主体剖析［J］．城市规划，2005，29（11）：80-85.

❷《城乡规划法》（2008）第 26 条：城乡规划报送审批前，应征求专家和公众的意见。《城市、镇控制性详细规划编制审批管理办法》（2011）第 16 条：控规审批前，组织编制机关应当组织召开由有关部门和专家参加的审查会。文中此处的专家特指这两个规定中的“专家”。不可否认，政府权力集团和市场资本集团中亦可能有规划技术专家，但由于在不同岗位工作的人必然代表不同集团的利益，此类人员在本书中被划归为其所属的政府权力集团或市场资本集团。

❸ 吴可人，华晨．城市规划中四类利益主体剖析［J］．城市规划，2005，29（11）：80-85.

最终都要通过规划师制定出来的规划平台来实现。可以说，规划师是各利益主体参与市场活动的媒介[1]；技术专家则是地方政府抉择控规政策方案时的技术参谋。

6.2.4 社会公众主体

控规运作中的社会公众主体，是指利害关系人、社会团体、普通的企事业单位和普通民众等社会力量。从《城乡规划法》(2008）来看，社会公众集团参与控规的权利主要包括意见征询（第 26、48 条)、控规成果查询（第 9 条）和对违反控规的建设行为进行检举、监督（第 9 条）等三个方面。

控规意见征询上，包括规划设计单位在控规编制中的公众意愿调查，控规审批前组织编制机关对公众意见的征询，及控规修改中对利害关系人的意见征求三个方面。控规草案编制的社会意愿调查，由于没有明确的法律或技术规范规定，属可有可无环节，据笔者访谈，深圳法定图则编制中，深圳市城市规划发展研究中心负责的，一般会邀请专业的调查公司进行公众意愿调查，其他编制单位很少会这么做[2]；而在北京中心城控规编制中甚至连地块权属人的意愿都没有精力进行调查[3]。对于控规审批前的公示，据笔者对北京、上海、广州、深圳、南京、武汉等城市的调研访谈获知，尽管控规审批前都进行公示征询公众意见，但其后，既不公开公众意见，也很少回复（或只是有选择性地回复）公众意见，而且，公众意见采纳与否，都由规划主管部门或规委会（即政府内部）决定；这即意味公众虽有意见表达权，却没有实质性的决策影响权。控规修改中对利害关系人的意见征求上,①缺乏对利害关系人的群体及数量的界定，其意见征求方式的选择也不明确；②利害关系人对于控规修改意见的作用，法律并未予以明确，因而，利害关系人也和公众一样，只是拥有控规修改的意见表达权而已。

控规成果公布与公众查询方面，尽管法律、法规都规定了相应的权利[4]，但实践中，控规成果公布及公众查询控规的权利往往落空，因为：一是存在

---

[1] 张昊哲．基于多元利益主体价值观的城市规划再认识［J］．城市规划，2008，32（6）：84-87.

[2] 笔者 2010-10-18 于深圳市城市规划发展研究中心调研访谈。

[3] 笔者 2010-10-11 于北京市城市规划设计研究院调研访谈。

[4]《城乡规划法》(2008）第 9 条规定，公众有权就涉及其利害关系的建设活动是否符合规划的要求向城乡规划主管部门查询；《城市、镇控制性详细规划编制审批管理办法》(2011）第 17 条规定，控规应当自批准之日起 20 个工作日内，通过政府信息网站以及当地主要新闻媒体等便于公众知晓的方式公布。

控规编而不批、编而少批的情况；二是控规审批后并未对社会公布或公布不全，据笔者2011年3月18日对北京、上海、广州、深圳以及南京五大城市的规划主管部门官方网站查询，结果显示，深圳、上海控规公布的内容最全面；南京次之，除具体地块控制指标外，其他控规内容基本公布；广州则只公布了控规的用地布局图；北京控规公开程度最低，其规划成果一栏只有城市总体规划、新城规划、特定地区规划以及专项规划四大类，唯独未公布涉及土地开发核心的控规。

由此可知，现行控规的公众参与，在编制阶段公众意愿调查上，公众能否参与由规划编制单位自行决定；控规意见征询方面，公众仅仅是被动式参与；而在控规成果查询及举报违反控规的建设上，则由于控规信息公开程度低而落空；这些实质上多属S.R.Arnstein所说的假（非）参与或是形式上的参与[1]，其利益自然无法得到有效保障。因此，社会公众集团实质上是控规运作中的最弱势群体。

6.3 控规运作中利益主体的利益诉求及其实现

6.3.1 政府权力主体的利益诉求及其实现

由于地方政府（含其规划主管部门）在控规运作中起着主导作用，为此，对于政府权力主体的利益诉求分析，重点是对地方政府的分析上。

（1）地方政府的角色

传统西方经济学中，经济学研究市场行为时，假定个人追求他们的私人利益；而政治学研究公共领域，它假定个人推销他们在公共利益中自己的主张；因此，在经济学和政治学中发展出关于人类动机的不同解释："经济人"假定自利的行动者追求他们个人收益的最大化；"政治人"的观点则假定个体受到公共精神鼓舞，寻求社会福利的最大化[2]。从这一点来说，政府作为"政治人"，是超越于"经济人"之外的，"政府以其自己的公正与准确超乎众人之上，在追求公众的利益之时，政府以它的公正赢得公众对它的信任和支持，公正与准确是政府固有的一种天赋[3]"，因而，也就有了政府是公共利益的"守夜人"之说。

---

[1] 参见S.R.Arnstein的公众参与阶梯理论，详见：Arnstein S R.A Ladder of Citizen Participation[J].Journal of American Institute of Planners，1969，35（4）：216-224.

[2]（美）托马斯·R. 戴伊．理解公共政策[M]. 彭勃等译．北京：华夏出版社，2004：21.

[3] 吴早．诺贝尔经济学奖得主布坎南及其公共选择理论[J]. 高等函授学报（哲学社会科学版），2006，19（1）：39-42.

但是，这种“经济人”与“政治人”的划分，使得西方传统经济学和政治学出现了理论上的鸿沟。公共选择学派对此提出了质疑，因为，“在经济市场和政治市场上活动的是同一个人，没有理由认为同一个人会根据两种完全不同的行为动机进行活动[1]”。为此，公共选择学派将“经济人”的概念引入了政治市场中，打破了传统经济学与政治学彼此分离的状况，研究指出在政治生活中，政治家、政客、选民和利益集团等也都是“经济人”，也要追求个人利益最大化[2]。

改革开放后，土地有偿使用、政企分开、中央向地方分权、分税制改革等一系列的改革推动，使得地方政府逐渐成为具有自身经济利益的利益集团，即“地方发展政体（Local Developmental State）[3]”。发展地方经济、增强城市竞争力成为地方政府的中心任务，政府的企业化倾向显著，而且控制经济发展的能力不断加大[4]。所以，当前我国地方政府早已不仅仅是公共利益的“守夜人”，同时也是追求利益最大化的“经济人”。

（2）控规运作中地方政府的利益诉求及其实现

基于对政府角色的分析，地方政府对控规的利益诉求主要反映在其作为“经济人”和作为“政治人”的双重目标取向上，且以“经济人”的诉求更为突出，由于制度不完善，“政治人”的诉求甚至异化成了实现“经济人”目标的手段。

一方面，地方政府作为“政治人”，他是公共利益的“守夜人”，保障公共利益应是其目标诉求，反映在控规上，一是运用控规对开发地块的控制，建立城市开发的市场“规则”，有序推进城市开发的健康发展；二是利用控规，贯彻落实总规的城市发展战略，保障城市发展的长远利益和整体利益；三是通过控规对城市绿线、水系蓝线、文保紫线、基础设施黄线、公益性公共设施等的控制，保障城市公共产品（Public Goods）的提供和城市可持续发展，增进公众福利。

另一方面，地方政府作为“经济人”，将试图在控规运作中实现自身收益的最大化。这里的“收益”，不仅指物质财富，更包括非物质财富，如：社会地位、声誉和威望等。美国著名政治学家和经济学家唐斯（Anthony Downs）研究（1967）指出，每个官员都极大地受到自我利益的驱使，甚至在以纯官方

---

[1] （美）丹尼斯·C·缪勒．公共选择理论 [M]．杨春学等译．北京：中国社会科学出版社，1999:3.

[2] 夏永祥．公共选择理论中的政府行为分析与新思考 [J]．国外社会科学，2009（3）：25-31.

[3] 朱介鸣．市场经济下的中国城市规划 [M]．北京：中国建筑工业出版社，2009：52.

[4] 吴缚龙，马润潮，张京祥主编．转型与重构——中国城市发展多维透视 [M]．南京：东南大学出版社，2007：68.

的身份行事时也是如此；官员的一般动机包括五个自利动机和四个潜在的利他目标，自利动机是权力、货币收入、威望、便利（将个人努力最小化）和安全（权力、货币收入、威望或便利在未来有损失的最小可能性）；潜在的利他目标则包括：个人忠诚（对临时工作团体、机构整体、更广泛的政府或国家的忠诚）、认同特定的行动计划或使命责任感、为良好的工作绩效而自豪、渴望服务于“公共利益”（即官员相信机构在履行社会职能时应该能做的事情）[1]。在这种利益取向下，政府官员既希望通过控规达到对城市土地与空间资源利用的控制和引导，以维护其权力和威望；更希望运用控规提高土地收益、提升城市形象，以谋取政绩而获得升迁的机会。如：据笔者调查，山东省某县级市在控规编制之初，市领导就明确要求所有开发地块容积率不得低于3.0[2]，其最大化地提高土地收益的目的不言自明；而在安徽某地级市，2006~2007年间城市领导则出于急切改变城市形象的需要，要求所有开发地块都必须配建不少于30%的高层。此外，有的规划官员将控规及控规修改异化为获取个人货币收入的有效手段。通过控规，地方政府拥有出让土地使用、调控城市建设发展的权力；规划主管部门由地方政府授权具有出具土地使用规划条件，核发“一书两证”进行开发项目许可的的权力，因此，地方政府具有干预“开发商”的种种行政权力，这种设置本是为了约束开发建设、保障和增进公共利益，但却在很多地方往往异化为“设租、寻租”，成为官员攫取个人财富、实现利益诉求的“合法”手段，重庆规划局“修改控规，进行容积率买卖”的腐败窝案[3]即是典型，而有些地方为保证城市发展弹性，提出建设开发的“总量控制、分区平衡[4]”，这虽利于应对城市发展的不确定性，但难免可能会异化为官员寻租的手段。不过，有趣的是，在一些曾查处过“腐败案件”的规划局，官员在组织控规编制时，明确要求控规要“细致、明确”，要求将地块开发指标定“死”，而不希望有自由裁量空间，其动机显然是出于保护自身“安全”的考量。

---

[1] （英）帕特里克·敦利威．民主、官僚制与公共选择[M]．张庆东译．北京：中国青年出版社，2004:166-167.

[2] 2010年10月4日，笔者对中国城市规划设计研究院某高级规划师的调研访谈记录。

[3] 刘丁．重庆地产窝案现形[N/OL]．南方周末，2008-09-25[2011-06-26].http://www.infzm.com/content/17696/0.

[4] 指只确定规划管理单元或规划地区的开发总量，而区内单个地块的开发控制指标定为指导性内容，其可以根据地区发展需要进行调整，但各地块开发量的累计之和不超过之前确定的地区开发总容量。其漏洞在于：先期开发的地块可以获得足够大的开发强度，而后期开发的地块开发强度则需降低，一是出现开发时序上的不公平，二是现实操作也不大可能，因为“土地财政”决定了后出让开发的地块往往开发强度会更大。

总之，地方政府官员的基本行为动机，除了传统意义上的寻求社会福利最大化之外，同时更追求个人利益最大化。正因此，在控规运作中，有时很难分清楚官员的行为是真的为了增进公共利益，还是假借“公共利益”之名，而行谋取“个人利益”之实，如表 6-2 中的第 2、3 横栏所示。

地方政府在控规运作中的角色定位、利益诉求与实现途径 表 6-2

角色属性		控规运作中的利益诉求	利益实现途径
地方政府领导	政治人	维护和增进城市建设的公共利益	要求控规“科学化”
	经济人（有潜在政治人可能）	私利：土地收益最大化，增加财政收入，获取发展政绩 公利或借口：增加财力，推动地区发展	要求提高土地开发强度，控规编制中尽可能提高出让地块的容积率
	经济人（有潜在政治人可能）	私利：塑造城市形象，获取政绩 公利或借口：提升城市品质，塑造良好城市环境，吸引投资	1）控制地块开发的建筑高度 2）控制地块内高层建筑比例 3）控制公共绿地和公共空间
规划主管部门官员	政治人	便于开发建设的规划管理	要求控规“科学化”
	经济人	扩大自由裁量权，设租、寻租，获取个人利益	操控控规修改或在控规编制中预留可能空间
	经济人	安全，减少自由裁量权	要求控规“细致、明确”

6.3.2 市场资本主体的利益诉求及其实现

市场资本主体[1]是城市开发中最具“经济人”特性的利益主体，其行为动机是追求开发利润最大化，这也是其在控规运作中的利益诉求所在。表现为：争取最大的开发强度和最多的盈利性开发用地面积，同时尽可能减少对幼儿园、停车场、绿地、广场等配套设施和开放空间的提供。这种利益诉求的实现上，主要有制度化与非制度化两种途径。制度化途径包括：①依靠资本优势，通过与政府谈判，提前介入控规编制，获取优惠的规划条件；②支付高额设计费，依靠规划设计单位协助进行控规修改论证；③进行超量开发，利用政府处罚制度不健全的漏洞[2]，获得超额开发利润；④“打擦边球”，寻找能使开发利润最大化的各种可能，如在小区开发中，尽管不突破容积率指标，但却在住宅户型

[1] 在此重点分析的是市场性开发主体——即通过国有土地出让方式获取用地进行建设的“开发商”，划拨用地的建设项目因具有公益性质，不在此讨论之列。

[2] 由于处罚多为罚款，且多走形式，罚款数额远低于市场价值，超量开发的利润往往大于开发成本及日后罚款。

上提供较大面积的阳台或露台，默许业主购买后自行封闭[1]，增强自身住宅产品的市场竞争力，进而获取更多的开发利润。非制度化途径，则主要是通过寻租方式俘获政府官员甚至规划师，为其进行控规修改服务。

由于城市开发是多个建设主体参与进行的，开发活动的“负外部性”会相互影响，因而需要控制；开发商对控规的另一个诉求就是：为开发项目提供稳定的预期和共同遵守的“游戏规则”，因为，“多变不稳定的规划控制制度会给土地市场带来了不确定性，市场经济至关重要的透明性会被破坏[2]”，致使开发失控，“负外部性”不断累积，城市开发秩序遭受破坏，最终也影响开发商的利益。这种诉求的实现，多是通过对政府施压，制造舆论、在相关机构中设立代理人、甚至不惜诉诸法律的方式来实现。

不过，不论是开发商拥护“控规”，还是想方设法突破“控规”，都是由其追求自身开发利润最大化的“经济人”属性所决定的（表 6-3）。

开发商在控规运作中的角色定位、利益诉求与实现途径　　表 6-3

角色属性	控规运作中的利益诉求	利益实现途径
经济人 目标：开发利润最大化	诉求一：依据控规的规划条件中对其开发的限制越少越好。表现： 1）争取最大的开发强度； 2）争取最多的盈利性开发用地面积； 3）尽可能减少对学校、停车等配套设施及绿地、广场的投入	1）制度化途径： ——与政府谈判，提前介入控规，获取最优惠的规划条件； ——依靠规划师协助进行控规修改论证； ——超量开发，捕捉处罚制度漏洞，追求超额开发利润； ——“打擦边球”，寻找开发利润最大化的各种可能。 2）非制度化途径：以寻租方式俘获政府官员及规划师
	诉求二：维护控规的稳定性，减少相关建设项目的“负外部性”，增加其“正外部性”	对政府施压、制造舆论、在相关机构中设立代理人、惜诉诸法律的等方式

6.3.3　技术知识主体的利益诉求及其实现

规划师同时具有“社会普通人、知识分子和规划专业人员”三种社会身份[3]。对规划师而言，控规既是实现专业抱负和职业理想的重要平台，维护作为知识分

[1] 在计算容积率上，一般来说，阳台面积只是一半计入建筑面积，露台不计入建筑面积。通过此方式，实质上开发商是增加了实际使用的开发面积。

[2] 朱介鸣．市场经济下的中国城市规划 [M]. 北京：中国建筑工业出版社，2009：63.

[3] 张庭伟．转型期间中国规划师的三重身份及职业道德问题 [J]. 城市规划，2004，28（3）：66-72.

子的尊严和地位，也是其作为社会普通人在市场经济下获取个人收益，保障自身生活与发展需求的竞争工具之一。

首先，规划师也是社会普通人，具有“经济人”特征。控规运作中，地方政府或开发商往往成为规划师的雇主，有的政府官员甚至还是规划师的领导（如：作为政府事业单位——规划编研中心中的规划师），在合法前提下，规划师一般都会尽力满足雇主的需求，以获取自身的利益，有时则出谋划策，帮助雇主“打擦边球”，甚至不惜违规操作，以实现所谓的“共赢”。如：笔者访谈的某发达省会城市的市规划院，他们往往很高兴接手控规修改论证的项目，因为控规修改论证项目的设计费单价比控规编制项目要高很多，开发商也乐意支付；而对于地方政府提出的控规修改需要，从“普通人”的下级服从上级的心态或是考虑长期的设计市场与收益[1]，尤其是考虑到工作职位的稳定，很可能会服从地方政府的意愿要求；这些均会导致规划师行为的扭曲，甚至违法，致使控规运作“非正常化”、公共利益受损。

其次，作为受过高等教育的知识分子，规划师又有别于普通公众，他们倡导“不为金钱所动、不向权势折腰”，具有社会责任感，对于弱势群体具有同情心，但又谙熟现实社会的游戏规则，对于腐败问题具有明哲保身意识[2]；导致其在控规运作中表现出“政治人”与“经济人”的混合特征：即有条件时，则保持职业操守、追求专业理想，实现公共利益最大化，表现出“政治人”的特征；但一旦受限时（如：政府或开发商施压），则大多明哲保身，仅保持自身利益不受影响的，或只追求自身利益最大化，显现出“经济人”特点。

再次，作为专业技术人员，规划师属专业精英，他们具有运用城市规划知识和技能向地方政府提供“规划编制、项目论证、城市开发政策研究”等专业化的技术咨询和服务，以实现调控城市健康发展、维护和增进公共利益的专业使命和职业道德，这也是社会对城乡规划专业及其从业人员的根本要求。为此，规划师作为“公众代言人”，具有向“权力和资本讲授真理”，谋求公众福利的专业职责。从这个意义上说，规划师具备类似于“政治人”的属性特征，其在控规运作中的利益诉求是公共利益最大化。不过，正因为专业精英的自我意识，有时却使规划师“高傲自大”，重视书本知识和权威意见，忽视普通百姓的真正需求，致使其虽有维护公共利益的愿望，但不能保证行为结果在客观上能真

---

[1] 由于总规一般 5 年才修编，控规和控规修改量大、面广，往往成为规划设计单位主营项目。

[2] 杨宏山．公共政策视野下的城市规划及其利益博弈 [J]. 广东行政学院学报，2009，21（4）：13-16.

正增进公众福利，即陷入“好心未必能办好事”的尴尬。

由于规划师的三重身份是互相联系、密不可分的，有时很难分清其是采用何种身份在行事。正因此，规划师在控规运作中的利益诉求是自相矛盾的：既有作为“类政治人”或“准政治人”，运用专业知识和技能实现公众福利的愿望；又有作为正常“经济人”，借助专业知识和技术专家的特殊身份为自身谋取利益的需要，有时甚至导致其在控规中的作用异化，而“向权力或资本折腰”（表 6-4）。

规划师在控规运作中的角色、利益诉求与实现途径 表 6-4

角色属性	控规运作中的利益诉求	利益实现途径
经济人（作为普通民众）	个人收益最大化	控规编制或控规修改论证
经济人与政治人混合（作为知识分子）	公共利益最大化	控规编制或修改的“科学化”； 相关的技术研究与论证； “向权力或资本讲授真理”
	自身利益不受损害，个人利益最大化	明哲保身，“向权力或资本折腰”
类政治人（作为专业精英）	公共利益最大化，但有时忽视公众真正诉求，导致事与愿违	控规编制或修改的“科学化”； 相关的技术研究与论证； “向权力或资本讲授真理”

6.3.4 社会公众主体的利益诉求及其实现

广义而言，社会公众是指社会全体成员，政府官员、开发商、规划师均包含其中，但由于他们分属于权力主体、资本主体和知识主体，在控规运作中有着明显不同于社会普通公众的诉求、影响和作用，故此处的社会公众主体不包括政府官员、开发商和规划师，而是指一般意义上的普通市民。从社会公众主体整体角度而言，追求公共利益最大化是其在控规运作中的利益诉求。但是，公共选择理论奠基人之一的曼瑟尔·奥尔森（Mancur Olson）研究指出，集团越大，分享收益的人越多，为实现集体利益而进行活动的个人分享份额就越小；与此同时，集团规模大、成员多使得要做到“赏罚分明”需花费高额成本，包括有关集体利益和个人利益的信息成本、度量成本以及奖惩制度的实施成本等；所以，经济人或理性人是不会为集团的共同利益而采取行动，这正是集体行动的困境[1]。社会公众集团数量庞大，实质上是很难实现公共利益最大化的良好愿望，因为社会公众是由若干分散、独立的个体构成，其利益需求大多从个人

[1] （美）曼瑟尔·奥尔森．集体行动的逻辑 [M]．陈郁等译．上海：上海人民出版社，1995：译者的话．

角度出发，关注自身利益多，关注他人及社会整体利益少，是典型的“经济人”，在控规运作中特别关注对自己产生影响的规定，如：拥护在自己周边规划绿地公园，而反对垃圾站、变电站等“邻避设施”（NIMBY 设施）的设置。此外，公众追求个人利益上，还具有两个特点：①在不损害自身利益的前提下，也希望公共利益最大化，并具有明显的“搭便车”行为倾向和“从众心理”，尽可能减少自己的精力或物质投入，而乐意享受其他个体努力为之带来的福利；②公众的范围很宽泛，虽同归为一个社会公众主体，但由于年龄、性别、家庭、教育、职业、收入等方面的差异，使得公众利益诉求亦千差万别，甚至可能相互矛盾，如：对于历史地区控规，是应该拆迁开发多，还是应该保护多，或是拆迁与保护并举，公众之间很少有一致共识。

社会公众的利益诉求实现上，市民分散的个体力量难以达成集体行动，不能聚合形成合力，对规划决策的影响力很低，需要通过一定的委托代理机制，由政府和规划师代表公众利益行使规划编制和规划管理权；而随着公民权利意识的觉醒，市民对城市规划表现出越来越强的参与愿望，他们要求通过一定的途径反映自身的意见和声音，表达自身的利益诉求，并对政府规划部门和规划师能否代表他们的利益表示怀疑[1]。因此，在现代社会，真正能够实现公众利益的方式在于具有法律保护、制度保障和操作机制的实质性公众参与（表 6-5）。深圳与广州规委会中纳入一半以上的非公务员代表[2]、深圳龙岗试行的社区规划师制度[3]、北京控规运作中的“规划下基层、下社区”等都是推进公众参与的有益尝试[4]。

社会公众在控规运作中的角色定位、利益诉求与实现途径 表 6-5

角色属性	控规运作中的利益诉求	利益实现途径
经济人	个人收益最大化，“趋利避害”	实质性公众参与、“政治人”关注、专业精英维护
	自身利益不受损害下的公共利益最大化，搭便车、从众	实质性公众参与、“政治人”关注、专业精英维护

[1] 杨宏山．公共政策视野下的城市规划及其利益博弈 [J]. 广东行政学院学报，2009，21（4）：13-16.

[2]《深圳市城市规划委员会章程》（2002）；广州市规划局澄清：规委会专家公众意志高于政府意志 [2010-12-13]，http://ycwb.com/gdjsb/2009-11/17/content_2332950.htm.

[3] 冯现学．对公众参与制度化的探索—深圳市龙岗区“顾问规划师制度”的构建 [J]. 城市规划，2004，28（1）：78-80.

[4] 邱跃．北京中心城控规动态维护的实践与探索 [J]. 城市规划，2009，33（5）：22-29.

6.4 控规运作中不同利益主体之间的利益关系与利益博弈

从本质上说，控规运作是一个利益博弈的过程。如果说过去控规是土地与空间资源的一项工程技术配置，那么在市场经济条件下土地使用权市场化以后，控规已转变为土地利益调控的重要工具[1]。因此，分析潜藏于控规背后不同利益主体之间的利益关系和利益博弈，不仅有助于加深对当前控规问题的认识，更有助于问题的最终解决。

6.4.1 政府权力主体与市场资本主体的博弈

市场经济下，如何吸引城市发展的资金和项目，既是决定地方政府作为“政治人”，能否实现其政治理念、增进公共福利的必要条件，也是其作为“经济人”，能否获得个人名声、政绩和政治晋升等的必备前提。面对激烈竞争，地方政府竞相“放权让利、政策优惠”，甚至不惜牺牲公共利益去争抢市场资本。这样，地方政府既有促进地方经济增长的强烈愿望，又有谋求自身利益（如地方财政收入、政治业绩）最大化和短期化的追求，他们拥有对行政资源、垄断性竞争资源（如城市规划、土地出让、制定制度等）的特权，遂与城市中诸多经济发展主体（如开发商、投资商）结成种种增长联盟，形成了复杂而有力的“城市增长机器（Urban Growth Machine）”[2]。反映在控规中，主要是开发商通过左右政府来影响规划决策，使得控规成为开发商实现其利润最大化的合法工具。如：对于有意向开发商的出让地块[3]，政府要求控规编制听从开发商意愿，出具符合其要求的控制指标；或者为了满足开发商需要，对已审批的控规进行修改，致使控规偏离应有的方向，公共利益最终受损。

6.4.2 政府权力主体与技术知识主体的博弈

总体来说，规划师的职业是专业技术服务性质的[4]。对于企业化的规划设计单位（如：民营规划设计公司、改制后的规划设计院），地方政府下拨设计费，

---

[1] 颜丽杰.《城乡规划法》之后的控制性详细规划——从科学技术与公共政策的分化谈控制性详细规划的困惑与出路[J]. 城市规划，2008，32（11）：46-50.

[2] 张京祥，罗震东，何建颐. 体制转型与中国城市空间重构[M]. 南京：东南大学出版社，2007：142.

[3] 后期通过影响政府，左右土地出让规划条件中的若干条款设立，排斥其他开发商参与土地竞拍，最终获得该土地。

[4] 张兵. 城市规划专业化的概念与问题[J]. 城市规划汇刊，1997（4）：1-9.

规划主管部门委托规划设计单位进行控规编制或控规修改论证，政府实际上是规划师的雇主，规划师通过生产“产品”（控规）而获得相应报酬。依据市场经济规则，作为“经济人”的规划师多会听从雇主的意愿和要求，以生产出其所需要的“产品”。这样，政府实质上决定着控规的编制与修改。如：笔者制定的某县城山水公园地区控规，曾得到一致好评，且经政府审批通过，2009年政府换届，出于增加土地收益的需要，新任领导要求进行控规修改，提高开发强度，遭笔者拒绝；但遗憾的是，地方政府重新选择另一规划设计单位进行修改成功。对于事业性质的规划设计单位，如：隶属于规划主管部门的规划院或规划编研中心，原本是为公众谋福利的政府规划师，但由于其人事安排和经费拨款都归属于地方政府，政府左右其行为十分容易，实质上，他们成了地方政府的“御用”规划师，期望他们不畏权势，无异于苛求。

对于《城乡规划法》规定的控规编制或修改论证中需征询意见的专家，不仅不能左右控规的走向，甚至沦为政府审批控规的合法化“道具”。因为：第一，专家很可能是规划设计单位中的一员，或是规划主管部门一分子，他们都受控于地方政府。第二，对于高校或研究机构等非政府部门的专家，“由于他们并不明确对某特定集团或阶层负责，因此在控规审议中很难与政府成员形成对立的意见冲突，难以对政府决策构成制衡，也难以成为决策意见的主导者，通常也只是被动的决策工具[1]”。第三，由于缺乏制度保障，专家意见是否被吸纳不得而知。第四，专家邀请都是由地方政府选择，政府往往会选择“听话”的专家。

所以，在现有体制下，规划师代表民意“向权力讲授真理”，既缺少利益激励，又缺少制度保障。

6.4.3 政府权力主体与社会公众主体的博弈

尽管社会公众在数量上占据绝对的优势，但公众分散的个体、差异化的思想，无法凝聚成合力，难以达成协调一致的集体行动从而实现对城市的管理，为此，一般通过委托—代理制度，由政府代表公众行使城市发展的管理权。依据“谁授予权力，就对谁负责”的政治逻辑和权力运行法则，理论而言，两者的利益关系应是社会公众委托地方政府在城市发展中关注公众需求，关注弱势群体，最大化地增进公共利益；而代理人则从推进城市发展中获得广大公众的支持、实现政治理念，以及仕途升迁的政治业绩。但是，在目前体制下，地方各级政府领导均

[1] 邹兵．敢问路在何方—由一个案例透视深圳法定图则的困境与出路［J］．城市规划，2003，27（2）：61-67，96.

由上级政府任免和评估，市长无法真正对市民负责，地方政府的成就由上级政治机构而非其所辖范围内的市民所评估[1]，这自然导致政府对普通公众利益诉求的漠视。所以，制定城市发展的公共政策时，由于在委托人（社会公众）和代理人（地方政府）两者目标函数之间不满足“激励相容[2]”，地方政府选择自身政治效用最大化的行为脱离委托人的预期[3]。反映在控规上，主要表现为：1）地方政府为满足土地出让收益的最大化，或通过高层建筑树立城市形象，或向开发商妥协，着力提高开发地块的容积率和建筑高度，而不顾配套设施的短缺、城市空间的拥挤所造成的公众利益损害。2）地方政府尽可能挤占公共设施和公共空间用地，增加出让土地面积，获取收益。

6.4.4 市场资本主体与技术知识主体的博弈

市场经济下，开发商和规划师之间基本上是一种“雇佣与被雇佣”的关系。规划师作为市场行为主体，通过为开发商“服务”而获取自身利益的最大化，具有典型“经济人”的特征。开发商与规划师在控规运作中的利益关系主要有三种情形：①开发商委托规划师进行控规修改的论证，期望规划师利用专业的技术知识，使修改论证达到开发商的预期，并通过地方政府审批；②开发商委托规划师编制修建性详细规划和建筑设计，或期望规划师协助寻找开发控制的制度漏洞，打“擦边球”（如：增加不计入或少计入容积率的半地下开发和阳台面积），或要求编制突破控规的方案，之后再通过“寻租”官员方式获得政府审批，以提高开发收益；③开发商通过隐蔽的方式，提前介入控规编制，运用金钱收买规划师，使控规编制朝着开发商的预期发展。客观而言，规划师作为技术专家和知识分子，骨子里有为公众谋福利的正义感和专业职责，因而，不排除有规划师会对开发商说“不”。但正如石楠（2006）指出，规划师有着普通人的职业和生活追求，为了公共利益，坚持原则淡泊名利、得罪他人，在物质利益至上的大环境下，有时候不只是道德底线，而更近乎一种苛求[4]。市场环境下，在房地产经济链条中，

---

❶ 朱介鸣．市场经济下的中国城市规划 [M]．北京：中国建筑工业出版社，2009：53.

❷ 激励相容，是美国经济学家赫维茨（Leonid Hurwicz）、马斯金（Eric S.Maskin）和迈尔森（RogerB.Myerson）提出的机制设计理论中的重要概念。赫维茨对激励相容的解释是：如果每个参与者真实报告其私人信息是占优策略，那么这个机制是激励相容的；如果满足激励相容，行为主体即使从自身利益最大化出发，其行为也指向机制设计者所想要达到的理想目标。详见：姜杰，曲伟强．中国城市发展进程中的利益机制分析 [J]．政治学研究，2008（5）：44-52.

❸ 姜杰，曲伟强．中国城市发展进程中的利益机制分析 [J]．政治学研究，2008（5）：44-52.

❹ 石楠．编者絮语 [J]．城市规划，2006，30（6）：1.

有些知识分子变成畸形房地产市场和房地产商行为合理性的论证者，成为利益获得者[1]。所以，开发商与规划师的博弈结果大多是"金钱买通技术"，规划师成为开发商的附庸，甚至结为利益链条，公共利益被抛之脑后。

6.4.5 市场资本主体与社会公众主体的博弈

从数量上看，开发商属于小集团，社会公众则属大集团；从利益诉求来看，开发商的利益需求比较一致，即寻求开发利润最大化，而社会公众由于个体思想、观念等的差异，利益诉求千差万别，较难达成一致的利益目标；从组织结构上看，开发商一般有严密的组织、内部明确的分工，且有选择性的激励机制（即对集体成员的行为"赏罚分明"），而社会公众则基本上是一盘散沙，甚至谈不上是一个集团（因为无凝聚力），工会组织的职责也往往缺失[2]。依据奥尔森教授的公共选择理论：小集团比大集团更容易组织起集体行动，具有有选择性激励机制的集团比没有这种机制的集团更容易组织起集体行动。所以，在控规运作中，开发商因其具有的强大组织能力，雄厚的市场资本，加上与地方政府、规划师之间的利益关联，使其与社会公众博弈中屡屡占据上风，影响甚至左右控规的决策，使其沦为开发商追逐利润的工具。尽管《城乡规划法》也规定了市民参与控规、利害关系人参与控规修改论证，以及任何人可以检举违反控规的建设行动等，但市民在行使这些法定权力时，往往都需要借助于地方政府（或其规划主管部门）来实现，而在地方政府已被开发商"俘获"或是已与开发商结成联盟的情况下，市民与开发商进行博弈的这些权力最终只能成为摆设。

6.4.6 技术知识主体与社会公众主体的博弈

理论而言，规划师应是公众利益的代表，是"公众的代言人"，应"向权力讲授真理"，但这些都只是城市规划的专业理想和规划师的职业准则，它只受道德的激励和社会良知的驱动，而缺乏经济方面的机制激励和法律方面的制度约束。从工作关系来看，作为控规编制与控规修改论证的规划师，以及意见征询的规划专家，其雇主都是地方政府或开发商；由于我国目前经济发展水平的制约，受聘于社区和市民城市规划咨询服务形式尚未出现[3]。所以，

[1] 吕薇．利益群体博弈的背后 [J]．瞭望，2006（28）：17-18.

[2] 在中国，事业和国有单位的工会不是独立于非政府组织，实质是党政把持下的准政府组织；而在绝大多数私营企业和外资企业中，工会组织是缺失的。详见：王勇．权利的社会回归 [J]．规划师，2009，25（2）：56-61.

[3] 张昊哲．基于多元利益主体价值观的城市规划再认识 [J]．城市规划，2008，32（6）：84-87.

依据市场经济的运行规则，规划师及规划专家自然为地方政府或开发商服务，并为其谋求收益的最大化，以换得自身所需的收入、地位和名望等；对于公众利益，则只能是兼顾，甚至是抛弃。从这个意义上看，规划师实质上多受控于地方政府或开发商，成为官员谋求仕途晋升和开发商追逐金钱利润的“工具”。为此，周干峙院士在2009中国城市规划年会上感慨道，当前城市规划工作要解决好两个问题：①行政干预过多；②土地开发机制混乱，甚至被开发商暗地操纵[1]。

6.4.7 不同利益主体之间利益关系与利益博弈总结

从资源与权力上看，地方政府拥有城市规划、土地出让、出台制度、发布行政命令等排他性行政特权；开发商拥有投融资、项目开发的资本选择权；规划师则具备专业技术知识的垄断权；公众，原本在委托代理机制下，通过政府和规划师间接拥有管理城市、保护自身利益、增进公共福利的权利，但却因制度缺失，公众与政府及规划师的目标效用函数之间出现“错位”，代理人（政府及规划师）不仅不能履行应负的职责，而且还与市场资本结成联盟，导致公众委托的权力异化为代理人谋求私利的工具。

在利益关系与利益结构上，地方政府既有推进地方经济增长的迫切愿望，又有谋求政绩、名声等个人利益最大化的需要，而这既要有充裕的资本（开发商）支持，又需要专业技术（规划师）支撑，为此，地方政府必然“拉拢、联合”开发商，同时“控制”规划师为其服务；对于开发商，为实现开发利润最大化，首要的是政府支持，其次需要规划的帮衬；对于规划师，虽有为公众谋福利的专业理想，但更有个人收益最大化的需求，他们不仅需要地方政府和开发商提供的实践机会、社会地位和名誉声望，更需要地方政府和开发商作为“雇主”，提供的工作就业和丰厚的设计收益；对于公众，一不能决定官员升迁、二无权约束开发商，三不能影响规划师收益，其与政府、规划师、开发商关系最弱，必然被边缘化。所以，地方政府需要借助开发商的市场资本推动城市GDP增长，获取政治业绩，开发商需依靠政府行政特权提供政策“优惠”，赚取超额开发利润，规划师则受雇于两者，成为“帮凶”，乐于享受“溢出利益”，如此，政府官员、开发商、规划师各取所需，结为利益联盟的“金字塔”（图6-3），开发商居于顶端、政府其次、规划师尾随，形成了复杂而有力的“城市增长机

---

[1] 两院院士：城市规划被开发商暗地操纵[N/OL]. 东方早报，2009-09-13 [2011-06-27]. http://www.dfdaily.com/html/33/2009/9/13/334622.shtml.

器（Urban Growth Machine）”，公众则被压在最底层。

因此，控规运作中地方政府、开发商、规划师、社会公众四者之间的相互利益博弈，从本质上看，实际上是社会公众与由地方政府、开发商、规划师结成的利益共同体两者之间的博弈，其力量悬殊之大，使得控规在很大程度上沦为掩盖地方政府、开发商以及规划师逐利的合法化工具。由于现行委托（公众）代理（政府和规划师）制度的不完善，公众无法对政府官员形成有力监督及在规划中的实质性参与；且缺乏杜绝地方政府与开发商结为利益链条的法律约束，及保障规划师专业行为独立的工作机制，导致社会公众与其他任意一方的博弈始终都处于劣势之中，利益自然受损。所以，控规运作的扭曲“与其说是规划管理制度的漏洞，不如说是国家政治制度中利益制衡的一个重大缺失[1]”。

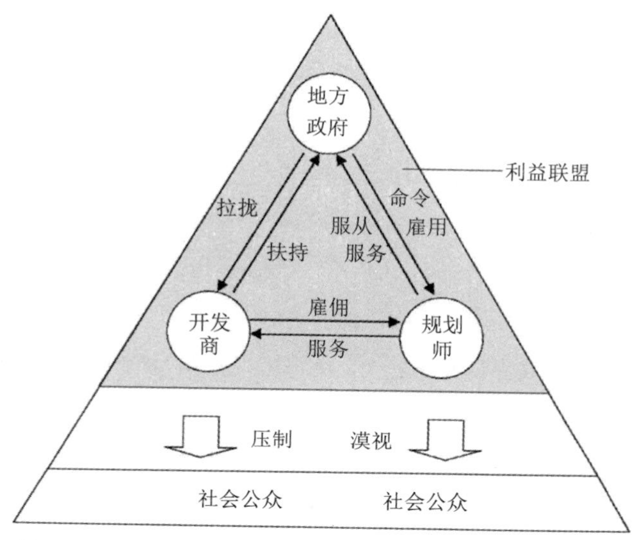

图 6-3 控规运作中不同利益主体之间的利益关系和利益结构

6.5 本章小结

本章借助利益分析法，重点剖析了控规运作过程及其中政府、开发商、规划师、公众等不同参与方的利益角色、利益诉求与利益冲突。研究指出，控规运作中，基本上形成了政府组织并决策、规划设计单位编制、开发商实施、公众和专家参与的关系格局，其中，起主导性作用的是地方政府及其规划主管部门，其次是开发商，而后是规划编制单位，最后才是公众及专家（且多属被动式参与）。控规运作的利益博弈上，最大问题在于地方政府。在市场化、分权化以及 GDP 至上的

[1] 王勇．权利的社会回归——论城市规划的非市场缺陷［J］．规划师，2009，25（2）：56-61.

官员考核制度等影响下，政府早已不仅仅是“公共利益”的“守夜人”，更多的表现出“经济人”的特性。政府不仅要运用控规调控城市开发，保障公共利益，更希望运用控规实现城市土地利用效益的最大化，提高土地出让收益，推进城市经济发展，获取政绩甚至个人私利；而且，市场经济下，为获取投资，地方政府还常常与开发商结盟，形成“城市增长的机器”，并将控规异化为服务于开发商和政府自身谋取“私利”的工具，这些均导致控规“失效”。控规运作的利益博弈上，表面上看是地方政府、开发商、规划师、社会公众四者之间的利益博弈，但实际上是社会公众与由地方政府、开发商、规划师结成的利益共同体两者之间的博弈，其力量悬殊之大，使得控规在很大程度上沦为掩盖地方政府、开发商以及规划师逐利的合法化工具。由于现行委托代理制度的不完善，公众无法对政府官员形成有力监督及在规划中的实质性参与；且缺乏杜绝地方政府与开发商结为利益链条的法律约束，及保障规划师专业行为独立的工作机制，导致社会公众与其他任意一方的博弈始终都处于劣势之中，利益自然受损。

第七章 机制构建：基于多元利益平衡的控规运作机制

控规作为调控城市土地利用的规划政策，实质上是城市开发中不同利益主体之间博弈的结果，它通过协调城市开发中不同的利益诉求、调解其间的利益矛盾与冲突，最终达成“维护公共利益”的公共目标，形成城市开发的调控规则。但是，当前我国正处于快速城市化背景下的社会经济转型期，城市建设开发中利益主体不断激增与分化，利益占有之间差别很大，呈现出利益矛盾多样化、利益关系复杂化、利益博弈非均衡化等特点，致使政策决策中对不同利益主体的利益诉求、利益矛盾、利益关系与利益结构等的辨别十分困难，进而加大了决策难度，降低了政策的针对性和有效性；一定程度上，导致了控规的频繁调整乃至“失效”。公共政策学认为，政府公共政策的水平，集中在发掘相同点、平衡不同利益需求的能力上，具体表现在通过一种合理的政策序列的设计和安排，既能保证公众的一致性利益，又能顾及少数公众的特殊利益[1]。因此，要实现控规保障公共利益的政策目标，其制度建设与程序设计十分关键，而其思路和重点则在于如何通过制度安排，协调多元利益主体之间的利益矛盾与冲突，促进城市开发中多元利益平衡，增进社会福利。

7.1 控规运作中的利益矛盾与冲突

由第六章分析可知，控规中的利益矛盾与冲突，实质上是地方政府、开发商、规划师的个体利益（包括个人、部门与集团的私利）与社会公众的公共利益之间的矛盾与冲突。社会公众，原本在委托—代理机制下，通过政府和规划师间接拥有管理城市、保护自身利益、增进公共福利的权力，但现实中公众与政府及规划师的目标效用函数之间出现“错位”，代理人（政府及规划师）因追求自身的私利，不仅不能履行应付的职责，而且还与市场资本（开发商）结成联盟，使得公众委托的权力异化为代理人谋求私利的工具，从而导致控规的“非公共化”，进而引发了政府、开发商、规划师等个体利益与社会公众的公共利益之间的矛盾与冲突。具体表现在三个方面：①城市发展的短期利益与长远利益的矛盾；②城市发展的局部利益与整体利益的矛盾；③个人利益与集体利益、公共利益的矛盾。

[1] 李延辉．中国社会利益结构的变化及其对公共政策的影响［J］．科学社会主义，2007（5）：86-88.

7.2 控规运作中利益矛盾与冲突的根源

控规中的利益矛盾，虽然是地方政府、开发商、规划师的个体私利与社会公众的公共利益之间的矛盾；但由于地方政府（包括规划主管部门）拥有控规编制的计划权、财政权、组织权、审批决策权及控规的实施与监督权，开发商和规划师在控规中的利益实现也必须通过地方政府的权力行使来达到，地方政府实质上对控规运作起着决定性作用，所以，控规运作中政府、开发商、规划师与社会公众的利益矛盾，主要是地方政府与社会公众之间的利益矛盾，地方政府自身利益（包括政府地方利益、部门利益和官员利益三个层面）膨胀且未能得到有效的遏制应是控规价值取向背离公共利益的关键，也是造成控规“失效”的重要原因。

那么，究竟是什么原因造成控规运作中地方政府与社会公众之间的利益矛盾与冲突呢？人们从事各种活动，从本质上说，大多是为了自身利益，为了满足自我需求，对利益的追求是人们从事社会活动的主要动因。很长时间内，政府被认为是公共利益的“守夜人”，政府与生俱来就是追求社会福利最大化的。但是，以布坎南为代表的公共选择理论，从经济学的方法出发研究政府—政治过程，说明了政府及其官员的行为动机，指出政府及其官员所追求的并不是公共利益，而是自身的利益及其最大化[1]。虽然政府是一个集体组织，政府行为是集体理性指导下的集体行动，但政府是由个体化的政府官员构成，政府集体行动最终要落实到政府官员的个体行为；由于个体行为的理性化原则是个体利益的最大化，因此，个体行为的整合往往会偏离集体理性目标即集体利益的最大化，所以，政府失灵与市场失灵一样，是合成谬误的结果，即个体行为合成对集体目标的偏离[2]。

陈庆云（2005）指出，利益是人们为了生存、享受和发展所需要的资源和条件，它分为三个层面：①满足组织和个人生存和发展的基本利益；②组织和个人在履行其扮演的角色所规定的权力、责任与义务时获得的相对称的角色利益；③组织和个人为满足自身过度膨胀的需求，利用其在社会中的特殊地位和

[1] 陈振明．市场失灵与政府失败——公共选择理论对政府与市场关系的思考及其启示［J］．厦门大学学报（哲社版），1996（2）：1-7.

[2] 钟永键，刘伟．现代西方政府失灵理论评析［J］．理论与改革，2003（6）：31-32.

权力来谋取的失常利益[1]。基于此，地方政府的利益也包括基本利益、角色利益和失常利益三个层次。首先，作为地方人民政府，有职责和义务推进地方发展，增进社会福利，保证其组织基本利益和角色利益的实现，但是，我国1990年代分税制改革后，地方政府与中央政府之间财权与事权不对等，地方政府财权小、事权大，而且还需承担大量的公共产品供应和维护；与此同时，经济增长业绩又在地方政府政绩考核体系中占有很大权重，且每届政府任期都有时间限制。所以，很多地方政府"不得不"依靠"土地财政"，增加财政收入；并与开发商"结盟"，以吸引尽量多的企业或私人投资到城市建设中，来保障组织自身的基本运作，从而形成"城市增长的机器"。数据显示，近10年来，各地土地出让金持续攀升，全国土地出让收入占地方财政收入的比重，已经从2001年的16.6%，上升到2009年的48.8%，2009年土地出让收入为14239.7亿元，增长43.2%[2]。由于控规中地块容积率指标直接涉及地方政府土地出让收益的高低以及开发商的开发利润，所以，也就不难理解，为什么地方政府要求控规编制中要提高地块容积率指标，或是频繁调整控规，提高出让地块的容积率，甚至为了"迎合、讨好"开发商而满足其调高容积率的要求。这些，都不可避免地造成了控规的"异化"，导致公共利益受损以及地方政府与社会公众的利益矛盾。

其次，地方政府由个体官员构成，他们作为政府组织的组成部分，既要与地方政府的组织利益、角色利益的需求保持一致，但又难免存在自身发展的利益需求[3]。在制度不完善、缺乏监管的情况下，他们很容易利用其所拥有的权力和资源"设租"，追求个人利益最大化，获取"失常利益"，重庆规划局的容积率买卖案件即是实证[4]。这必然造成控规运作中公共利益受损，从而引发利益矛盾与冲突。

所以，控规运作中地方政府与社会公众之间利益矛盾与冲突的根源在于两大方面：一是宏观体制问题，即：分税制、以经济增长为重心的政绩考核制度和官员任期制，促使地方政府依赖"土地财政"，与开发商"结盟"，致使政府在控规运作中过多地关注土地收益、地方经济发展和短期利益，而忽视了社会

---

[1] 陈庆云，曾军荣．论公共管理中的政府利益[J]．中国行政管理，2005（8）：19-22.

[2] 林劲榆 土地收入占地方财政收入已近五成[N/OL]．新闻晨报，2011-01-25（A37）[2011-08-31]．http://newspaper.jfdaily.com/xwcb/html/2011-01/25/content_502566.htm.

[3] 姜杰，曲伟强．中国城市发展进程中的利益机制分析[J]．政治学研究，2008（5）：44-52.

[4] 刘丁．重庆地产窝案现形[N/OL]．南方周末，2008-09-25[2011-06-26]．http://www.infzm.com/content/17696/0.

公众的公共利益；另一则是约束与激励机制缺失或不足，造成政府官员的个人理性与政府集体理性、委托人（社会大众）理性不相符，致使控规“异化”为官员谋求私利的工具，导致公共利益受损。

7.3 控规制度建设的重难点

7.3.1 控权：权力行使的范围与程序

如前述，地方政府自身利益（包括政府地方利益、部门利益和官员利益三个层面）膨胀且未能得到有效遏制，应是控规价值取向背离公共利益的关键，这也是造成控规中利益矛盾和控规“失效”的重要根源。根据查尔斯·沃尔夫的研究，这实质上是政府失灵或非市场失灵（Non-market Failure），即是一种由政府干预而引发的一系列非效率性资源分配的公共状态，其作用往往会恶化其市场失灵的结果。那么，如何防范“政府失灵”呢？新制度经济学、公共选择理论、企业家政府理论等对此进行了深入探讨，基本形成了改革政治制度与公共决策体制，引进市场竞争机制以提升政府效率，以及减少政府干预、市场问题应交回给市场解决等三大思路。

首先，公共选择学派认为，政府失败与过时的民主政体有关，与其说政府失败反映了市场经济的破产，不如说反映了政治制度的失败；为此，布坎南提出了避免政府失败的根本措施，即改造现有的西方民主政体，具体包括：进行立宪改革，对政府的财政过程尤其是公共支出加以约束，完善表达民主的方式以及发明新的政治技术等[1]。

其次，一些公共政策学者认为可以借鉴市场环境中产权明晰、竞争充分、效率高等特点，在政府管理过程中引入某些适宜的市场机制，来改善政府的某些功能，提高政府效率，克服政府失灵。美国加州大学帕克立分校公共政策学院的尼斯卡宁（William A.Niskanen）在《官僚机构与代议制政府》（1971）书中就提出了三个措施：①在政府内部重新确定竞争机制；②在高层行政管理者中恢复发挥个人积极性的制度，其作用将与利润在私营部门中的作用相同；③更经常地采用由私营企业承担公用事业的政策，即更多地依赖于市场机制来生产某些公共物品或公共服务[2]。政策分析学者韦默（David L.Weimer）和维宁（Aidan R.Vining）在《政策分析——理论与实践》（1989）一书中提出了

---

[1] 陈振明．非市场缺陷的政治经济学分析［J］．中国社会科学，1998（6）：89-105.

[2] 陈振明．非市场缺陷的政治经济学分析［J］．中国社会科学，1998（6）：89-105.

运用市场机制来纠正政府失灵的三种方法：一是解放市场，即在不存在固有的市场失灵的情况下，应该考虑解放受管制的市场，而让市场充分发挥作用；二是推动市场，如果一个市场以前并不存在，那么谈论解放市场就没有意义；于是应通过建立现有物品的产权或者创造新的可交易物品，来推进建立一个有作用的市场的过程；三是模拟市场，即在有效的市场无法运行的情况下，政府可以模拟市场过程（如通过适宜的拍卖机制）来提供某些公共物品及服务[1]。企业家政府理论提出，要用企业家在经营中所追求的讲效率、重质量、善待消费者和力求完美服务的精神，在政府管理中广泛运用企业管理中的科学管理方法，改革政府机构中的公共管理部门；企业型政府应该是起催化作用，掌舵而不是划桨[2]；其重点是运用市场机制提升政府效能，提高其供应优质公共产品与公共服务的能力和水平。

此外，市场并非万能，但政府干预也绝非十全十美的，政府与市场一样存在着缺陷。基于此，新制度经济学认为，“市场失灵”源于市场本身的不完善，市场失灵应通过市场的发展深化来解决，而非依靠政府介入。为此，科斯指出，造成“市场失灵”的外部效应，可以通过彻底明晰产权，将外部效应内在化，通过自愿的私人契约弥补市场缺陷，而无须政府介入；政府干预的交易成本太大，并经常超过市场调节的交易成本，因而出现“政府失灵”[3]。

总结来看，“政府失灵”的防范，前提在于厘清两个问题：①政府该何时干预市场？即政府与市场的边界在哪，哪些应由市场或市场完善后解决，哪些需要政府干预；②政府该如何干预市场？这两个问题实际上是政府权力行使的问题，前者是政府权力的行使范围，后者涉及政府权力的行使方式与程序。从这个意义上看，解决“政府失灵”的关键在于“控权”，既要控制权力行使的范围，还要控制权力行使的方式与程序。2008 年实施的《城乡规划法》，建立了以控规为核心的制约机制，强化了法律对规划行政的控制，藉以提高规划管理的确定性，以及最大程度地消除权力滥用的基础，其立法精神和本质就是“控权”；对控规而言，当前的主要任务是要在既定的法律框架下去完善“控规”编制与管理制度；在具体制度设计上，要力求体现法律精神，而不是试图规避“控

---

[1] （美）戴维·L·韦默，（加）艾丹·R·维宁．政策分析——理论与实践 [M]. 戴星翼，等译．上海：上海译文出版社，2003：187-194.

[2] 李荣华．多视角比较，有取舍借鉴 [J]. 中国行政管理，2004（3）：63-64.

[3] 魏龙．市场失灵、政府失灵与经济失控 [J]. 中南财经大学学报，1995（4）：54-57.

权”而背离立法原则[1]。法学原理指出，法律控权主要分为实体控权和程序控权。所以，控规制度建设的重点在于：通过制度设计，一是界定政府干预城市建设开发的边界，即实体控权；二是应加强和完善政府干预城市建设开发的程序性规定，规范政府的权力行使，进行程序控权。而20世纪以后，随着行政权的不断扩张，实体法控制日渐式微，程序法日益兴盛，为此，程序控权尤为重要。

7.3.2 机制设计：激励相容与信息效率

实践中，受分税制的财政制度和GDP为导向的政绩考核制度驱使，在开发商不遗余力地“逐利”驱动下，地方政府和规划师在控规运作中背离社会公众的期望，因谋求自身私利而导致作为公共政策的控规“非公共化”，无法完成维护公共利益的作用，应是引发控规利益矛盾的重要原因。要扭转这一状况，除了要对政府“控权”外，从利益分析的视角看，关键在于两个方面：一是如何约束地方政府和规划师的自利动机；二是如何激励地方政府和规划师确立以“维护公众利益”为目标来行事；从而促使其在控规运作中回归到以“公共利益”为核心的价值轨道之中，这应是控规制度建设的难点所在。对此，2007年诺贝尔经济学奖获得者创立的“机制设计理论（Mechanism Design Theory）”提供了有益启示。机制设计理论重点回答应制定什么样的规则才能使经济活动中每个成员的利己行为的实际结果与给定的社会或集体目标一致？或者说，应制定什么样的规则使得每个人在追求个人利益的同时也使既定的社会目标实现？的问题[2]。机制是现代经济学学术上的说法，对应到现实中就是制度和规则；要达到一个社会目标值，就要设计一套制度，经济学中叫做机制，就是一套博弈中的规则，来实施这一目标值；当设计这个规则的时候，要考虑到所有的人都会对这套规则作出反应[3]。

（1）机制设计理论

机制设计理论是由美国经济学家赫维茨（Leonid Hurwicz）教授（1960、1972年）开创，并由马斯金（Eric S.Maskin）和迈尔森（Roger B.Myerson）两位经济学教授进一步发展而成。机制设计理论所讨论的问题是：对于任意的

---

[1] 赵民，乐芸．论《城乡规划法》“控权”下的控制性详细规划[J]．城市规划，2009，33（9）：24-30.

[2] 田国强．经济机制理论：信息效率与激励机制设计[J]．经济学（季刊），2003，2（2）：283.

[3] 钱颖一，王一江，李稻葵，白重恩．机制设计理论与中国经济改革[N]．经济观察报，2007-11-12（041）.

一个想要达到的既定目标，在自由选择、自愿交换的分散化决策条件下，能否并且怎样设计一个经济机制（即制定什么样的方式、法则、政策条令、资源配置等规则）使得经济活动参与者的个人利益和设计者既定的目标一致，即每个人主观上追求个人利益时，客观上也同时达到了机制设计者既定的目标[1]。机制设计理论在现代经济学中对社会惯例和市场的分析上作出了重大的突破，改变了以前经济学家认为在政府信息不完全的情况下不能进行优化社会惯例和规章的观点，它对现在和以后的政策制定都有很大的影响[2]；目前已经成为在经济学和政治学等众多领域内发挥重要作用的主流理论，并且被广泛地应用于规章或法规制订、最优税制设计、行政管理、民主选举、社会制度设计等现实问题的机制设计过程之中[3]。

机制设计需涉及两个基本问题：①信息效率问题，即所制定的机制是否只需较少的信息传递成本，较少的关于消费者、生产者及其他经济参与者的信息；②机制的激励相容问题（也就是积极性问题），即在所制定的机制下，每个参与者即使追求个人目标，其客观效果是否也能正好达到设计者所要实现的目标。激励相容和信息成本是任何机制所必须考虑的两个基本问题，且是判断一个经济机制优劣的标准[4]。

信息效率："任何一个经济机制的设计和执行都需要信息传递，而信息传递是需要花费成本的[5]"，一个良好的机制设计必须要能较好地传递信息，并且最大程度地降低信息成本。但是，"在机制设计中，机制设计者没有也不可能了解所有信息，那么在信息不完全的情况下，如何设计出有效的制度便是机制设计要解决的问题[6]"。为此，"有效地利用信息，应包括两个层次的内容，第一，诱使当事经济主体显示他们的真实信息；第二，节约信息成本[7]"。迈尔森在诱使当事人显示他们的真实信息方面做出了重要的贡献，该理论简称

---

[1] 田国强．经济机制理论：信息效率与激励机制设计[J]．经济学（季刊），2003，2（2）：271-308.

[2] 邱询旻，冉祥勇．机制设计理论辨析[J]，吉林工商学院学报，2009，25（4）：5-9，17.

[3] 朱慧．机制设计理论——2007年诺贝尔经济学奖得主理论评介[J]，浙江社会科学，2007（6）：188-191.

[4] 田国强．经济机制理论：信息效率与激励机制设计[J]．经济学（季刊），2003，2（2）：271-308.

[5] 朱慧．机制设计理论——2007年诺贝尔经济学奖得主理论评介[J]，浙江社会科学，2007（6）：188-191.

[6] 李阎魁．机制设计理论对城市规划的启示[J]．规划师，2009，25（7）：76-81.

[7] 张东辉．经济机制理论：回顾与发展[J]．福建论坛（经济社会版），2003（8）：2-6.

显示原理（Revelation Principle），它只考虑直接机制与全部机制是等价的，把复杂的社会选择问题转换成博弈论可处理的不完全信息博弈，如拍卖和招投标制度[1]。

激励相容：这是赫维茨1972年提出的一个重要概念，是指如果在给定机制下如实报告自己的私人信息是参与者的占优策略均衡，那么这个机制就是激励相容的，在这种情况下，即使每个参与者都按照自利原则制订个人目标，机制实施的客观效果也能达到设计者所要实现的目标[2]；此外，还要施加一个参与约束：没有人因参与这个机制而使其境况变坏[3]。理性而言，每个人在做事情时都会涉及成本与收益问题，受利益驱动，当收益大于成本时，个体会积极去做事情，反之，则会放弃要做的事情或是选择“胡任务”。所以，在制度或规则的制定者不可能了解所有个人信息的情况下，他所要掌握的一个基本原则，就是所制定的机制能够提供给每个参与者某种激励，使得参与者在追求个人的利益时也同时地实现了所制定的目标，这就是激励机制的设计[4]。激励相容，实质上是一个个人理性与社会理性是否相符合的问题[5]；它已经成为机制设计理论甚至是现代经济学的一个核心概念，也成为实际经济机制设计中一个必须考虑的重要问题[6]。

（2）机制设计理论对控规制度建设的启示

控规作为调控土地开发的“游戏规则”，实质上也是一种制度安排，即经济学中所称的“机制”。依据机制设计理论，控规制度的建设或完善，也需要对激励相容和信息效率两大问题进行深入分析。

首先，激励相容方面，控规作为地方政府干预城市开发的有力手段，从委托代理理论看，社会公众委托代理人（地方政府和规划师）运用控规来实现对城市土地开发的有效管理，其目标是最大化自己的期望效用函数。从利益需求来看，社会公众希望地方政府在控规运作中更多地关注公共利益，实现公共福

---

[1] 李阎魁．机制设计理论对城市规划的启示[J]．规划师，2009，25（7）：76-81.

[2] 朱慧．机制设计理论——2007年诺贝尔经济学奖得主理论评介[J]，浙江社会科学，2007（6）：188-191.

[3] 何光辉，陈俊君，杨咸月．机制设计理论及其突破性应用——2007年诺贝尔经济学奖得主的重大贡献[J]．经济评论，2008（1）：149-154.

[4] 田国强．经济机制理论：信息效率与激励机制设计[J]．经济学（季刊），2003，2（2）：271-308.

[5] 张东辉．经济机制理论：回顾与发展[J]．福建论坛（经济社会版），2003（8）：2-6.

[6] 朱慧．机制设计理论——2007年诺贝尔经济学奖得主理论评介[J]，浙江社会科学，2007（6）：188-191.

利的最大化；代理人则希望运用控规获得更多的土地收益、增加财政收入、推动地方经济增长，以获得政绩和仕途晋升，即谋求个人政治效用的最大化。而在当前的体制下，由于地方政府官员的晋升更多地倚赖GDP增长、城市形象树立和上级政府的认可，并不直接受制于社会公众。所以，控规在制定和实施中，“由于委托人（社会公众）和代理人（地方政府）两个目标函数之间不满足激励相容，地方政府往往选择自身政治效用最大化的行为脱离委托人的预期[1]”。正因此，也就不难理解控规制定或实施中的种种“怪相”，如：很多地方政府要求控规编制中尽可能提高出让地块的容积率；甚至土地出让后，为获得补交的土地出让金或是为争取开发商在城市建设投资上的支持，而一味迁就开发商、频繁调整控规、盲目提高容积率，造成局部地区开发强度过大、城市环境品质下降和公共利益受损等。

其次，信息效率方面，机制设计理论指出，关键在于信息的真实性、有效传递以及节约信息成本。一直以来，城市规划中一个悬而未决的问题是规制者和被规制者之间的信息不对称[2]。尽管《城乡规划法》与《城市、镇控制性详细规划编制审批管理办法》明确规定了控规的公示、公布、公众意见征询等，但实践来看，很多地方的控规运作仍存在“信息效率”方面的问题：①控规制定或调整时信息收集不完整、不真实，如：缺少公众及地块权属人意愿调查，控规草案公示后公众意见弃之不顾或只是有选择性的采纳，控规调整中利害关系人的听证会可有可无等；②控规成果公布不完全，如：不公布带有控制指标的具体地块图则，而选择性地公布一个地区的用地布局图、道路交通规划图等；③甚至控规信息公布不真实，如：只公布控规草案，不公布控规正式成果，控规编而不批，土地出让一块审批一块（保留土地出让前控规调整的方便）等。所以，如何解决控规运作中的“信息效率”问题，将控规运作至于“阳光”下，是控规制度建设的另一重点。

最后，机制设计理论告诉我们，如果一个机制满足参与约束，则称其为可行机制；满足激励相容约束的机制，被称为可实施机制；如果一个机制既满足参与约束，又满足激励相容约束，则这个机制是一个可行的可实施机制[3]。控规作为地方政府干预城市开发的有力手段，从法律意义上看，实质是政府公权对私人不动产私权的干预；不过，这种干预是来自于公众的授权，

---

[1] 姜杰，曲伟强．中国城市发展进程中的利益机制分析［J］．政治学研究，2008（5）：44-52.

[2] 李阎魁．机制设计理论对城市规划的启示［J］．规划师，2009，25（7）：76-81.

[3] 李阎魁．机制设计理论对城市规划的启示［J］．规划师，2009，25（7）：76-81.

其前提是“维护公共利益”的需要，所以，控规运作中公权的约束十分重要。为此，《城乡规划法》对控规的编制组织、审批决策、实施管理、规划许可等进行了相应规定，深刻反映了其“控权”的立法本质，控规由此从之前的政府内部的“技术参考文件”转变为“法定羁束依据”，它将成为公权使用的一道“界限”，在规范建设行为的同时亦将限制公权力的利用[1]。不过，实践中，由于地方政府实质上掌控着控规的编制权、审批权和实施权，法律、法规并没有对控规运作的监督举措和程序进行细致规定，所以，控规运作中政府代理人的参与约束或个人理性约束还较为欠缺，还很难实现“控权”，这应是控规存在诸多问题的症结之一。

因此，总结来看，控规制度建设的关键要解决控规运作中激励相容、信息效率以及相关主体权力约束（即“控权”）三大问题。

7.4 构建基于多元利益平衡的控规运作机制

戴维•伊斯顿认为，公共政策是对全社会的价值作有权威的分配；哈罗德•拉斯韦尔则指出，公共政策是对“什么人取得什么和取得多少”这一问题所做的决定。所以，公共政策实际上是对社会利益进行分配的重要工具[2]。控规，作为调控城市开发中多元利益权威性分配的公共政策，为提高其法定性与权威性，确保规划的公平、正义，特别需要对多元利益群体的利益诉求与利益矛盾进行协调，以保障多元主体的合法利益，遏制偏离社会公众的利益膨胀，促进多元利益的平衡，并保障公共利益。不过，利益平衡不是要消除人们之间的利益差异、冲突和矛盾，也不是回避矛盾和无视社会冲突，而是在承认和尊重多元社会利益格局的基础上，赋予各种社会利益主体以平等的法律地位，保障各种利益群体拥有充分的利益表达权，通过组织集体行动促进多元利益的协调和平衡[3]。所以，控规运作中利益平衡机制构建的目标应是：矫正地方政府的利益追求“异化”，遏制开发商的利益过度膨胀，有效约束规划主管部门的权力行使，同时，还应规范规划师的职业行为，并拓宽社会公众有效参与控规的渠道。

---

[1] 赵民，乐芸．论《城乡规划法》“控权”下的控制性详细规划 [J]. 城市规划，2009，33（9）：24-30.

[2] 冯静，梅继霞，庞明礼．公共政策学 [M]. 北京：北京大学出版社，2007：2.

[3] 杨宏山．公共政策视野下的城市规划及其利益博弈 [J]. 广东行政学院学报，2009，21（4）：13-16.

公共政策的核心在于保障公共利益，但公共利益的实现却依赖于公共政策的程序正义；公共政策程序是一种抑制性程序，其目的是保证政策结果的正当性[1]。正如行政法学指出：健全的法律，如果使用武断的专横的程序去执行，不能发生良好的效果；不良的法律，如果用一个健全的程序去执行，可以限制或削弱法律的不良效果[2]。控规由于直接涉及政府、开发商、规划师、市民等多元主体的利益分配，是多方互动、利益博弈的复杂过程，需要兼顾多元主体，特别是处于弱势的社会公众的利益，应在多元利益诉求中寻求平衡和共同发展。所以，控规制度建设的关键在于要建立基于多元利益平衡的控规运作机制，要形成具有制度保障的多元利益主体自由、平等的利益表达和利益综合的规划程序安排，以解决前述的控规运作中"控权"、激励相容和信息效率三大问题，具体需建立制度化的利益表达机制、利益协调机制、利益补偿机制以及利益保障机制。

7.4.1 利益表达机制

公共政策过程是各种利益集团把自己的利益要求输入到政策制定系统中、由政策主体对复杂的利益关系进行调整并最终实现公共利益的过程[3]。由于利益输入到政策制定系统的前提是利益的充分表达，所以，一个制度化的自由、平等、充分的利益表达机制是多元主体实现自身利益的起点与保障，这也是解决控规运作中"信息效率"问题的关键。

（1）控规中相关主体利益表达的非均衡性

转型期，由于政治地位、经济实力、知识水平等不同，控规运作中不同利益群体的利益表达能力存在较大差异。一些相对弱势的群体往往没有形成代表自身共同利益的团体，也缺乏有效的渠道来表达利益需求[4]。这些群体在快速的城市发展中往往成为开发和再开发的直接利益相关对象，而弱势的特征又使得他们在进入政治决策系统、实现利益表达等方面存在诸多的困难，进而导致了由于分配不公引起的不断激化的社会矛盾和冲突[5]。与控规相关的地方政府、开发商、规划师和社会公众等四类利益主体中，地方政府掌握政治资源，开发商

---

[1] 许丽英，谢津粼．公共政策程序正义与公共利益的实现 [J]．学术界，2007（4）：177-181.

[2] 王名扬．美国行政法（上册）[M]．北京：中国法制出版社，1995：21-22.

[3] 王慧军．公共政策过程中的利益冲突分析 [J]．中国行政管理，2007（8）：30-33.

[4] 姜杰，曲伟强．中国城市发展进程中的利益机制分析 [J]．政治学研究，2008（5）：44-52.

[5] 卢源．城市规划中弱势群体利益的程序保障 [J]．城市问题，2005（5）：9-15.

掌握经济资源，规划师掌握技术资源，社会公众掌握的资源十分有限，且又是利益最为分散化、个体化的群体。对比来看，政府、开发商和规划师通过各自所掌握的资源，较易进行自身的利益表达；社会公众，由于“政治壁垒、经济壁垒以及技术壁垒”的障碍，一是很少有机会、有能力进行利益表达（图 7-1）；二是也很难获得必要的支持，因而成了控规运作中最为弱势的群体。这一不利状况，直接导致控规制定中社会公众利益表达的缺失或弱化，致使控规成了少数利益群体的“游戏”，控规的“非公共化”由此而生。

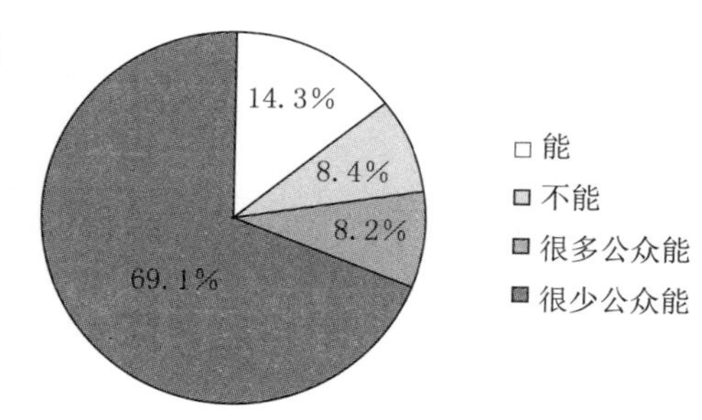

图 7-1 控规公示时公众能否提出切实相关的意见（全国 391 份问卷分析）

（2）建立开放的利益表达机制：公众意愿的调查与尊重

公共政策学认为：人民主权与代议制之间的矛盾，亦即权力的行使者日益背离权力所有者的意志，甚至凌驾于权力所有者之上；这种矛盾随着现代民主意识的高涨而有紧张的趋势，因此，需要在公共政策的制定过程中，尤其是公共政策的提案过程中引入开放式的提案机制作为对代议制的补充[1]。对控规制度建设而言，其关键在于控规编制阶段（包括控规调整论证阶段），应形成程序化的普通公众、土地权属人、利害关系人等的意愿调查制度（即：利益表达的输入），并进一步规定控规审批决策时，应尊重并保护土地权属人与利害关系人合法的利益表达以及普通公众的合理意见（即：利益表达的支持），避免利益表达流于形式。这对《物权法》实施后，已建成地区的控规编制与调整尤为必要。

据笔者调研，深圳近年的法定图则编制中，除深圳市城市规划发展研究中心承担的外，公众意愿调查很少[2]；北京市中心城区的控规编制也很少进行土地权属人的意愿调查[3]，显然，漠视了公众及土地权属人的利益表达权，为控规的“不科学”埋下了隐患（图 7-2）。借鉴国外经验来看，英国的地方规划编制程序中规定必须完成几项法定的“公众参与”的程序，才具有法律效力：首先，地方规划在编制之前，必须将涉及的有关议题公之

[1] 卢源．城市规划中弱势群体利益的程序保障［J］．城市问题，2005（5）：9-15.
[2] 笔者 2010 年 10 月 18 日于深圳市城市规划发展研究中心访谈获知。
[3] 笔者 2010 年 10 月 11 日于北京市城市规划设计研究院访谈获知。

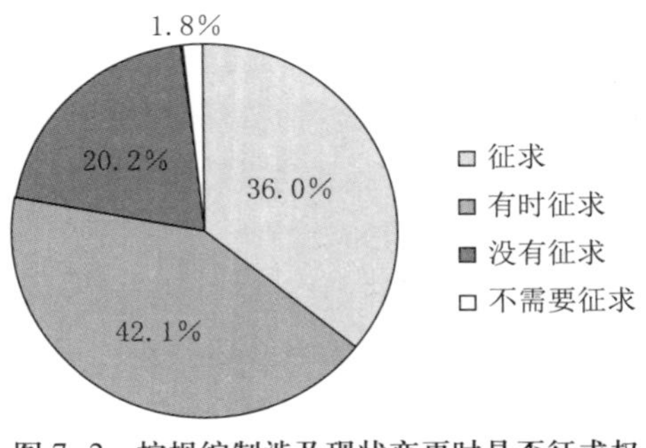

图 7-2　控规编制涉及现状变更时是否征求权属人意见（全国 392 份问卷分析）

于众，为此，地方规划局必须留出约 6 周时间，让当地居民或相关团体书写正式的意见书；其次，地方规划局根据已确定的议题、当地居民和相关团体提出的意见，编制第一轮规划草案；第三，地方规划局将规划草案交给公众审核，公众审核一般为 4 ～ 6 周时间 [1]（图 7-3）。《上海市控规管理规定》（2010）第 9 条规定，控规编制应通过现场访谈或邀请公众代表召开座谈会等形式，听取有关部门和当地居民的意见与建议，这种把控规的公众参与仅由《城乡规划法》规定的控规报审前公示参与（结果参与）[2]，完善为控规制定中的参与（过程参与），从制度上较好地保证了公众的利益表达。

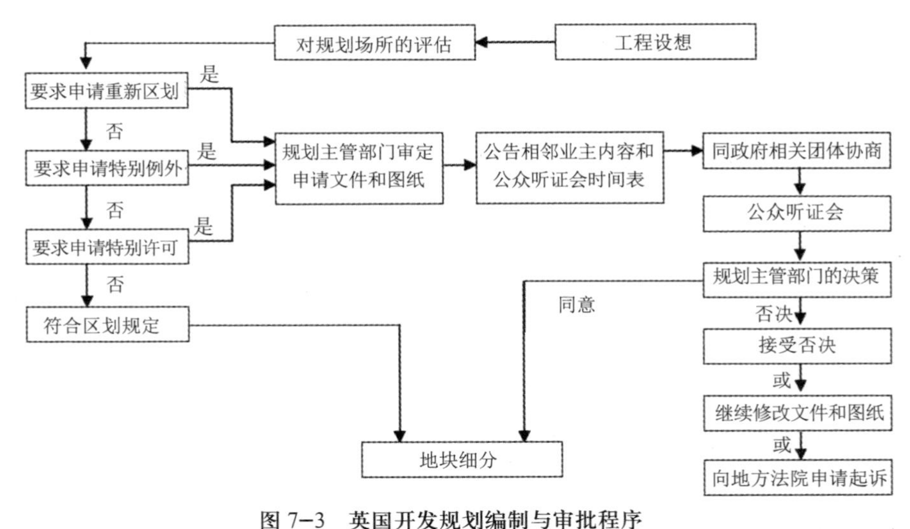

图 7-3　英国开发规划编制与审批程序

资料来源：郑德高 . 城市规划运行过程中的控权论和程序正义 [J]. 城市规划，2000，24（10）：26-29.

[1] 郑德高 . 城市规划运行过程中的控权论和程序正义 [J]. 城市规划，2000，24（10）：26-29.

[2] 《城乡规划法》第 26 规定，"城乡规划报送审批前，组织编制机关应当依法将城乡规划草案予以公告，并采取论证会、听证会或者其他方式征求专家和公众的意见"。

7.4.2 利益协调机制

利益表达往往意味着冲突，因为它包括了为达到争取利益的目标而采取的施加压力的方式；利益表达的需求总是产生于利益失衡或者利益冲突的时候，这个时候，利益矛盾如果得不到解决且不断积累，就会酝酿并可能产生严重的危机[1]。因此，城市开发调控中的利益协调机制十分重要，其作用主要是缓解、调和以及解决社会公众与其他利益主体之间的利益矛盾与冲突。

从控规运作来看，其中的利益矛盾与冲突主要有三大类：①政府企业化，为使土地出让收益最大化，盲目提高地块容积率，导致局部地区开发强度过大、城市环境品质下降，引发公众及规划师的不满；②已出让土地的控规指标调整，由于此种调整会对本地块内的已有建设以及周边地块产生交通、日照等不利影响，并引发土地竞拍市场的不公平，且存在"寻租"腐败可能，从而导致利害关系人、之前曾参与竞拍该地块的其他开发商以及社会公众的反对；③现状建成区的控规编制与决策中，未能尊重土地权属人及利害关系人的合法权益与意见，引发利益矛盾。要协调这三类利益冲突与矛盾，一要能监督和约束地方政府的利益膨胀与"寻租"腐败，二是土地权属人和利害关系人能申辩、抗辩，并能影响决策，三是要有利益申诉的渠道。从控规制度建设来看，关键在于建立和完善规划听证制度和规划申诉制度。

（1）规划听证制度

听证是指有关国家机关在作出决定之前，为使决定公正、合理而广泛听取利害关系人意见的程序[2]。听证，最早源自于英国的"自然公正原则"，它包含两个最基本的程序规则：一是任何人或团体在行使权力可能使别人受到不利影响时必须听取对方意见，每一个人都有为自己辩护和防卫的权利；二是任何人或团体不能作为自己案件的法官[3]。听证制度的第二个思想渊源来自于美国的"正当法律程序"（due process of law）原则，它的基本精神是：以程序公正保证结果公正[4]。

根据法学学理的分类，听证一般有两种形式：一是正式听证，又称"审

---

❶ 杨宏山．公共政策视野下的城市规划及其利益博弈［J］．广东行政学院学报，2009，21（4）：13-16．

❷ 应松年．行政程序法立法研究［M］．北京：中国法制出版社，2001：516.

❸ 王名扬．英国行政法［M］．北京：中国政法大学出版社，1987：152.

❹ 唐贤兴．公共决策听证：行政民主的价值和局限性［J］．社会科学，2008（6）：40-48.

判型的听证”(trial-type hearings),指行政机关在制定法规或作出裁决时,应给予当事人及其他利害关系人提出证据、反证、对质或诘问证人的机会,然后基于听证记录作出决定的程序,采用类似司法审判的方式和程序进行,采用听证会的形式进行;另一种是非正式听证,又称“咨询型的听证”(reference-type hearings),指行政机关制定法规或作出裁决时,只须给予当事人及利害关系人口头或书面陈述意见的机会,以供行政机关决定时参考,不须基于听证记录作出决定的程序,其形式除听证会之外,还包括了公示、问卷调查、座谈会、论证会等形式[1]。

公共政策过程首先是一个政治过程,它涉及到利益分配和公共利益的实现问题,作为一个政治过程,决策听证能通过有效的制度安排来实现利益的平衡[2]。城市规划作为政府调控城市空间资源、指导城乡发展与建设、维护社会公平、保障公共安全和公众利益的重要公共政策之一[3],规划听证制度必不可少。随着社会转型期的利益多元化和市民维权意识的高涨,听证活动正在成为规划决策过程中利益表达的重要途径和形式,听证制度的建立有利于在规划管理中形成利益博弈和协议协商的重要平台,有助于加强民主管理,化解社会矛盾,提高行政效率[4]。此外,对社会相关阶层的规划听证,既可为政府决策提供较为全面的公众意见参考,从而利于决策的科学性与正确性,减少决策失误;又可通过听证程序牵制、约束和监督某些利益集团的设租与寻租,使得规划决策不至于偏离公共政策的轨道,进而保障公共利益的实现。所以,控规中进行必要听证的目的主要是:为控规运作所涉及的不同利益群体,尤其是弱势群体提供利益表达的机会和渠道,解决控规中的“信息效率”问题,并为“控权”提供法律依据,协调、化解可能存在的利益冲突与利益矛盾,避免出现利益纠纷,并确保控规决策的科学性与合理性。

《行政许可法》(2004)规定了行政许可听证的事项、程序[5],《城乡规划法》(2008)第26条规定,城乡规划报送审批前,组织编制机关应当依法

---

[1] 王郁,董黎黎,李烨洁.民主的价值与形式——规划决策听证制度的发展方向[J].城市规划,2010,34(5):40-45.

[2] 唐贤兴.公共决策听证:行政民主的价值和局限性[J].社会科学,2008(6):40-48.

[3] 中华人民共和国建设部.城市规划编制办法(建设部令146号)[Z].2015-12-31:第3条.

[4] 王郁,董黎黎,李烨洁.民主的价值与形式——规划决策听证制度的发展方向[J].城市规划,2010,34(5):40-45.

[5] 依据《行政许可法》第46、47条规定,有三类情形需要进行城市规划的听证:一是城市规划相关法律、法规、规章规定实施行政许可应当听证的事项;二是涉及公共利益的重大规划行政许可事项;三是规划行政许可直接涉及申请人与他人之间重大利益关系的。

将城乡规划草案予以公告，并采取论证会、听证会或者其他方式征求专家和公众的意见。公告的时间不得少于三十日。这两部重要的法律为规划听证制度的建立奠定了法律基础。不过，总体而言，“规划决策听证制度建设整体上仍然较为滞后[1]”。由于《城乡规划法》中对规划听证的适用范围、听证主体（听证组织者、主持人、参与人）的选择与权责、听证效力等缺乏具体规定，致使实践中规划听证多听而不证，流于形式。为此，为协调控规中不同利益群体的利益冲突与利益矛盾，亟待建立完善的规划听证制度。具体内容如下：

首先，听证适用范围上，应明确：①控规中的水系蓝线、绿地绿线、基础设施黄线、文保紫线、干道红线以及公益性公共设施等“强制性”控制内容，因涉及重大公共利益，应向社会公告，并举行听证；②对涉及明确利害关系人的控规调整，因涉及控规调整申请人与利害关系人之间的利益关系，控规调整许可决定前应举行听证。

其次，听证主体选择上，应保证听证主持人的中立，听证组织者、调查人员与听证主持人不应为同一人或同一职能部门，且听证主持人应与所主持的规划事件不存在利害关系。“听证制度就其本质来说是政策决策权的重新分配，是决策权从行政决策代议机构向‘听证’这个公共过程的转移；当前公共政策的听证过程遇到的主要问题是什么人来担任听证人，即如何分配听证权的问题[2]”。听证要真正成为协调不同利益群体利益矛盾的法律行为，必须要有多方利益主体平等参与，除利益受益人参与外，既要保证利益受损人的参加，还应要有中立第三方（如：公证人、技术专家、学者等）的加入。然而，控规的专业性及其涉及问题的复杂性，使得控规听证过程中各听证主体（或其代理人）必须具备相应的专业知识和技术能力，否则，将极大影响其在听证过程中的陈述、质询、抗辩、举证等各项权益，甚至被排除在听证过程之外，致使其合法利益得不到有效表达、协调与保障。而如前述，社会公众相比地方政府、开发商、规划师而言，在控规利益博弈中属弱势群体，其专业知识与技术能力明显落后于其他利益群体。他们在控规听证中，由于缺乏专业技术支撑，很可能无法享有充分的听证权，致使听证不完整或流于形式。为此，控规听证制度建立的前提，要打破控规参与的“技术壁垒”，应通过加强市场化的规划咨询服务机构建设，

---

[1] 王郁，董黎黎，李烨洁．民主的价值与形式——规划决策听证制度的发展方向［J］．城市规划，2010，34（5）：40-45.

[2] 卢源．城市规划中弱势群体利益的程序保障［J］．城市问题，2005（5）：9-15.

或是建立社区规划师制度，来协助社会公众实现其举证、听证的权益。

最后，应加强听证程序建设，增强听证效力。听证包含三大重要要素：听证通知、意见表达、根据听证作决定❶。尽管根据《城乡规划法》规划公告的要求，各地规划公示都进行了较为粗略的规定，而对规划方案公示后的公众意见收集、讨论沟通等听证程序缺乏基本的要求，这一现象在大多数的非正式听证制度中非常普遍❷。"听而不证、听而不回"，致使公众参与流于形式，听证成为走过场。另外，关于听证意见的处理、听证意见的效力、听证结果的反馈等，很少有制度性的规定。这反映在：①公众对于行政机关对自己所提意见如何处理以及该意见对作出行政决定是否发挥作用完全不知情，导致公众对行政活动参与热情的降低❸；②行政机关漠视听证意见，不对公众意见的采纳情况进行回复说明或解释，致使听证无法对行政决策起到约束和监督效用，据笔者调查，深圳法定图则公示中公众意见基本不回复和公开，仅由行政机关自行决定是否采纳；③"听证记录和听证报告等备案资料和相关信息的公开尚不充分，使得公众难以了解规划参与以及听证活动的成果，进而影响了公众的参与感、积极性以及对听证结果公正性的认同❹"。所以，规划听证制度的建设需对听证意见的收集、记录、公开、处理、回复以及听证效力等详细环节和内容进行进一步规定。如，对公众意见处理上，可借鉴北京市政府法制办的实践做法，包括：①个别回复，指直接与提出意见的人联系，此种情况一般适用于公民所提意见很详尽、中肯的情形；②一般回复，指对问题进行分类，在网络或报纸上公布；③集中回复，对专业性强的一些规划决定，由于公众评论人数少，可通过开新闻发布会的方式，集中通报共收到多少疑问和意见，以及如何处理等等❺。

（2）规划申诉制度

法律意义上的城市规划，是将私有财产权置于公共权力管辖之下的一种方式，表现为公权对私权的干预和制约；不过，公权约束是现代法学理论普

---

❶ 马怀德．行政法制度建构与判例研究 [M]. 北京：中国政法大学出版社，2000：57．

❷ 王郁，董黎黎，李烨洁．民主的价值与形式——规划决策听证制度的发展方向 [J]. 城市规划，2010，34（5）：40-45.

❸ 杨建生，阮锋．试论我国城乡规划听证制度的完善 [J]. 云南行政学院学报，2009（2）：45-48.

❹ 王郁，董黎黎，李烨洁．民主的价值与形式——规划决策听证制度的发展方向 [J]. 城市规划，2010，34（5）：40-45.

❺ 应松年主编．当代中国行政法（下卷）[M]．北京：中国方正出版社，2005：1451.

遍认同的原则，城市规划中的公权行使同样是有条件的，应受到约束，其前提是“维护公共利益”的需要[1]。“城乡规划作为政府对空间资源配置的公共政策，在形成与实施的过程中必然对不同利益主体的权利进行再分配，强势公权力对弱势私权利的侵害不可避免，因此，城乡规划应该重视对私权利的保护和救济，积极构建城乡规划申诉机制，弥补城乡规划权利救济制度存在的缺陷，保障公民权利，妥善处理好城乡规划工作公平与效率之间的关系[2]”。控规，作为城乡规划体系的核心环节和调控土地开发利用最直接的规划层次，由于直接涉及不同利益主体的利益调整，而成为规划公权与市民私权最常发生交锋和冲突的领域，更需重视规划申诉制度的建设，以协调和保障公民合法权利，防止公权滥用。实际上，中国《宪法》早已明确，申诉权是公民的重要权利之一[3]。《行政诉讼法》（1990）、《行政复议法》（1999）、《行政许可法》（2004）、《物权法》（2007）和《城乡规划法》（2008）等一系列有关“私产（私权）保护、公共征收补偿、权利救济、规范并约束行政行为”等方面的法律实施，更进一步表明国家对公民私权的重视和对政府公权的约束，以保障公民的合法权利。

申诉权，是指公民的合法权益因行政机关或司法机关作出错误的、违法的决定或判决，或者因国家工作人员的违法失职行为而受到侵害时，有向有关机关申述理由，要求重新处理的权利[4]。城乡规划申诉是指社会公众就城乡规划，特别是就城乡规划的制定和成果，向有权受理部门反映观点和提出意见，并要求依法、合理、科学地处理的行为，但不包含现有的行政诉讼和行政复议行为[5]。就控规而言，规划申诉主要涉及三类：①控规编制或控规调整中利害关系人，认为“对自身的财产权、阳光权等受到侵害或者物业价值受损，环境受到污染，对保障或改善生活环境、避免或补偿自身权益损失等提出诉求[6]”；②开发者提出的控规修改申请被拒绝受理，或未在规定时间内答复，或者虽答复但不能令开发者满意；③社会公众对控规编制或实施中可能造成侵害公共利

[1] 冯俊．城市规划中的公权与私权 [N]．法制日报，2004-02-05.

[2] 陈锦富，于澄．基于权利救济制度缺陷的城乡规划申诉机制构建初探 [J]．规划师，2009，25（9）：21-24.

[3] 详见《中华人民共和国宪法》第 41 条。

[4] 魏定仁，甘超英，傅思明．宪法学 [M]．北京：北京大学出版社，2001：447.

[5] 郑文武．以“人大”为核心的综合型城乡规划申诉机制构建探讨 [J]．规划师，2009，25（9）：16-20.

[6] 王学锋，成媛媛．我国城乡规划申诉制度现状特征及完善途径探讨 [J]．规划师，2009，25（9）：25-29.

益的内容与行为的申诉，如：不符合控规的违法建设、不符合控规的违规行政管理行为等。

当前，我国城乡规划领域的申诉制度尚属空白，“依法可以达到规划申诉目的的救济途径主要有：信访和投诉、行政复议、行政诉讼等，其中：信访是目前公民投诉规划部门、对规划或者规划部门的行政行为提出异议和其他具体诉求时普遍采用的方式[1]”。孟德斯鸠则说过，一切有权力的人都容易滥用权力，这是一条万古不变的经验[2]。为防止权力滥用，列宁曾提出“以权利制约权力的构想”[3]。不过，如果权利在受到侵害时缺乏救济机制和渠道，权利将成为空谈，其对权力的制约亦随之落空。所以，应加快将受《宪法》保护的公众申诉权落实到城乡规划之中，建立城乡规划申诉制度，形成社会公众的权利保障与救济机制，这是落实控规“控权”的关键所在。具体而言，规划申诉制度的重点应包括：

首先，扩大规划申诉主体的范围，除了权利受到实际影响的行政相对人可申诉外，还应包括“第三方”，即在规划编制和实施中的利益相关人，应赋予他们在发现规划编制或实施中可能对其自身合法权益造成的侵害时的申诉权利。澳大利亚就对规划决定的法定申诉权没有限定于规划申请人，第三方也有申诉权[4]。

其次，扩大规划申诉条件的范围，除了规划具体行政行为申诉外，应扩大到对规划编制的抽象行政行为的申诉。城乡规划除规划许可和规划行政处罚等具体行政行为以外，还存在着大量对区域内整体公众利益产生重大影响的城乡规划编制和审批等抽象行政行为，这些行为难以用是否“违法失职和直接、具体地涉及自身利益”来判断[5]，但却会对公众权利产生影响，因而应允许进行申诉。有些规划具体行政行为对公众权利造成的影响，实际上早就潜藏在规划编制之中，如果提早发现，既有助于提前消解矛盾、减少事后损失，还能加强社会的监督。

第三，尽快成立“中立”的规划申诉和仲裁机构，负责处理和裁决规划申

---

[1] 王学锋，成媛媛．我国城乡规划申诉制度现状特征及完善途径探讨［J］．规划师，2009，25（9）：25-29.

[2] 孟得斯鸠．论法的精神［M］．张雁深译．北京：商务印书馆，1982：154．

[3] 王志连，石磊．以“权利”制约“权力”［J］．社会科学研究，2001（3）：21-25.

[4] 赵民．澳大利亚的城市规划体系［J］．城市规划，2000，24（6）：51-54，58.

[5] 郑文武．以“人大”为核心的综合型城乡规划申诉机制构建探讨［J］．规划师，2009，25（9）：16-20.

诉案件，基于“决策权、执行权和监督权”相分离的原则，建议由地方人大组织成立规划申诉委员会，以形成地方政府负责规划审批、规划主管部门负责规划实施，地方人大负责规划救济的权力制衡格局，以保障规划申诉的公正。另外，可借鉴英国规划督察制度的经验[1]，完善中国现行的规划督察员制度，赋予规划督察员接受、处理规划申诉的职权，通过增加“自上而下”的规划申诉与处理通道，增加对地方政府的约束，保障公共利益。

最后，规划申诉还应有相应的程序保障，应详细规定规划编制的公众参与、规划审批前的公众听证、规划批准后的行政复议、规划实施的行政复议与行政诉讼等不同阶段的工作内容和工作规程要求。以确保城乡规划在制定和实施过程中均有通畅的申诉渠道。

7.4.3 利益补偿机制

谋求公共利益的实现是公共政策的灵魂和目的[2]，但“公共利益并不是每个个体利益的简单相加，而是这些利益在相互冲突中相磨合、最终达到相对均衡的结果[3]”。公共政策需要从全社会整体和长远视角来统筹公共利益，在政策过程中，不可避免地会有某些利益群体受益，而另一些利益群体则受损，为减少社会矛盾，保证发展的公平性和公共政策的有效实施，必须建立健全合理的利益补偿机制，对利益受损的利益群体提供必要补偿，促进多元利益平衡及社会和谐。城市规划是对矛盾、冲突中的个体利益尽可能均衡以达到总体利益最大化目标的综合性公共政策，其调控与协调手段是通过对土地与空间的产权分配来实现[4]。控规作为调控城市土地与空间资源利用的具体规划政策，直接涉及地方政府、开发商、市民等多元主体的利益调整，需要兼顾政府、开发商、规划师和市民等多元利益，因而，其合理的利益补偿机制必不可少。

具体来看，控规中涉及的利益补偿主要有三种情况：①城市新区控规（多是农业用地，权属为农村集体），城市政府将农村集体土地征收为国有建设用

---

[1] 英国规划督察制度中，如果开发方、公众等各种利益群体对审批结果不满意，可以向规划督察提出申诉；裁决后如果当事人仍有异议，则可以上诉至最高法院，但最高法院仅对程序的合法性进行审查，而不对裁决结果本身下结论，规划督察的裁决基本可以看作是最终结论。详见：张险峰．英国城乡规划督察制度的新发展 [J]，国外城市规划 2006，21（3）：51-54，58.

[2] 宁骚．公共政策学 [M]. 北京：高等教育出版社，2003：186.

[3] 王慧军．公共政策过程中的利益冲突分析 [J]. 中国行政管理，2007（8）：30-33.

[4] 高洁．城市规划的利益冲突与制衡 [J]. 华东经济管理，2006，20（10）：32-36.

地，而需要对农民进行的补偿；②已建成区控规（基本为国有土地，权属人较为明确），主要是因城市建设发展需要，对建成区内进行用地性质转换（如：工业的“退二进三”）、或已衰败地区改造（如：棚户区改造）、或增补市政基础设施与公共服务设施等，需对土地权属人的利益受损进行合理补偿；③已出让土地的控规调整，造成本用地内或周边的利害关系人利益受损（如：日照减少、景观遮挡等），而需要对其进行合适补偿。对于第一、二种情况，因《土地管理法》（2004年修订）和《国有土地上房屋征收与补偿条例》（2011）中明确规定了具体的利益补偿的方式、标准和措施，所以，利益补偿机制较为明确。对于第三种情况，《城乡规划法》虽规定了“应依法给予补偿”[1]，但对于具体的补偿标准和利益受损的评估缺乏细致规定，致使利益补偿机制难以形成。所以，控规中的利益补偿机制，主要是针对控规调整所引发的利益冲突和矛盾而言，其重点是：一要配套相应的利益受损评估制度，如：如何评估控规调整后造成利害关系人在日照、通风、景观、交通出行等方面受到的影响及其影响程度；二是要据此确定合理的补偿标准。而这些又需要与利益协调机制中的规划听证制度、申诉制度、督察制度等的支撑；三是要建立规划管理究责制度，加大官员违法成本。

7.4.4 利益保障机制

利益保障机制是指多元利益主体的利益受到威胁或侵害时，能够有相应的制度，保障其进行合理的利益表达、利益抗争和利益申诉，以得到相应的利益保护或补偿；其核心在于依法保障弱势群体的合法利益。西方经济学和现代公共政策学都认为：通过“帕雷托最优”（Paretto Optimization）的方式实现各阶层在公共政策中充分的利益表达和博弈，是达到利益公正分配和再分配目标的唯一有效手段；不过，“帕雷托最优”发挥作用的首要条件是参与博弈的各方在博弈能力和地位上平等，也就是说，博弈过程不存在壁垒或任何形式的垄断[2]。然而，控规实践中，不同利益群体特别是处于弱势的社会公众在利益博弈中存在明显的“信息壁垒与技术壁垒”，他们既没有能力获取利于保护自

---

[1] 《城乡规划法》第50条：在选址意见书、建设用地规划许可证、建设工程规划许可证或者乡村建设规划许可证发放后，因依法修改城乡规划给被许可人合法权益造成损失的，应依法给予补偿。经依法审定的修建性详细规划、建设工程设计方案的总平面图不得随意修改；确需修改的，并给利害关系人合法权益造成损失的，应当依法给予补偿。

[2] 卢源．城市规划中弱势群体利益的程序保障[J]．城市问题，2005（5）：9-15.

身利益的相关信息，也不具备技术知识参与到专业门槛较高的规划政策之中。所以，控规要达到多元利益平衡的公共政策“帕雷托”最优，必须要消除社会公众参与的“信息壁垒和技术壁垒”。从制度建设上看，关键在于规划信息公开制度和社区规划师制度的建立。

（1）规划信息公开制度

委托—代理理论的发展表明，组织中最优激励机制的设计和形成取决于组织的信息机构，即信息在代理人中的分布，以及信息如何能被有效地传递[1]。公共选择理论指出，政府也是“经济人”，政府官员的利己动机致使“政府失灵”，“政府失灵”的主要原因之一在于信息不完全或不对称，信息不完全易造成政府决策失误，信息不对称则易造成官员“寻租”。在公众和地方政府的委托代理关系中，地方政府具有较强的动机减少透明度，因为更高的透明度缩小了他们随意与自主行动的范围，也可能会暴露出渎职与腐败[2]。城市开发中，地方政府拥有土地使用的出让权和通过控规对土地开发进行规划调控的权力，这意味着地方政府对开发商具有很大的干预权，这种权力的设置和运行如果缺乏信息公开和制度约束，往往可能异化为“设租”，且易使得政府设租者与开发商寻租者形成“合谋”，而导致公共利益受损。所以，只有实行信息公开，将规划管理置于阳光之下，允许社会舆论进行公开的讨论、争辩和监督，才能减少暗箱操作，兼顾百姓利益，防止城市规划只为政府利益和开发商服务[3]。

控规，作为政府干预城市开发市场的最直接的规划政策工具，尽管《城乡规划法》规定了控规公示、公开制度，但实践中，虽有控规公示，但很多城市却无公示意见采纳与否的具体规定；控规修改中，也无利害关系人逐一书面告知的要求；控规决策时，更少能让公众参与或旁听。规划信息披露方面，很多城市控规的公告仅有规划用地布局图而无具体地块的控制图则；或只有控规修改的结果公示，而无控规修改的原因和论证报告的公示；或有控规公告而无项目开发的规划条件公示等。这种控规信息不公开或公开不完全，致使公众无从充分参与和监督规划管理，其结果是，一些地区控规一公布就遭到质疑，缺乏公信力，无疑使得控规偏离了公共政策的轨道，公共利益保障无从谈起。所以，

[1] 孙宽平主编．转轨、规制、与制度选择［M］．北京：社会科学文献出版社，2004：125.
[2] 姜杰，曲伟强．中国城市发展进程中的利益机制分析［J］．政治学研究，2008（5）：44-52.
[3] 杨宏山．公共政策视野下的城市规划及其利益博弈［J］．广东行政学院学报，2009，21（4）：13-16.

控规亟待建立信息公开制度，具体应包括：1）控规编制上，应公开控规编制计划、控规编制中公众意见收集的明确机构；2）控规公示上，应公开公众意见、公众意见处理结果与处理理由；3）控规审批后，应在规定的时间内完整地公开控规成果[1]；4）控规修改上，应公开控规修改的理由、修改的结果、及与原控规的对比、修改后的影响评价、相关上诉机构；5）控规实施上，应公开开发地块的控规及依据控规拟定的规划条件，开发地块的修建性详细规划与工程设计方案等。

（2）社区规划师制度

随着中国的经济发展、社会成熟，市民力量逐步兴起，"社会力"在城市建设发展中的作用越来越凸显，逐步与"政府力"、"市场力"一起，成为城市空间演变的重要力量，为此，越来越多地社会公众迫切要求参与到城市规划之中，这既是其争取自身利益的现实需要，也是其作为城市主人翁意识觉醒的体现。而为了打破社会公众参与规划的"技术壁垒"，切实保障其在控规利益博弈中的合法权益，改变社会公众在规划中的"弱势地位"，特别需要有规划专业人员的技术支持，这其中，建立社区规划师制度应是行之有效的措施。

社区规划师是致力于社区的管理、更新和复兴等事项的管理型规划人员，也是城市街道机构的政府规划师；其职业目标是在不侵犯其他社区发展机遇，不妨碍城市整体长期利益的基础上，为本社区谋求长远利益和最大利益；他们的主要工作涉及社区的更新改造、形象塑造、投资筛选、建设项目评估、发展评价、建设资料汇总等，为政府进行城市研究和公共政策制定提供可靠的材料[2]。从各地实践来看，北京 2008 年出台了责任规划师制度，即在控规编制的每一个街区聘任一名责任规划师，该规划师负责听取和协调该区域内各方利益群体利益诉求，并平衡规划范围用地各项规划指标；主动向公众讲解他们熟知的，而对公众却是深奥费解的专业知识，耐心回答各种提问；通过主动而平等的沟通、互动和服务，使精英制定的静态规划走向公众参与的动态规划[3]。上海 2010 年试行地区

[1] 《城市、镇控制性详细规划编制审批办法》（2011）第 17 条规定，控规应当自批准之日起 20 个工作日内，通过便于公众知晓的方式公布。实践中，很多城市控规却"编而不批、编而少批、批后不公开、批后少公开"，显然，有违法规精神。

[2] 陈有川．规划师角色分化及其影响［J］．城市规划，2001，25（8）：77-80.

[3] 邱跃．北京中心城控规动态维护的实践与探索［J］．城市规划，2009，33（5）：22-29.

规划师制度，地区规划师由市规划局委派，主要参与某一特定地区控规的组织编制与审批及相关规划工作；地区规划师实行聘任制，任期2年；地区规划师由1名资深规划专家担任，要求该专家主持过大型规划编制工作，且在本行业具有较高的权威性；地区规划师的主要职责是：在规划编制前期准备阶段，协助市规划局共同拟定规划编制要求，在规划编制阶段，指导、协调规划编制单位和相关部门开展规划编制工作，做好技术审核工作，在规划实施阶段，为重大建设项目的选址和规划设计方案审批提供咨询意见[1]（表7-1）。这些经验表明，责任规划师或地区规划师制度，一方面为公众参与控规，实现与政府、开发商平等博弈，保护和争取自身利益等提供了良好的技术支持，另一方面，也提高了控规的“科学性”与“社会性”，增强了控规实施的社会基础，为实现控规的公共政策“帕累托最优”创造了条件。不过，由于社区规划师制度还处于摸索阶段，还有很多方面亟待完善，其中最大难题是如何保持社区规划师的中立性，使之真正代表社区居民利益？目前，上海的“地区规划师”受聘于上海市规划局，深圳龙岗区的“顾问规划师”受聘于区政府，直接受聘于社区的规划师在我国还未出现，政府聘用的色彩难保这些规划师的价值立场不偏向于政府，而导致与社区利益相背离。

地区规划师在“上海市控规管理规程”中的职责 表7-1

阶段	主要环节	地区规划师 主要工作内容	地区规划师 主要书面工作成果
（一）前期准备阶段	1.制定年度控规编制计划	每年第四季度提出本地区下一年度控规编制计划的建议（包括整单元控规编制和修编、控规局部调整、专项控规编制、城市设计和修详编制等）	本地区下一年度控规编制计划建议
	2.申领《规划编制基础要素底版》	无	无
	3.开展《规划研究/规划评估》	审核《规划研究报告》或《规划评估报告》	《规划研究报告》或《规划评估报告》审核意见
	4.上报《规划编制申请（含设计任务书）》	参与编制《规划设计任务书》	经地区规划师签审的《规划设计任务书》

[1] 上海市规划和国土资源管理局．《关于开展地区规划师试点工作的通知》（2010）．

续表

阶段	主要环节	地区规划师 主要工作内容	地区规划师 主要书面工作成果
（二）规划编制阶段	5. 编制《规划初步方案》	对《基础资料汇编》成果进行审核	《基础资料汇编》审核意见
		参加《规划初步方案》编制过程中的讨论会议	《规划初步方案》指导意见
		审核《基层部门意见汇总和反馈》	《基层部门意见汇总和反馈》审核意见
	6. 征询部门意见	审核《市级部门意见汇总和反馈》	《市级部门意见汇总和反馈》审核意见
	7. 开展规划公示（公众参与）	审核《公众意见汇总和反馈》	《公众意见汇总和反馈》审核意见
		根据需要，向公众解释规划方案	无
	8. 形成规划草案	参加《规划草案》编制过程中的讨论会议	《规划草案》指导意见
	9. 开展《规划技术审核》	审核《规划草案》	《规划草案》审核意见
	10. 提交规委会审议	做技术报告，回答规委会提问	技术报告
	11. 形成《规划报审方案》	无	无
	12. 报审	无	无
（三）规划审批阶段	13. 审核	审核《规划报审方案》	《规划报审方案》审核意见
	14. 批复	无	无
	15. 规划公布	无	无
	16. 纳入统一平台	无	无
	17. 成果发放	无	无
	18. 案卷归档	无	无
（四）规划实施阶段	项目实施管理	重大项目听取地区规划师意见	咨询意见

资料来源：上海市规划和国土资源管理局.

此外，需注意的是，在一些尚不具备条件建立社区规划师制度的地区，如何为公众在控规利益博弈中提供技术支持呢？笔者以为，一应加快市场化的城市规划咨询服务机构的发展，这样，公众在维护自身利益时，可直接到市场化的规划服务机构聘请规划师（类似法律诉讼中到律师事务所聘请律师）；二应加大规划知识的宣传和普及，除了通常的“规划下基层、规划知识宣讲”等方法外，针对现行注册规划师继续教育多流于形式的问题，建议由国家注册规划师管理中心规定，每个注册规划师在一个注册周期内，应以社区义工的方式完成一定时间的规划知识普及工作，以此替代规划师的继续教育，达到提高社区公众规划素质，逐步消解社会公众参与规划的“技术壁垒”的问题。

7.5 本章小结

从本质上说，控规是城市土地开发的利益调控与分配，其核心在于协调开发控制中不同利益群体之间的利益矛盾与冲突，保障公共利益。依据公共政策学原理，要实现控规保障公共利益的政策目标，关键在于制度设计。为此，本章首先分析指出，控规运作中地方政府、开发商、规划师与社会公众的利益矛盾，主要是地方政府与社会公众之间的利益矛盾，地方政府自身利益膨胀且未能得到有效的遏制是控规运作背离公共利益的关键，也是控规“失效”的重要原因。控规运作中地方政府与社会公众之间利益矛盾的根源：1）宏观体制问题，即分税制和GDP为导向的政绩考核制度，促使地方政府依赖“土地财政”，与开发商“结盟”，致使政府在控规运作中过多关注土地收益、地方经济发展和短期利益，忽视社会公众的公共利益；2）约束与激励机制缺失或不足，造成政府官员的个人理性与政府集体理性、委托人（社会公众）理性不相符，致使控规“异化”为官员谋取私利的工具，导致公共利益受损。对此，通过综合运用制度经济学、公共选择理论、公共政策学以及机制设计理论，研究指出，控规制度建设的重难点是要解决控规运作中激励相容、信息效率以及相关主体权力约束（即“控权”）等三大问题。在此分析的基础，针对控规运作中不同参与群体的利益角色、利益诉求与利益矛盾，控规制度建设，需建立基于多元主体利益平衡的控规运作机制，以矫正地方政府的利益追求“异化”，遏制开发商的利益过度膨胀，有效约束规划主管部门的权力行使，规范规划师的职业行为，并拓宽社会公众有效参与控规的渠道。具体应包括：开放的利益表达机制，以规划听证制度和规划申诉制度为核心的利益协调机制，公正、合理的利益补偿机制，以及由规划信息公开制度和社区规划师制度构成的利益保障机制。需指出，这些控规运作机制的构建并不单属于控规方面的制度完善，很多都已经拓展到城乡规划整体制度层面，因而更需要城乡规划制度体系的改革支持。

第八章 制度建设：转型期控规制度的建设与优化

由于控规的运作过程基本分为编制、审批与实施三大阶段，本章将分别探讨控规的编制制度、审批制度以及实施制度建设与完善的具体设想，控规编制制度的改进，核心在于提高控规编制的“科学性”，控规审批制度的优化，重点在于推进控规决策的“民主化”；控规实施制度的完善，目的则在于实现控规实施的“法制化”。

8.1 控规编制制度的改进——控规制定“科学化”

控规编制制度，是控规编制方面的程序与规则，包括控规的编制组织、编制计划、经费保障、技术规范、编制要求、编制单位、编制程序等内容。控规编制制度的改进，目的在于提高控规编制的质量，确保控规编制的技术理性，实现控规编制的“科学化”。

8.1.1 控规编制的主要问题

总结来看，现行控规编制方面存在以下主要问题：

1）编制组织上：控规全覆盖的“大跃进”与编制计划“随意化”并存；

2）编制主体上：控规编制单位“企业化”运作，编制人员专业能力不足；

3）编制程序上：规划师主导、社会参与不足、部门协作缺乏；

4）编制技术上，则存在规划体系不畅、标准与指引缺乏、技术理性不足等问题，具体而言：一是规划体系问题——控规与总规、专项规划等上位规划衔接不足；二是技术标准问题——国家标准滞后，地方标准缺乏，控规的技术指引不足；三是控规自身编制技术和方法存在诸多不足，主要包括：①现状研究不够：忽视产权、相关信息获取不充足等；②不分地区差异，采用雷同化、无差别的控制模式；③控规指标制定普遍存在科学性不足，缺乏经济分析和弹性等问题；④控规技术体系对城市宏观控制乏力，整体性控制不足；⑤控制内容繁杂、控制重点不突出；⑥城市设计的理念薄弱及控制手段的欠缺。

8.1.2 控规编制的重点

（1）规划的连续性：加强控规与上位规划的衔接

从我国城市规划体系来看，控规作为“承上启下”的关键性规划层次，其核心任务之一是要将总规、专项规划等上位规划中有关城市发展的宏观控制转化为具体开发地块的微观控制，协调具体开发地块的局部利益、短期利益与城市发展的整体利益、长远利益的矛盾，保证上位规划的贯彻落实及规划的连续性，因此，控规编制中如何与总规、专项规划等上位规划的衔接十分重要，它是将具体、分散的地块开发整合到城市整体发展框架之中的关键所在。

（2）规划的整体性：加强控规的整体性控制

由于土地权属、开发意向、开发主体、开发时序等的差异，地块开发行为是相对分离的，在这种各个地块相对独立开发的情况下，控规中以建设项目为导向，偏重于对开发地块控制，忽视城市发展的整体性调控，造成了一些突出问题。如：总规战略意图在各个分散的区块控规编制或调整中被“肢解”[1]；分地块控制指标累积后突破上一层次规划要求[2]，导致宏观上的失控和无序[3]等。北京市规划委员会副主任谈绪祥总结北京以往卫星城控规编制和审批的问题之一就包括：零散编制和审批，根据区域开发时序和项目情况零散编审，没能从整体上审视和调控城市发展[4]。因此，改变当前“只见树木不见森林”的“一叶障目”式的地块控制，加强城市发展的整体性调控是控规编制研究的另一重点。

（3）规划的刚性与弹性：增强控规的适应性

控规作为规划主管部门最直接的规划管理依据，一方面需要对建设开发进行严格控制（即规划刚性），以减少项目开发的“负外部性”，保证上位规划的实施和城市公共利益；另一方面，由于市场经济的不确定性，规划不可能对未来做出完全准确的预测和判断，因而，开发控制中又需要保持适宜的灵活性（即规划弹性），以满足微观经济主体的合理需求，提高市场参与主体的积极性，保持市场经济的活力。因此，如何既体现刚性控制又保持弹性引导是控规编制中的重点问题，它直接关系到控规的适应性。

8.1.3 控规编制制度的改进

（1）编制组织：将城市划分为若干规划管理单元，“近细远粗”地有序编制

现行规划体系中，各层次规划的主要作用都是为了控制和引导城市有序地发展；在城市建设项目决策过程中，决策者（包括政府、公共部门和私人开发部门）

---

[1] 李浩，孙旭东，陈燕秋．社会经济转型期控规指标调整改革探析［J］．现代城市研究，2007（9）：4-9.

[2] 薛峰，周劲．城市规划体制改革探讨——深圳市法定图则规划体制的建立［J］．城市规划汇刊，1999（5）：59-61.

[3] 周丽亚，邹兵．探讨多层次控制城市密度的技术方法［J］．城市规划，2004（12）：28-32.

[4] 谈绪祥．创新规划编制机制增强控制性详细规划科学性和可实施性［J］．北京规划建设，2010（S1）：17-19.

所关心的是具体项目的开展及其可能的后果，规划应当建立起这些具体的开发建设行为与城市发展目标和城市整体框架之间的相互关系[1]。因此，控规编制组织应树立整体观，根据城市发展时序、功能结构、地区差异、自然条件、行政管理等因素将城市规划区划分为适宜的规划管理单元[2]，以此作为控规编制的基本单位，有序进行编制。这样，既可利于根据规划管理单元的特点和区位实施差异化的开发控制，也便于规划管理，便于不断积累编制组织经验、提高编制水平。广州的规划管理单元、深圳的法定图则片区、北京的街区、上海的控制性编制单元等的划分即是源于此。此外，考虑城市发展的不确定性，城市近、远期建设地区采用同一深度的控规编制模式，不仅不合理，也是造成远期地区控规未来不适应性的潜在隐患。基于此，控规编制中应根据城市建设发展时序的差异，实行“近细远粗”式的规划控制。如：北京新城控规编制中，对于远期建设地区，则编制到“街区控规”深度，而对于近期发展地区，则进一步细化到“地块控规”深度[3]。

（2）编制主体：建设相对稳定的控规编制队伍

控规作为一项以调控城市土地与空间资源利用的公共政策，其编制是一项政府行为，代表着市民的共同利益。控规的专业性、政策性以及需不断动态跟踪、检讨、优化等特征，客观要求控规编制需要有相对稳定的高素质队伍。实践操作上，可成立独立的控规编制与维护的专业队伍，如：深圳2008年成立的全市第一家法定机构——深圳市城市规划发展研究中心，专门负责法定图则的编制、技术监理及动态维护等工作；或是依托规划局直属的事业单位（市规划院、市规划编研中心）来承担。对于一些规划技术力量不足地区，则以合同约定的方式，委托对本地情况熟悉的控规编制单位提供编制完成后的控规动态维护工作。

（3）编制思路：分层、分级、分类控制和单元平衡

首先，针对“就地块谈地块”分散、零碎的规划调控问题，控规编制应从城市、管理单元、街区、地块等不同层次地域范围来研究地块的开发控制（图8-1），将城市定位与目标、规模与容量、历史文化保护等宏观战略性控制逐步转化到具体开发地块的微观调控之中，达到控规与上位规划有机衔接、对城市实施整体性调控的目的。其次，强调分层、分级控制，构建“城市规划区—管理单元—

---

[1] 孙施文．强化近期规划促进城市规划思想方法的变革［J］．城市规划，2003，27（3）：13-15.

[2] 国内外实践表明，将城市细分为规模适度，界限明确的单元进行城市规划管理已成为发达国家和地区城市的重要经验。详见：王朝晖，师雁，孙翔．广州市城市规划管理图则编制研究［J］．城市规划，2003，23（12）：41-47.

[3] 马哲军，张朝晖．北京新城控规编制办法的创新与实践［J］．北京规划建设，2009（S1）：37-41.

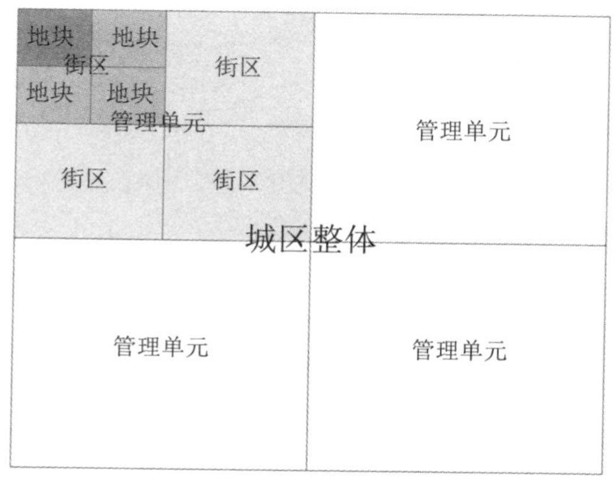

图 8-1　城市地域划分示意图

街区—地块”有序控制体系，逐级实施不同深度、不同侧重与要求的规划调控[1]。再次，实行“分类控制、单元平衡”，“分类控制”是指根据管理单元的特性不同（如：发展定位、功能组织、自然环境、人口规模、文化传统等）实行差异化的规划控制。“单元平衡”是指将上位规划的宏观控制要求（如：人口规模、开发总量、高度控制、环境保护等）在“规划管理单元”这一层次进行分解和落实，提出单元控制要求和开发总量，单元内单个地块的控制指标，允许在一定范围内的调整；但必须遵循“管理单元内开发总量平衡”的原则，“即在单个地块控制内容发生调整的同时，一个规划管理单元内部其他地块的相关控制内容也必须进行相应的调整，以保证规划管理单元层面相关的强制性内容在总量上保持不变，从而在整体上实现各级发展目标‘分层落实’的控制目的[2]”。

具体而言，参考“总规纲要—总规”分级理念，构建“控规纲要＋单元控规”的分级控规编制模式和“宏观：城市整体性控制—中观：管理单元控制—微观：街区控制＋地块控制”的分层控制体系，尝试进行“总规—控规纲要—单元控规”的规划编制体系改革（表 8-1）。

---

[1] 国内少数城市控规，如北京的“中心城－区域－片区－街区－地块”、上海的“编制单元规划－控规”、济南的“城市－片区－街坊－地块”、广州的“规划管理单元－街坊－地块”、南京的“规划编制单元－规划次单元－地块”等已初步进行了控规分层控制的实践探索（杨浚，2007；姚凯，2007；韦冬，2009；王骏，2008；周岚，2007）。

[2] 李雪飞，何流，张京祥．基于《城乡规划法》的控制性详细规划改革探讨 [J]．规划师，2009，25（8）：75.

控规分级编制模式和分层控制体系 表 8-1

编制分级	控制体系	地域范围	用地与人口规模	行政管理	控制内容	作用
控规纲要（一次编制完成）	城市整体性控制	总规建设用地范围	总规建设用地规模 总规城区规划人口	城市政府	上位规划评估与衔接； 总体控制：分类用地控制、各类用地的总量控制与总量平衡、密度分区、建设高度分区； 编制单元的划定与控制框架； 政策转化	加强控规与上位规划衔接，落实上位规划意图调控城市整体发展； 构建统一的控规编制、管理技术平台； 指导“单元控规”编制
单元控规（分期编制）	编制单元控制	城市功能性片区	5-20km² 10万-20万人	区政府街道办事处	编制单元的发展定位、功能组织、规模容量、密度分配（到街区）、土地利用、道路交通、城市设施、景观环境、特别控制等九大内容	控规编制与控规调整研究的基本单位； 分解城市总量控制指标； 指导街区控制、地块控制
	街区控制	次干道围合的街坊	10-50hm² 1万-1.5万人（居住小区规模）	社区居委会	街区容量及分配、刚性控制、土地利用、设施配套、景观环境等； 指标控制：人口容量、容积率、建筑高度	城市近期建设地区控制依据； 分解编制单元总量控制； 地块指标依据与地块指标调整的最大幅度范围； 协调配套设施配置
	地块控制	旧区：产权地块；新区：支路围合的街坊	0.5-5hm² 500-3000人（居住组团规模）	社区居委会	用地性质、用地界线、用地面积、建筑高度、建筑密度、容积率、绿地率、配套设施等八大指标控制和交通组织、建筑退界、城市设计等三大要素控制	开发地块规划控制的直接依据

1）分层控制体系

宏观：城市整体性控制。以总规建设用地范围为研究对象，研究城市总体层面的控制：对总体层面的土地利用和建设开发提出控制，包括总量控制与总量平衡、密度分区、建设高度分区等，特别注重对涉及公共利益的“刚性”控制内容；依据总规确定的规划结构、功能分区、建设时序、地区特征及行政区划界线等，划定管理单元，确定管理单元的控制框架（包括单元的发展定位、规模容量、控制重点等主要内容）；同时制定实施政策等。

中观：管理单元控制。树立不同地区实施不同深度、不同侧重的差别性控制理念，进行“地域化的控制”。主要任务是具体落实和深化“城市整体性控制”，依据其确定的单元控制框架，制定管理单元的控制要求：对管理单元发展定位、功能组织、规模容量、密度分配（到街区层面）、土地利用、道路交通、城市设施（公共设施和基础设施）、景观环境、特别控制（特定意图区、生态保护、历史文化保护等）等九大方面进行专项研究，确定管理单元的空间结构、用地布局、“五线（城市绿线、紫线、蓝线、黄线、干道红线❶）与两大设施（公益性公共设施❷和市政基础设施）”控制、道路交通、绿地系统、市政工程、街区控制要求等，为单元内下一层次的街区控制、地块控制提供有效指导。

微观：街区控制 + 地块控制。街区是指城市次干道与其以下等级的道路或自然地域边界围合而成的区域。街区控制，是按照“管理单元控制”中确定的街区控制要求，对街区容量、密度分配（到地块）、“五线与两大设施”控制、土地利用、设施配套、景观环境等内容进行具体落实，提出街区规划建设管理规定，为规划条件制定和街区内建设项目管理提供依据。街区控制指标比地块指标简化，只侧重于人口容量、容积率、建筑高度几个重要指标控制。街区控制作用主要有：①作为地块指标制定的依据；②作为街区内地块迁并、拆分及地块指标调整的上位总量控制（人口及开发容量），街区总量一般略大于分地块的指标累积（原则不超过 10%），以鼓励成街成坊的开发或改造，并为地块指标调整提供一定幅度的可能❸；③街区大小相当于居住小区规模，它是配套设施配置的依据，有些配套设施在街区内进行“定量（规模和数量）不定位”控制，以保持控制弹性；④主要用于调控城市远期开发用地，待开发时机成熟后再将街区控制细化到地块控制，为开发控制保持一定“弹性”和“适应性”。

地块控制。即传统意义上的地块控制，但强调以产权地块为单位进行，侧重于城市近期开发用地的控制，重点对用地性质、用地界线、用地面积、建筑高度、建筑密度、容积率、绿地率、配套设施等八大指标控制和交通组织、建筑退界、城市设计等三大要素控制。

2）控规分级编制模式

第一层次“控规纲要”。以上位规划为依据，以总规建设用地范围为对象，

---

❶ 南京还提出高压黑线和轨道橙线（周岚，2007），但笔者认为，这些可归到城市黄线之中。由于城市支路由于等级较低，作用相对较小，存在局部调整可能，故未作为强制性控制内容。

❷ 指行政办公、文化体育、医疗卫生、教育科研、文物古迹、社会福利院等具有公益属性的公共设施，对于北京控规中提出公共安全设施，笔者认为可以归类到公益性公共设施或是市政公用设施之中，故未单列。

❸ 吴晓勤，高冰松，汪坚强．控制性详细规划编制技术探索——以《安徽省城市控制性详细规划编制规范》为例［J］．城市规划，2009，33（3）：37-43.

研究控规编制的重大原则问题，包括：对上位规划评估与衔接、城市总体控制、管理单元的控制性框架、政策转化等。“控规纲要”，在总规指导下一次性编制完成，它不仅是下一层次“单元控规”编制的依据，并通过对上位规划的评估、修正与完善，成为日后总规修编的参考；而且还是总规失效或处于审批真空期时，对城市发展进行总体调控的依据。“控规纲要”目的是构建统一的控规管理平台，尝试解决控规与上位规划的衔接、不同地区控规之间的协调、对城市实施整体性控制、增强地块控制的上位依据等难题。

第二层次“单元控规”。近似于传统意义上的控规编制，“管理单元”是控规编制的基本单位，一般是城市功能片区，以某项或某几项功能为主导，如：中心区、居住区、历史文化区等，每个“管理单元”的“单元控规”均一次性编制完成，但应是按“控规纲要”拟定的控规编制计划，分期编制。具体在“控规纲要”指导下进行，研究确定“管理单元”的总体控制、其内的街区控制和地块控制等内容，强调针对不同“管理单元”特性进行差别性控制。

这样，通过“城市整体问题全覆盖（控规纲要）”+“地区问题分地段覆盖（单元控规）”的控规编制思路和覆盖策略，既避免雷同化、无差别模式控规“全覆盖”的尴尬和“大跃进”式编制运动造成编制仓促、问题研究不够、整体性控制缺失、不同地段的控规不对接等弊病；又可使控规编制分期推进，不断积累经验、提高编制水平，增强控规的科学性和适应性。

（4）技术方法：通则 + 图则的控制、公益内容刚性控制 + 市场内容弹性控制

首先，针对我国正处于快速城市化阶段，很多城市都面临建设发展速度快，但又无法进行快速、高质量的控规全覆盖的难题，控规可在传统图则控制的基础上，探索“通则 + 图则”的控制方式。“通则”是指根据城市情况，制定城市统一的建设开发管理要求，内容包括：建筑退界、建筑高度控制、开发强度控制、基准容积率确定、土地混合使用指引等，通则可由“控规纲要”阶段研究制定，条件成熟后可逐步转化为地方性规划管理技术规定。这样，一可提高控规编制、管理和实施的效率，适应快速建设发展的需求，二可避免以往控规一些指标制定和控制要求确定上的“拍脑袋”行为，三是建立全市统一的规划管理标准，利于城市整体性控制，并确立开发控制的公平原则，从而避免“传统控规将相邻的地块，人为地规定了不同的建设密度，有时沿街用地的密度反而定得低，制造不合理的地价差的弊病[1]”。实践中，成都在科学测算环境容

[1] 孙晖，梁江．控制性详细规划应当控制什么——美国地方规划法规的启示［J］．城市规划，2000，24（5）：19-21.

量的基础上合理划分建筑密度分区，探索了控规的通则式做法[1]；武汉也制订了开发强度控制方面的通则式指导文件——《武汉市主城区用地建设强度管理技术规定（试行稿）》，依据该规定确定的地块额定容积率是规划编制、建设用地审批的依据及管理标准。

其次，在城市快速发展变化阶段，控规的关键是控制好城市最需要关注和把握的重点内容，加强市场经济体制下政府对城市空间的有效调控[2]。为避免现行控规中不分控制对象的差别采用雷同化控制带来的问题，如：控规刚性不刚、弹性不弹，控规调整审批的程序同一化、标准缺失等，应研究政府调控与市场主导的界线，区分建设项目的公益属性与市场属性，采用公益性内容刚性控制，市场性内容弹性控制的差别化控制技术方法上，建议将涉及公共利益的内容确定为刚性控制，实施严格控制，具体内容包括："五线（城市绿线、紫线、蓝线、黄线、干道红线）、两大设施（公益性公共设施和市政基础设施）"及管理单元的发展定位与开发容量控制[3]等。实践中，南京就提出了以公用资源集约利用和环境历史保护为重点的控规"6211"核心内容[4]；武汉控规中，公益性公共设施、五线、编制单元的功能定位、管理单元的主导用地性质、管理单元的平均净容积率等五方面内容为刚性控制，纳入法定文件之中，而具体地块的用地性质、容积率、建筑密度、建筑高度、绿地率等控制指标为弹性控制，纳入指导文件范畴。不过，公益性内容的刚性控制与市场性内容的弹性控制都是相对的，"实质的区别在于对应程序（包括编制审批程序和实施调整程序）的设置和安排；而且，控规内容的刚性与弹性应根据特定的发展条件、因地制宜地确定，随着社会经济条件的变迁，也需要进行相应的调整[5]"。

（5）成果表达：法定文件 + 技术文件 + 附件

与前述分层、分级、分类的控规控制体系，及公益内容刚性控制、市场内

---

[1] 李雪飞，何流，张京祥．基于《城乡规划法》的控制性详细规划改革探讨 [J]. 规划师，2009，25（8）：75.

[2] 周岚，叶斌，徐明尧．探索面向管理的控制性详细规划制度架构—以南京为例 [J]. 城市规划，2007（3）： 16.

[3] 管理单元的发展定位及开发容量直接涉及公共设施的配套、总体规划人口与用地规模的控制落实，因而需作为刚性控制。

[4] 周岚，叶斌，徐明尧．探索面向管理的控制性详细规划制度架构—以南京为例 [J]. 城市规划，2007（3）： 16.

[5] 李雪飞，何流，张京祥．基于《城乡规划法》的控制性详细规划改革探讨 [J]. 规划师，2009，25（8）：74.

容弹性控制的划分相呼应，为有效地体现和保障控规的严肃性与灵活性，可将控规成果分为法定文件、技术文件、附件三部分。

法定文件，属刚性内容，是落实上位规划，保障城市公共利益的强制性规定。它是城乡规划实施管理和监督检查的基本依据，必须予以公示，并报城市人民政府审批。法定文件着重对“五线、市政基础设施和公益性公共服务设施、规划管理单元的发展定位与开发容量控制”等涉及公共利益的内容进行刚性控制。法定文件，具体由文本和图表构成。

技术文件，属弹性内容，是下位规划编制或规划管理的指导依据，由规划主管部门审批，是规划主管部门的内部操作性文件，用于具体开发项目的审批管理。技术文件以法定文件为依据，对土地空间使用进行更为具体的设计和更为细致的表述，具体内容主要包括对各地块具体的用地性质、控制指标、城市设计指引、地下空间控制和特色意图控制要求等。

附件是对法定文件和技术文件的研究支撑，具体包括现状调研报告、基础资料汇编、规划研究报告、技术图纸和相关的信息报告（包括公众参与报告、编制审批背景记录等）。

（6）机制保障：技术支撑、社会参与、质量监控

控规内容科学性的提高，不仅需要控规编制内容的优化、编制方法的创新和编制技术的深化等，同时还依赖于一系列相关的配套机制的建立。

首先，实践表明，缺乏坚实的技术支撑不仅已成为制约控规的公平合理性和权威性的重要因素，也对于决策质量和效率造成不良影响[1]。从技术理性的视角看，控规编制时，①需要有“道路交通、市政工程、城市更新、历史文化保护、城市设计”等各类专项规划的上位指导；②还应有从城市整体研究出发的相关技术指引，如：城市密度分区、公共服务设施配套标准、容积率确定、土地混合使用等，这些都是控规编制必不可少的技术支撑。正因此，武汉在控规编制前期就制定了 6 项技术规范和标准，编制了 6 项专项规划[2]；深圳在法定图则大会战时，制定了若干专项指引：《法定图则编制容积率确定技术指引（试行）》、《法定图则中城市更新内容编制指引（试行）》《深圳市法定图则土地混合使用指引（试行）》等及专项规划 61 项、道路交通 14 项、给排水 8 项、电

---

❶ 邹兵．敢问路在何方—由一个案例透视深圳法定图则的困境与出路 [J]．城市规划，2003，27（2）：66.

❷ 刘奇志，宋忠英，商渝．城乡规划法下控规的探索与实践——以武汉为例 [J]．城市规划，2009，33（8）：66.

力通信 11 项、城市燃气 7 项、环卫 3 项等[1]。③需建立规划信息系统，以保证控规编制所需要的信息和资料的齐全、准确和及时，以及各“单元控规”编制完成后能及时纳入到统一管理平台，使得总量控制的“自上而下”逐级传递与分级指标累积的“自下而上”反馈校核能及时、准确。此外，还需建立规划管理的预警机制或反馈机制，前述的城市整体性控制虽强调从整体出发“自上而下”的调控，但并不是生硬地、计划式地逐级量化控制分配，它特别强调在一定的总量控制幅度和总量平衡范围内的“弹性”保持，因此，规划管理的预警系统或反馈机制的建立十分必要。其设想是按照“城市、管理单元、街区、地块”的分级，除“地块”级外，每一级均有一定的总量控制幅度，当下一级内的开发容量累积（特别是在控规调整中）突破上一级规划的控制要求时，“该系统将自动启动发出预警信号，从技术手段上保证上下层次规划的衔接和整体全局性控制[2]”。据此，分析是对下层次规划总量进行更严格的控制，不允许以后的控规调整；或是根据社会经济发展变化的需求，适当增加地区开发容量，并调整原规划的相应内容，如增加公共设施和市政基础设施、重新思考地区环境空间等。

其次，从经济角度分析，控规是一种社会财富再分配的调控手段，它所确定的城市土地建设开发模式不仅决定了城市政府的财政税收（其中以土地出让金、房地产开发税等为主），而且也相对确定了不同利益集团、不同城市居民在城市土地上可能获取的收益或蒙受的损失[3]，所以，控规编制的社会参与十分重要，它直接关系到控规的可操作性。然而，目前控规的社会参与，多仅限于调研阶段编制单位“蜻蜓点水”的个别居民访谈以及控规编制完成后的草案公示（事后参与），远远不够。对此，十分有必要建立控规编制中调研阶段的公众意愿调查、初步方案阶段的利益相关人意见征询等工作机制，将公众由控规的事后参与调整为事前、事中与事后的全过程参与。深圳城市规划发展研究中心编制法定图则时委托专门的调查公司进行公众意见调查的做法值得借鉴。

再次，控规编制是一项技术性很强的工作，仅凭控规编制完成后对结果进

---

[1] 游俊霞，朱俊．转型期城市规划精细化编制与管理的实践探索——以深圳法定图则为例 [J]．城市规划学刊，2010（7）：12-18.

[2] 邹兵，陈宏军．敢问路在何方－由一个案例透视深圳法定图则的困境与出路 [J]．城市规划，2003，27（2）：61-67.

[3] 蔡震．我国控制性详细规划的发展趋势与方向 [D]．北京：清华大学建筑学院硕士学位论文，2004：19.

行审查，较难发现其间潜藏的问题或疏漏，包括：现状调研是否准确、全面，市民及相关利益人合理诉求是否得到反映，所采用的技术标准是否合适，规划衔接是否合理等。这些不仅直接关系到控规内容的科学性与技术理性，更影响到控规的可操作性。为此，建立控规编制的质量监控机制十分必要。2008 年深圳市城市规划发展研究中心成立，全程负责在编法定图则的技术服务与质量监理工作；2010 年上海市规划编审中心成立，其主要职能之一就包括全过程对控规编制的阶段性成果进行技术审查，这些制度值得借鉴。

8.2 控规审批制度的优化——控规决策“民主化”

控规的审批制度，是指控规成果审查、审批程序、决策主体等方面的制度规则。如果说控规编制是一个“技术立法”的过程，那么，控规审批则是控规的“程序立法”。控规审批制度的优化，核心在于推进控规决策的“民主化”，通过公众参与，提高不同利益主体平等参与控规审批决策的全过程，达到多元利益平衡，保障公共利益的最终目的。

8.2.1 控规审批的分类

控规审批主要分为新编控规的审批与控规修改的审批两大类。实践中，控规修改一般包括：控规修编、控规局部调整与控规修正三种情况。控规修编，是指规划的时效性逐渐减弱，或者社会经济发生重大改变，引发规划的不适应性，如：控规即将达到其编制期限，或者指导控规的上位规划如城市总体规划或分区规划发生了较大改变等[1]。控规局部调整，是指控规实施过程中，对控规的某项或某几项具体控制指标与控制要求进行的调整。控规修正，指对原控规中存在的错误或疏漏信息（如：地籍权属界线、道路定位、市政管线等）进行的技术性修正或补充。因此，控规修改的审批实际可细分为：控规修编的审批、控规局部调整的审批与控规修正的审批三种情形。

8.2.2 《城乡规划法》相关规定与尴尬

（1）控规修改的必然性

控规作为一种未来指向性活动，不可能一劳永逸，控规适时调整是必然，也

[1] 李浩．控制性详细规划的调整与适应 [M]. 北京：中国建筑工业出版社，2007：2.

是现实发展需要[1]。控规调整的需求是市场经济条件下“自下而上”的城市开发建设活动对建设控制管理的反馈[2]。控规调整产生的本质原因是城市规划内部的不确定性，是一种正常的“规划调整”现象，在经济快速发展、城市建设加速条件下，各种矛盾高度集中而引起较多关注和争议；而经济利益驱动、管理制度不健全、原控规编制有缺陷等因素，致使城市规划的这种“不确定性”在各个方向上发生较多的偏离而出现了“后门”、“补丁”等倾向；即使经济发展和城市建设相对平稳、制度更加健全，也不可避免的会存在“规划调整”现象[3]。

（2）实践尴尬：大量的控规修改诉求与《城乡规划法》严格的修改程序相矛盾

当前我国正处于快速城市化、大规模建设时期，城市建设发展存在诸多不确定性，控规不可能做到精准预测、完全“按图实施”，控规修改在所难免。但是根据《城乡规划法》，控规修改需要经过论证、征询、听证等严格的审批程序，且《城乡规划法》未对控规修改的不同情形做出细分规定，致使控规修正、控规局部调整以及控规修编的审批程序“同一化”，一定程度造成了控规实施操作的困难（图 8-2）。在地方性法规缺乏的情况下，控规修改否决或是严格按《城乡规划法》程序执行，规划主管部门很可能都需承担“规划延误”城市发展的责难，而不执行《城乡规划法》的控规修改程序，则又要面临违规操作的尴尬。这也是造成很多城市控规“编而不批或少批”的重要原因（图 8-3），显然有违《城乡规划法》的主旨。

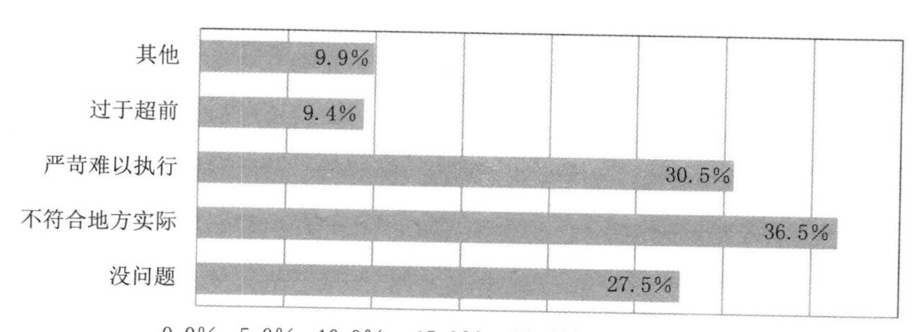

图 8-2 《城乡规划法》有关控规修改规定的问题（全国 403 份问卷分析）

---

[1] 汪坚强．迈向有效的整体性控制——转型期控规制度改革探索 [J]．城市规划，2009，33（10）：60-68.

[2] 李江云．对北京中心区控规指标调整程序的一些思考 [J]．城市规划，2003，27（12）：37.

[3] 苏腾．“控规调整”的再认识 [J]．北京规划建设，2007，（6）：84.

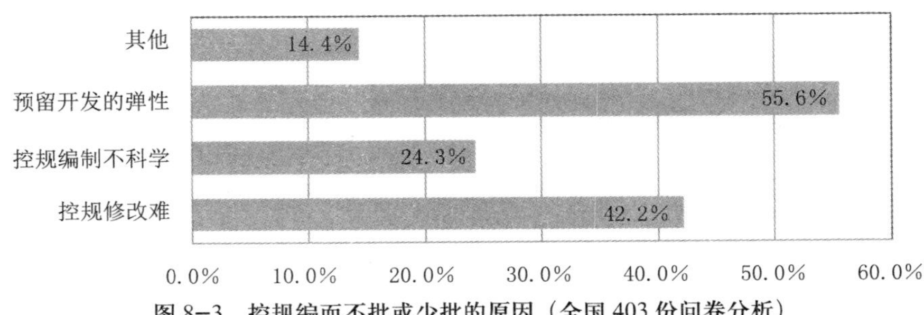

图 8-3　控规编而不批或少批的原因（全国 403 份问卷分析）

8.2.3　控规审批的现状与问题

（1）控规审查的现状与问题

控规审批，包含控规的审查和批准两层涵义。从实践上看，控规审批的核心在于控规审查，控规批准多是控规审查通过后例行的行政程序。从目的而言，控规审批，首先是对新编控规或控规修改的质量监控和把关，以保证控规内容的科学性和技术理性；其次才是通过法定化的程序将新编控规或修改的控规转化为具有法律效力的城乡规划，转化为城乡规划实施管理的依据。因此，控规审查是控规审批的前提和重点，控规审查的质量高低直接关系到控规审批的科学化。

调查显示，控规审查较成熟的经验是“三阶段”法：首先是规划主管部门内审，包括规划分局初审、市规划局处室联审、市局技术委员会或局业务会再审等；其次是专家评审；然后是规划委员会或图则委审议或审批，代表性城市主要有深圳、广州等。在一些发达城市，还设有专门机构负责控规审查，如：广州市规划编研中心、上海市规划编审中心等，为控规审查提供了很好的技术支撑。但是，在很多城市，控规审查中却存在三大问题：

1）规划主管部门“行政化”，受技术力量限制，规划主管部门疲于日常的规划管理行政事务，根本无暇或无力进行控规（修改）方案的内审，尤以县级城市、经济欠发达地区的城市为代表。

2）专家评审“形式化”，现行控规评审机制中主要存在：评审时间短、评审标准缺乏、专家对当地情况不熟悉、专家构成不合理（研究控规的少）、受领导干预等多种问题，致使专家审查仓促、审查较随意，无法起到控规质量把关的目的（图 8-4）。

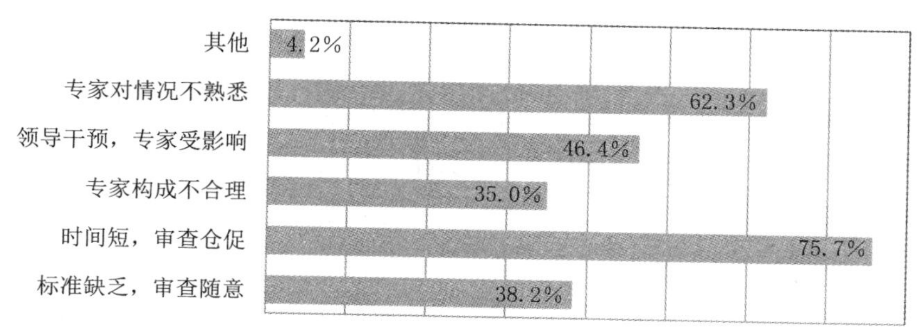

图 8-4　控规专家评审机制的问题（全国 403 份问卷分析）

3）规划委员会“政治化”，尽管深圳、广州、厦门等城市的规划委员会由非公务人员的比例占半数以上，民主化程度高。但是国内大部分城市的规委会仍然是以市（县）长或市（县）委书记为首，由各个职能部门的行政领导组成，专家都很少。这种规委会构成，不仅没有专业技术声音，也不可能听到市民、社会团体、相关利益群体等社会声音，不可避免地造成了决策的政治化，“领导说了算”在所难免，控规审批的科学化、民主化无从谈起。

（2）控规审批主体分析

中国城市规划委员会一般分为 A. 咨询协调机构、B. 法定审议机构、C. 法定决策机构三种类型[1]（图 8-5）。由于很多城市控规在市政府批复前的最后审议机构是城市规划委员会，因此，城市规划委员的成员构成、决策方式、会期设置等将直接决定控规审批的民主化、科学化的程度，及效率高低。调查显示，深圳、厦门、广州规委会的民主化程度最高，其成员超半数由非公务人员

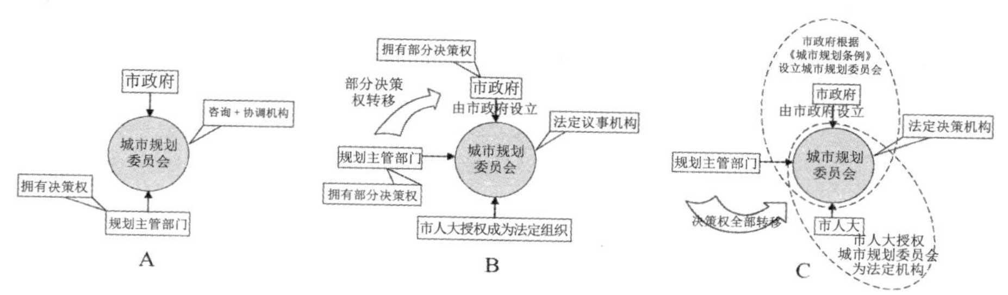

图 8-5　中国城市规划委员会的类型示意图

资料来源：郭素君．由深圳规划委员会思索我国规划决策体制变革 [J]．城市规划，2009，33（3）：50-55.

[1] 郭素君．由深圳规划委员会思索我国规划决策体制变革 [J]．城市规划，2009，33（3）：50-55.

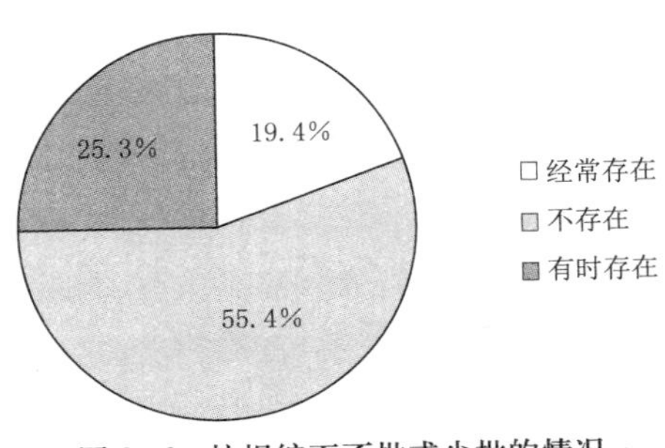

图 8-6　控规编而不批或少批的情况（全国 392 份问卷分析）

担当；很多一线城市的规委会均有专家委员，利于决策的科学化；但普遍性问题是规委会的会期少、总体服务效率低以及决策政治化。

（3）控规审批中存在的主要问题

1）决策民主化程度低，社会（公众、社会团体、利益群体等）诉求未能得到充分、有效地表达和吸纳，社会参与决策的空间小。

2）决策科学化不够：①政府各职能部门联合审查机制尚未建立，部门信息未充分沟通、协调；②控规审查依据、标准不清晰或缺乏；③控规审查、审批机构的事权不明晰；④专业技术支撑少，影响决策质量；⑤决策民主化程度低。

3）控规审批效率低：由于控规审查各个阶段的事权、时限、会期等缺乏详尽规定，致使控规审批效率低下，往往难以适应城市建设快速发展的需求。如：深圳法定图则，从编制到审批完成一般需要 18 个月[1]，而 1999 ～ 2008 年间平均每年批准的法定图则不足 8 项[2]。

4）控规审批程序不规范、不明晰。尽管《城乡规划法》明确规定了控规修改的程序，然而，由于对控规修改的类别，控规修改中利益相关人的界定，修改论证的依据、标准、内容等缺乏明确界定和细化。各地控规修改审批的尺度不一、程序各异，如：武汉就将控规地块控制指标规定为指导性文件，其修改只需规划主管部门审批；而深圳新编的法定图则由深圳市规委会授权的法定图则委员会审批，而法定图则修改的审批则要上市规委会审批；还有的城市干脆“编而不批或编而少批”（图 8-6），把控规成果作为内部控制文件，实际使用时，如发生控规修改，则修改一块审批一块。控规及其修改的审批程序不规范、不明晰的情况十分普遍。

5）控规的决策、执行相分离并未真正实现。调研显示，目前我国各地规委会基本都是由城市政府组织成立，规委会主任一般是市长担当，其成员多由政府各职能部门负责人构成（少数城市的规委会要求半数以上为非公务人

[1] 深圳市城市规划发展研究中心．控制性详细规划编制与审批办法调查报告——附件：各地控规编制与管理概况汇编 [R]. 2009：83.

[2] 杜雁．深圳法定图则编制十年历程 [J]. 城市规划学刊，2010（1）：108.

员，如：深圳、广州），显然，规委会的行政属性十分强烈[1]。规划主管部门，作为城市职能部门，直接受城市政府领导，所以，尽管“规划执行”是规划主管部门的主要工作，但实质仍是城市政府在间接进行“规划实施”。从这个角度来说，规委会只是将原本在规划主管部门的规划审议或审批权上收，初步实现了“规划决策与规划执行”的相对分离，而由于规委会和规划主管部门仍由城市政府主导，所以，“规划的决策与执行相分离”只是行政机构内部的分工重组，分离并不彻底。

8.2.4　控规审批制度的优化

（1）优化的目标与重点

从控规编制、审批、实施的管理过程来看，控规审批属于决策权范畴，其在控规运作管理中居于重要地位，控规审批机制的优化即是控规决策的优化。决策优化是不断从传统决策（决策特征：封闭、凭经验、低效）向现代决策（决策特征：开放、科学、效能）转变的过程，具体而言，控规审批决策优化的重点在于决策的科学化、民主化与效率化。

1）控规审批的科学化

控规各项指标的确定，事实上是政府动用了公共部门的规划权而赋予土地使用者的发展权；土地发展权的确定，应同时考虑土地使用者投资的积极性和公众利益的需要，换言之，应在经济发展和公众利益之间取得平衡，单纯强调任何一方而忽略另一方，都会带来问题[2]。因此，控规审批决策的科学化十分重要。科学决策，简单地说，就是决策者依据科学思想，经过一定的决策程序，使其做出的决策体现出科学理性和人文关怀，且既符合主观诉求，又符合客观规律；科学决策从本质上讲是一种理性的选择过程，要求符合最优化原则[3]。

---

[1] 即使是规委会制度建设较早的深圳，作为人大授权市政府成立的法定机构，深圳市规委会除承担《条例》授权的职能外，还承担“市政府授予的其他职责”，其组织性质可理解为行政决策机构；但委员会人员构成中有一半以上非公务人员，主要由各专业领域的具有一定社会地位和影响力的专家组成，并拥有与公务委员相同的表决权，由此其组织性质应更准确地理解为“融入技术审查职能的准行政决策机构”，其决策类型为行政决策与技术决策相结合的复合决策。由此看，目前的规委会制度只是部分实现了“决策、执行、监督相分离”（部分学者称之为“新三权理论”）的规划体制改革，是现有制度框架下规划决策体制的一种过渡性安排。详见：施源，周丽亚．现有制度框架下规划决策体制的渐进变革之路 [J]. 城市规划学刊，2005（1）：35-39.

[2] 田莉．我国控制性详细规划的困惑与出路——一个新制度经济学的产权分析视角 [J]. 城市规划，2007，31（1）：18.

[3] 黄智．淡谈如何优化企业组织决策程序，提高决策效能 [EB/OL]. 2005-04-27[2010-10-25]. http://manage.org.cn/Article/200504/13623.html.

要实现决策科学化，一般需要严格实行科学的决策程序；依靠专家、运用科学的决策技术；运用科学的思维方法进行决断。适宜的控规审批主体、科学的审批程序、专业的知识与技术支持、明晰的审批依据与标准、民主的社会参与机制等，应是控规审批决策科学化的重要内容。

2）控规审批的民主化

控规审批的民主化，是指控规决策过程中应提高市民、专家、社会团体、利益相关人等民间利益表达主体参与控规审批决策过程的深度和广度，使控规决策能更好地反映公共诉求和公共利益，这是公共决策民主化的重要体现，也是提高控规决策科学性的重要保证。就决策民主化而言，主要表现为决策的开放性；智囊系统固然是这种决策开放性的表现，在今天推进社会主义民主的过程中，公众参与规划管理活动的决策必然成为发展趋势；公众参与有利于规划管理实现维护公共利益的目标，保障规划管理决策的合理性，加强规划实施的社会监督[1]。

3）控规审批的效率化

行政效率是全部行政管理活动追求的目标，也是行政学研究的宗旨；为提高行政效率就要进行行政改革；行政效率和行政改革的研究，已成为行政学的重要课题[2]。控规作为规划主管部门进行建设开发管理最直接的依据，其审批效率的高低一定程度上也决定了规划主管部门进行项目规划许可的效率。当前中国正处于快速城市化时期，“每年将新增 20 亿 m^2 建筑，目前仅北京、上海的年建筑总量就超过了整个欧洲同期的建筑量[3]”。面对如此大规模的城市建设发展，《城乡规划法》严格、单一的控规及控规修改的审批规则和程序，某些时候也成了推进控规工作的“障碍”，导致影响城市发展的所谓“规划延误”，降低了控规的实效性，使规划管理陷入尴尬境地。因此，如何在《城乡规划法》的框架下、在不牺牲公共利益的前提下，提高控规及控规修改的审批效率，满足市场经济下快速、高效的规划管理需求，促进地方经济发展，是控规审批机制优化需重点探索的命题。

（2）优化设想

1）建立“节点审查与技术监理”相结合的控规审查机制

目前很多城市并未建立完善的控规审查机制，规划主管部门内审、专家评审均存在诸多问题，且控规审查多属于控规成果完成后的“结果性审查”，

---

[1] 王国恩．城乡规划管理与法规 [M]．北京：中国建筑工业出版社，2009：38.

[2] 王国恩．城乡规划管理与法规 [M]．北京：中国建筑工业出版社，2009：45.

[3] 仇保兴．第三次城市化浪潮中的中国范例 [J]．城市规划，2007，31（6）：12.

而“过程性审查”较少。为此，建议建立“节点审查与技术监理”相结合的控规审查机制。控规“节点审查”，指将事后审查扩展到事前、事中审查，变结果性审查为过程性审查，在控规编制的各个重要节点（如：现状调研报告、控规初稿、草案、成果等）进行相应的技术审查，明确控规编制各个节点的审查主体、审查重点和审查规程等内容，以提高控规审查的质量和效用。具体可细分为：控规现状调研报告的规划（分）局内审，控规初稿的规划（分）局内审及政府各职能部门联审，控规草案的规划局技术委员会审查、专家评审及公众、部门、社会团体、利益相关人等意见征询，控规成果的城市规划委员会终审等四阶段“审查”。

——控规现状调研报告阶段，审查主体是规划局的规划处（科），审查重点：一是规划地区现状资料的准确性与完整性；二是编制单位对各部门、街道办、居委会、相关利益人及公众代表等意见和诉求征询的全面性与深入性。

——控规初稿阶段，审查主体是规划局的规划处（科），由规划处（科）组织局各处（科）室进行局内部审查，同时征询政府各职能部门的意见。审查重点：一是与已批相关规划的衔接情况；二是检查方案与已有行政行为的关系，再次校核现状信息的准确性与完整性；三是控规方案的合理性，如：功能定位、技术指标、道路交通、配套设施、城市设计等内容是否合理；四是方案是否符合有关法律、法规及技术规范或标准的规定等。编制单位依据审查意见进行方案修改。

——控规草案阶段，审查主体为规划局技术委员会和规委会秘书处，公示前，控规方案需经规划局技术委员会审查并组织专家评审，编制修改通过后形成控规草案进行公示，规委会秘书处负责收集公众意见，规划局技术委员会审议公众意见处理建议，然后，编制单位根据公示后的意见进行修改。

——控规成果阶段，审查主体为城市规划委员会，通过后即可上报政府审批。

控规“技术监理”，是指在控规编制与审查过程中指定专人负责，全程跟踪、服务，协调处理相关技术问题。这样，一方面，可以弥补“节点审查”由于各阶段审查主体的差异所带来的信息疏漏、不连贯等问题；另一方面，则可对控规编制单位起到全过程的监督及服务的作用。有条件的城市，技术监理人员可由规划编研中心、规划局直属事业单位（如：规划院、规划信息中心等）的专业人员承担，如：深圳于2008年成立的深圳市城市规划发展研究中心，他们有专人负责深圳法定图则的技术监理工作，上海2010年成立了上海市规划编审中心，专门负责控规的审查工作；对于规划技术力量不足的城市，则可聘请控规编制单位之外的第三方规划领域的编制、咨询、服务或研究机构承担。鉴于控规的重要性，技术监理人员应具备专业的控规知识和相应的实践经验，如：要求是注册规划师，从事控规工作年限不低于5年等。

2）建立“分类、分级”的控规审批制度

从内容构成上看，控规中既包含有涉及公共利益的“刚性”控制内容，也有很多对市场开发进行引导的“弹性”控制要求。理性而言，刚性控制内容涉及公共利益、城市发展的整体利益和长远利益，其审批应该很严格、审批主体的层次级别应更高；而弹性控制内容，很多属于市场调节范围，其审批则可相对宽松，审批主体的级别可适当下放，以保持对市场信息的灵敏度，提高规划管理效率。然而，在缺乏对《城乡规划法》有关控规审批规定细化的情况下，不区分控制内容的“公益性与市场性”的审批模式，显然既难以适应当前快速建设发展的现实需求，也不符合控规应有的分类控制的本意，自然造成“控规编而不批、编而少批”的尴尬。因此，应该对控规成果进行刚性控制与弹性控制的内容区分，实行“分类、分级”的审批机制，既保证控规的严肃性和灵活性，又提高控规的审批效率，增强控规在当前快速城市化背景下的适应性。

具体而言，可依据《城乡规划法》确定的总规的强制性内容，研究确定控规的强制性内容，如包括:“五线（城市绿线、蓝线、紫线、黄线、干道红线）”、公益性公共设施、市政基础设施、城市发展战略方面的控制等。将这些与城市公共利益紧密相关的刚性控制内容，确定为控规的“法定文件”，交由城市政府甚至人大审批，使之成为地方法规及规划管理中必须严格执行的内容，有力保障其严肃性。对于控规中引导市场开发的弹性控制内容（如：建筑密度、无明确高度限制地区的建筑高度指标等），则作为控规的“技术文件”，由规划主管部门审批，并授权其可根据市场变化进行及时的动态更新，以增强控规的适应性。为防止“寻租”可能，可设置相应的审批程序、审批规则以及备案登记制度，约束规划主管部门的审批权限。实践中，深圳、武汉就进行了相关探索。深圳法定图则区分为法定文件和技术文件，法定文件是经法定程序批准具有法律效力的规划条文和图表，明确规定地块的用地性质、开发强度、地块配套设施等三项规划控制要素；技术文件，包括现状调研报告、规划研究报告和规划图，是制定法定文件的基础，是规划主管部门执行法定图则的内部操作性文件，不对外公示。武汉控规成果分为法定文件和指导文件，法定文件是刚性内容，必须公示，报市政府批准，内容包括控规管理单元的主导性质、五线、公益性公共设施、开发总量等强制性内容；指导文件是弹性内容，是下位规划编制或规划管理的指导依据，报城市规划主管部门审批，主要包括各地块具体的用地性质、容积率、建筑密度、建筑高度、城市设计指引、地下空间控制和特色意图控制要求等❶。

3）完善“城市规划委员会”审议制度

就控规审批机制优化而言，第一步，需明确规委会的法律地位，明确其审议或审批权。具有地方立法权且条件成熟的城市，可通过地方法规组织成立，如：深圳市规委会，即是深圳市政府依据市人大颁布的《深圳市城市规划条例》组织成立，其拥有城市总规、次区域规划和分区规划草案的审议权，及法定图则与专项规划的审批权；而没有地方立法权的中小城市，则可以由省人大或省政府或以地区性法规或省政府规章的形式进行明确，如：广东省人大 2004 年 9 月通过的《广东省城市控制性详细规划管理条例》，首次以法规的形式将城市规划委员会制度明确下来，《条例》规定城市规划委员会是人民政府进行城市规划决策的议事机构，控规实行城市规划委员会审议制度，即控规经城市规划委员会审议通过，报市人民政府批准后公布实施；湖北省政府发布了《关于建立城市规划委员会制度的指导意见》（鄂政办发 [2004]163 号），要求省内各级城市政府都要成立城市规划委员会，建立城市建设专家咨询制度，城市规划委员会为非常设机构，城市规划委员会是城市规划的决策机构，受城市人民政府委托，就城市规划的重大问题进行审议（查），向城市人民政府提出审议（查）意见。

第二步，应渐进式推进规委会改革，逐步厘清规委会的性质定位。规委会首先应该是一个法定组织，在此前提下，其性质应呈阶段性改革发展趋势：目前定位为“隶属于政府部门的法定机构”（规委会的第一阶段），它可以是审议机构，也可以是审批机构；而随着公众参与意识的增强，应向“由人大授权的独立于行政机构的规划决策组织”过渡（规委会的第三阶段），只有独立于政府，真正介于人大和政府之间，规委会才能代表人民的利益、向人大负责，对政府的封闭决策形成有效制衡；当立法体制、公众参与程序和市场经济完善后，规委会则应向“人大派出机构”转化（规委会的第四阶段），由人大的派出机构审批控规，其审批过程就成为一个规划立法的过程，同时原先的规委会审议控规（图 8-7）❷。

---

❶ 张文彤，殷毅，钟华．关于新形势下控制性详细规划编制的思考与实践——以武汉市新一轮控制性详细规划为例 [M]// 桑劲，夏南凯等．理想空间（第 39 辑），上海：同济大学出版社，2010：12-17. 刘奇志，宋忠英，商渝．城乡规划法下控规的探索与实践——以武汉为例 [J]．城市规划，2009，33（8）：66.

❷ 郭素君．深圳法定图则制度研究——透视我国控规的法制化之路 [D]．南京：南京大学硕士学位论文，2006：58.

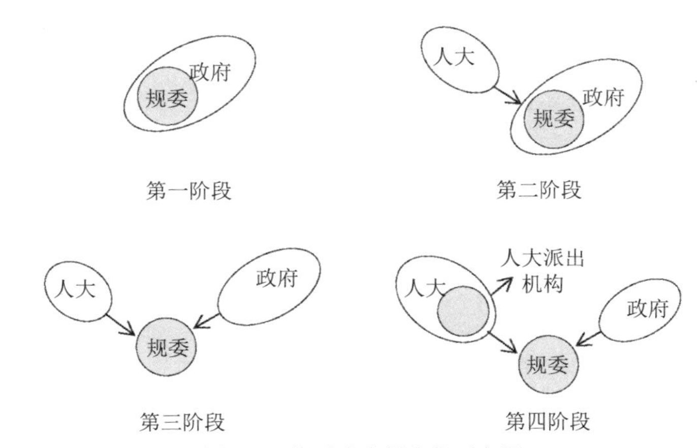

图 8-7　规委会发展趋势示意图

资料来源：郭素君．由深圳规划委员会思索我国规划决策体制变革［J］．城市规划，2009，33（3）：50-55.

第三步，推进规划决策的民主化、透明化，首先，需优化规委会的成员构成，市民素质高、制度环境许可的城市可要求规委会成员中非公务员比例占半数以上，如深圳、广州规委会的做法；而条件尚不成熟的城市，则可逐步扩大规委会中非公务人员的比重，如：《湖北省人民政府办公厅关于建立城市规划委员会制度的指导意见》（鄂政办发［2004］163 号）规定，规委会由公务员、专家学者和公众代表三部分组成，其中非公务员比例不得低于 1/3。《广东省城市控规管理条例》规定，规委会委员由人民政府及其相关职能部门代表、专家和公众代表组成，其中专家和公众代表人数应当超过全体成员的半数以上。其次，推进规委会决策程序的公开透明，实行规委会公开听证制度，固定设立与大众媒体、社团组织和其他专业部门的联系方式．给对规划有意见的市民或开发机构及时提供申述的机会[1]。广州市规委会会议设立公众及媒体旁听席的做法值得借鉴。另外，应增加公众意见申诉的环节并提供合适的渠道。规划委员会在对公众意见进行处理、决定是否采纳后，应该为提议人就委员会决定进一步申诉提供渠道和机会[2]。

第四步，为提高规委会决策水平和决策效率，可组织成立一些专门委员会，既可为规委会提供初审意见，也可在规委会授权前提下，执行某些方面的审议

[1] 郭素君．由深圳规划委员会思索我国规划决策体制改革［J］，城市规划，2009，33（3）：50-55.

[2] 吴晓莉．完善深圳法定图则的关键：法定化审批程序和规划技术标准体系——兼论香港与深圳法定图则的比较［C］// 仇保兴编．中国城市发展与规划论文集：首届中国城市发展与规划国际年会．北京：中国城市出版社，2006. 164-171.

或审批权。如：《湖北省人民政府办公厅关于建立城市规划委员会制度的指导意见》（鄂政办发［2004］163 号）中提出为完善规委会决策机制，各城市可建立“城市规划专家咨询委员会”制度，专家咨询委员会可聘请市内外专家组成，它受城市规划委员会的委托，就城市规划建设中的重大问题提供咨询论证意见。深圳则在规委会下设发展策略、法定图则和建筑与环境艺术等专业委员会，经市规划委员会授权，法定图则委员会可以行使法定图则审批权。

第五步，改进规划委员会的决策方式，应将会议制度从召集制改为例会制，如每季度一次，并将每次会议的法定人数限制降低到 10 人以下，未到会委员的意见可通过书面文件或其他形式转达，提高决策效率；此外，应将委员举手表决的方式改为无记名投票[1]。

第六步，完善规划救济机制，逐步建立独立运作的规划上诉委员会（特别规定规划委员会成员及规划主管部门的工作人员不得兼任规划上诉委员会委员），负责处理城市开发中对规划委员会所做的相关决策以及规划主管部门的行政审批等有异议或质疑的上诉，并作出裁决。这样，既能应对城市开发中社会公众的合理诉求，又能监督规划委员会的运作和规划主管部门的行政行为，从而保证规划编制、审批、实施、监督的相对分离，最终保障公共利益的实现。

8.3 控规实施制度的完善——控规实施“法制化”

控规的实施管理制度，是有关控规实施方式、实施过程、调整修改和监督反馈等方面的规则与程序。控规实施管理制度的完善，主要包括：控规修改管理、控规成果备案、控规实施监督以及控规动态维护[2]等方面的制度建设与完善；其目的是确保控规实施的“法制化”，加强实施监督，杜绝随意修改。

8.3.1 控规修改的管理

（1）控规修改中存在的问题

总结来看，现行控规修改中主要存在五大问题：①控规随意修改，调整频繁；②修改技术上，就项目谈项目、研究欠缺、整体性控制缺失；③修改程序

[1] 施源，周丽亚．现有制度框架下规划决策体制的渐进变革之路［J］．城市规划学刊，2005（1）：35-39.

[2] 控规动态维护制度方面，北京探索较为完善，本书不再赘述。详见：邱跃．北京中心城控规动态维护的实践与探索［J］．城市规划，2009，33（5）：22-29.

上，封闭操作、过程不透明、公众参与受限，缺乏申诉机制，监督乏力；④制度不完善，控规修改成为贪污腐败、权力寻租的温床；⑤《城乡规划法》严格的控规修改规定，导致“规划延误发展”的责难。

（2）控规修改制度完善：“分类分级”管理

《城乡规划法》（2008）未对控规修改的不同情形做出细分规定，致使控规的修正、局部调整以及修编的审批程序同一化，一定程度造成了控规实施的困难。无奈之下，一些城市为规避严格的控规修改程序，采取了控规编而不批或编而少批的对策。对此，在控规编制技术尚不成熟、城市发展存在诸多不确定性、《城乡规划法》又赋予控规非常高的法律地位的背景下，急需区别控规修改的类型，进行控规修改的“分类分级”管理，以保证控规修改的科学性和公正性，又提高控规应对城市发展变化的效率，提升控规的适应性。

控规修改的“分类分级”管理制度，首先是控规修改的分类，依据控规修改的内容性质及幅度，将控规修改细分为：控规的修编、刚性内容调整、弹性内容调整、修正等四种类别，分别进行管理。控规修编，是指对控规产生较大影响的国家及地方新的政策与法规的实施，或城市发展出现重大变化，或指导控规的上位规划（总规、专项规划等）发生较大改变，或分地块变更的用地面积累积后超过了原控规用地面积的 1/3，或地块变更累积后导致地区开发总量超出原控规规定的 1/3，或公共设施与公共绿地的数量、规模及人均指标减少 1/3 以上等，而引发了控规出现较大的不适应性，需要进行控规的重新编制。控规刚性内容调整，是指控规实施中，出现对原控规规定的强制性内容（如：“五线”、公益性公共设施、生态环境保护等）进行的调整。控规弹性内容调整，指对控规中除强制性内容以外的引导性内容的调整，如：在无建筑高度刚性控制要求的地段内[1]，项目建筑限高指标的适度调整；市政设施用地的开发强度适当增加等。控规修正，指对原控规中存在的错误或疏漏信息（如：地籍权属界线、道路定位、市政管线等）进行的技术性修正或补充。

控规修改的分级管理，是指根据控规修改的不同类别，采取不同级别的修改程序，基本原则是修改的内容涉及公共利益越多，所需要的程序则越多、越严格，其审批机构的级别也越高。控规修编与控规刚性内容调整，均应严格按《城乡规划法》有关控规修改的程序进行。控规弹性内容调整和控规修正，则可由规划主管部门审批，但对规划主管部门审批的依据、程序、方法等进行制度化

[1] 建筑高度刚性控制要求的地段，主要是指：机场限高、军事管制、微波通道、历史文化保护等对建筑高度有明确控制要求的地段。

的规定，防止规划主管部门在审批时滥用自由裁量权。

基于此，控规修改的管理需解决两个核心问题：一是控规中刚性内容与弹性内容的界定、区分；二是对规划主管部门负责的两类控规修改的审批进行制度设计，使其所拥有和行使的自由裁量权得到有效约束。美国的区划（Zoning）制度，就较好地实现了开发控制的刚性与弹性的统一与平衡：一方面，从技术上，拟定了不同性质的用地分类及其所对应的控制指标，明确了开发控制的刚性；另一方面，则从程序上，制定了用地分类及指标变更的相应规定；这样，通过理性的技术支撑与严格的程序规定，限制了土地开发控制指标调整中自由裁量权[1]。由于"控规编制机制优化"一节已对控规中刚性与弹性内容划分进行了详细探讨，下一节重点研究控规弹性内容调整及控规修正中规划主管部门自由裁量权的管理问题。

（3）控规弹性内容调整与控规修正中自由裁量权的管理

当前，我国城市正处于快速城市化推动下的社会经济转型期，城市发展具有较大不确定性，城市规划不可能精准地预测到城市未来，规划需要适时地顺应城市发展变化及时做出优化和调整，因此，规划"纠错机制"的建设（即规划的程序和制度建设，包括：公众参与、规划信息公开、规划听证与申诉、规划行政许可等制度）要比规划成果法定化更为重要。基于此，从强化行政程序建设来控制控规修改中自由裁量权的滥用是有效的方法，具体而言，应包括以下几个方面：

1）加强对控规修改中规划管理自由裁量权的法律控制

自由裁量权来自于法律的授权，一般而言，法律越详尽，自由裁量的空间就越小，自由裁量权的约束首先需要加强法律和制度方面的建设。通过法律、法规的建设，明确控规修改中规划主管部门的权利、义务、责任、操作程序、违规处罚等，避免出现法律真空，可将控规修改的自由裁量权限制在明晰的范围之内。

首先，通过地方性法规，明确规划主管部门在控规弹性内容局部调整和控规修正中的审批权，做到有法可依。其次，引入判例制度。我国城市规划的法律、法规属大陆法系，确定性强、灵活性差，法规制定的周期长、多滞后于社会经济发展需要，而且还存在规划法规之间逻辑不清、条文规定概括、程序性

[1] Charles M.Haar, Jerold S.Kayden ed.Zoning and the American Dream[M].Chicago: the American Planning Association, 1989.

内容不强等问题[1]，鉴于此，可适当借鉴英美普通法系中的判例制度，将控规修改实践中的经典行政判例进行总结、归类、汇编，将其作为以后同类控规修改案例判定的依据，既提高控规修改的效率，又使得规划主管部门在控规修改时自由裁量权的使用有一定的参照和限定。北京控规动态维护制度中就将各类比较典型的控规修改案例总结归纳而成的《案例汇编》（即类似司法法律体系中的案例法），《案例汇编》简明实用，既有原则可调整，或是部分可调整的案例，也有否定调整的案例，能较好的体现公平、公正、公开的原则，成为规划条文法的很好辅助补充[2]。

2）进行合理的“分权”，形成多个权力主体

程序主体分化独立，方能在主体间形成相互依存、相互制约的制衡机制，才赋予程序启动和推进的动力，程序主体同一，程序内的制衡机制便不可能产生[3]。

首先，完善控规修改中的公众参与制度[4]，特别从法定程序上保障公众参与控规修改的方法和渠道，这包括事先告知制度、信息公开制度、听证制度、决策参与制度等。事先告知制度，一是告知公众及利害关系人参与控规修改的权利、意见表达及申诉、上诉渠道、控规修改程序、相关信息获取途径、监督机构信息等。二是指除控规修改需公示征求公众意见外，凡涉及利害关系人的，应书面告知控规修改地段的利害关系人，确保其知情权、参与权。《城乡规划法》第 48 条规定，修改控规的，组织编制机关应当征求规划地段内利害关系人的意见。实践中，由于规划主管部门人手有限，一般不可能做到逐个征求利害关系人意见[5]，多以方案公示的方式替代，而由于公示是事后告知、加上公众不可能天天关注公示，显然，这种由规划主管部门征求利害关系人意见的做法，是无法保障利害关系人的知情权的，自然也影响了其参与权。对此，可借鉴民事诉讼中“谁主张、谁举证”的原则[6]，规定控规修改申请受理前，

---

[1] 李夙，刘铖．论城市规划行政自由裁量权 [J]. 规划师，2004，20（12）：77-79.

[2] 邱跃．北京中心城控规动态维护的实践与探索 [J]. 城市规划，2009，33（5）：22-29.

[3] 邓小兵，车乐．自由裁量之自由——兼论规划许可的效能优化 [J]. 城市规划，2010，34（5）：46-52.

[4] 从近年来我国公众参与城市规划的实践来看，公众参与基本上还停留在教育性公众参与和信息性公众参与阶段，并未真正参与规划的决策，还存在公众参与缺乏制度、途径的保障，公众参与意识、技能薄弱等问题。详见：田莉．论开发控制体系中的自由裁量权 [J]. 城市规划，2007，31（12）：82.

[5] 即使规划主管部门逐个征求利害关系人意见，但难免有疏漏，这个责任如果由规划主管部门承担，似乎勉为其难。

[6]《民事诉讼法》第 64 条规定：“当事人对自己提出的主张，有责任提供证据。”

申请人[1]有将相关内容书面送达各个利害关系人，并征求其意见的义务，而且规定如果申请人疏漏了利害关系人或是提供了虚假的利害关系人意见，则可随时撤销控规修改的行政行为，并由申请人承担相关责任后果及赔偿。

信息公开制度，即要规范政府的控规修改信息发布、资料提供、公开展览以及公众意见反馈等程序。①公开控规修改的全过程，如控规修改的听证、会议审查、审批环节设立公众与媒体旁听席，将控规修改的行政行为置于“阳光”下；②借助网站、规划展览馆、地方报纸、电视台、社区居委会等多种媒介，公开控规修改中所有不涉密的相关信息与资料，包括：控规修改的论证报告、原控规情况、利害关系人意见及回复、公众意见及回复、专家意见汇总、城市总规、专项规划等，便于公众随时查询，利于公众参与和监督。

听证制度。行政听证程序是指在直接或间接影响当事人权益的行政行为做出前或做出后，行政机关遵循正式的或非正式的程序听取当事人就有关事实问题和法律问题发表意见的法定程序，简言之，即：为了做出公正、合理的行政决定而听取当事人意见的程序[2]。控规是利益分配的重要工具，控规修改，会引起土地权益在使用者和社会之间进行重新分配，会涉及利害关系人与公众的利益，因此，应建立听证制度。通过听证，听取利害关系人的意见，不仅能从客观上了解事实情况，更加公正地做出裁断，而且能使个人、单位及团体的合理意见反映到控规修改的决策中去，从主观上限制个人臆断，顾全包括利害关系人在内的各方面的利益和要求，使得听证制度在一定程度上起到限制行政主体自由裁量权的作用[3]。

控规修改的听证制度主要包含以下几个内容[4]：①通知和公示。一是当事人通知程序上的权利，行政部门应当告诉当事人对决定不服时，可以在什么时间向什么机关要求听证；二是通知本身所涉及的问题，行政机关应在听证举行之前一定时间内通知听证当事人有关听证的时间、地点和相关问题，并公告规划文本；②陈述与质询。规划主管部门有关人员陈述规划方案的构想，而参与听证会的当事人听取陈述之后对方案进行询问、提出建议或主张有利于自己的事实，以及提出证据等；③记录和报告。听政主持人应将听证会的各方意见和陈述记录在案，

---

[1] 控规修改的申请人既可能是开发商，也可能是城市政府，如：控规弹性内容局部调整的申请人多是开发者、控规修正的申请人则多是城市政府。

[2] 宋雅芳．行政程序法专题研究 [M]. 北京：法律出版社，2006：142.

[3] 邓颂．城市规划行政许可中的自由裁量权及其制约 [J]. 上海政法学院学报，2006，21（1）：111-114.

[4] 参考：仓明．论城市规划行政自由裁量权 [J]. 行政与法，2010（3）：91-94.

听证结束后根据记录整理成听证报告，经与行政决策部门协调后予以公示。

决策参与制度，是指根据控规修改项目的大小、重要性及其影响程度，采取让利害关系人、公众代表投票决策的制度，即：利害关系人、公众代表投票如未超出一定比例，则该控规修改项目不得审批。

其次，设立中立的申诉、上诉机构。中立性原则是现代程序的基本准则，是程序正义得以实现的关键构件[1]。据此，应设置规划上诉委员会，负责审议对控规修改不满的各种案件，保障控规修改的公正性。美国区划制度中设置独立的规划上诉委员(Zoning Boards of Appeals）的经验可值得借鉴[2]。条件具备的城市，可由地方人大授权成立独立的规划上诉委员会，以与政府组织成立的规划委员会形成分工、制衡的关系（图 8-8)。具体操作规程可以按以下方式进行[3]：

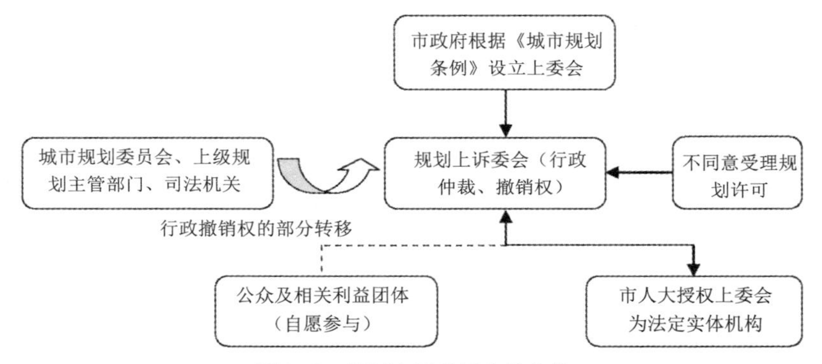

图 8-8　规划上诉委员会的定位

资料来源：邓小兵，车乐．自由裁量之自由——兼论规划许可的效能优化 [J]. 城市规划，2010，34（5）：46-52.

①控规修改申请人如果不满申请被否决或被许可但有附加条件，或是利害关系人、公众等对控规修改的审批有异议，可以在规定时间内提出申诉。

---

❶ 邓小兵，车乐．自由裁量之自由——兼论规划许可的效能优化 [J]. 城市规划，2010，34（5）：46-52.

❷ 区划上诉委员会一般由 7 名正式委员和 2 名候补委员构成，候补委员参加听证会，但只有在正式委员缺席不足时才能投票；一般而言，规划管理部门的官员和规划委员会的成员都不能兼任上诉委员会成员。详见：Wakeford，R.，American Development Control: Parallels and Paradoxes From an English Perspective[M]，London：HMSO，1990：114-116.

❸ 参考：邓小兵，车乐．自由裁量之自由——兼论规划许可的效能优化 [J]. 城市规划，2010，34（5）：46-52.

②上诉委员会根据上诉意见，先进行调解，即要求规划部门予以复议，以非正式的方式与提出意见各方进行沟通，以图解决分歧，若无效则举行上诉仲裁会（公众听证）。

③上诉委员会由主任委员主持，当事双方都有律师作为代表，并请专业人员提供证词，同时可由当事双方邀请的、上诉委员会公开邀请的以及自愿参加的公众参与听证，出席听众有知情权、质询权、媒体报道权和发表意见的权力。

④根据双方陈述的证词和提供的证据，上诉委员会按仲裁规程进行仲裁。上诉委员会的第二轮仲裁为最终仲裁，对作出的仲裁决定当事双方均应严格执行。如所有意见得到妥善处理，城市规划意见即可发出告示，并在若干天后正式按程序报批和实施规划；如有人再有异议，只能向法院起诉。

3）完善城市规划行政法律责任制度

城市规划行政法律责任，是指城市规划行政主体没有依法履行法定义务或行政不当所引起的法律后果，行政不当就是基于行政裁量行为，即行政主体不合理行使行政自由裁量权，如类似地段控规修改，对不同的申请者给予不同的审批结果；产生行政不当的原因是规划许可审批缺乏法定依据，行政主体滥用城市规划行政自由裁量权，造成明显的不合理和不公正[1]。所以，应建立规划行政究责制。追究违规责任的总体思路应该以权责对称为目标，增加责任成本，尤其是加大主观责任成本，即加大对行政主体的违约成本。基于此，就控规修改的规划行政究责制度建设而言，①要将控规修改的过程公开化、透明化、档案化，便于发现和追究修改的违规操作；②确立多种形式的违法违约后果，依据引起城市规划法律责任的行为性质，确立刑事责任、民事责任、行政责任、道义责任和国家赔偿责任；对规划执行程序违法的刑事后果、民事后果、行政后果、道义后果、国家赔偿后果（包括承担这些责任的方式，如行政处分、行政赔偿、引咎辞职、公开致歉等）作出明确规定；使得行政主体对自己的责任以及工作失误的严重后果产生高度警觉，加强守约意识[2]。

4）完善控规修改的档案制度

控规修改项目的审批应建立完善的档案制度，控规修改申请不论是被批准还是被否决，都应全过程跟踪、记录控规修改的申请、论证、意见征询、听证、公示、审批、公布等各个环节中的细节、程序和行政审批的结果与理由，以备

[1] 仓明．论城市规划行政自由裁量权［J］．行政与法，2010（3）：91-94.

[2] 邓小兵，车乐．自由裁量之自由——兼论规划许可的效能优化［J］．城市规划，2010，34（5）：46-52.

供公众、人大、上级部门等各类监督主体的审阅与检查，甚至作为相关法律案件诉讼的备查材料。这样，通过将控规修改记录在案，杜绝暗箱或不规范的操作，防止控规修改中可能出现的寻租、腐败问题。

（4）控规弹性内容调整与控规修正的程序设计

对应于控规修改的“分类分级”管理机制，在明确对规划主管部门行政自由裁量权管理的基础上，可将控规弹性内容调整与控规修正的审批程序分为：申请与立项、调整论证研究、规划主管部门初审、意见征询、审批决策、发布等阶段。

1）申请：任何单位和个人均可已批的控规内容提出修改、完善建议。由控规修改申请人，包括土地使用权人、政府及其机构和第三方（公众、社会团体），持相关材料向规划主管部门提出申请，相关材料中必须至少包括：申请人委托具有相关规划设计资质的单位完成的控规修改可行性研究报告与拟建方案、规划地段利害关系人意见两份材料。

2）受理：如果是城市政府主动进行的控规修正的，由相关规划处（科）室直接受理，若涉及利害关系人的，同样需进行后述的听证程序。土地权属人提出的控规修改申请，由规划主管部门的对外服务窗口或办公室收件，然后转相关规划处（科）室负责办理，其中涉及具体建设项目的，转相关处（科）室负责办理，其他不论由谁负责，均需要与其他处（科）室会商，重要的还要共同会办。规划主管部门受理后的基本要求是：控规修改项目申请，除明显不合理不合规可直接否定的外，至少应由 2 个以上处（科）室（分局）会商；不允许 1 个人或 1 个处（科）室（分局）做出决定，批准修改[1]。

3）论证与听证：负责的处（科）室先对申请人进行符合性审查，查看所递交的材料中是否进行了前期的可行性研究、利害关系人意见征求、环境影响评价等，弄清控规修改申请的意图，判断其涉及的控规修改类型（是控规刚性内容调整、还是弹性内容调整、还是控规修正等），给出意见：否决、增补相应材料、符合条件继续下一步工作。符合条件的，则由负责的处（科）室与相关处室（分局）、局总规划师、局技术领导共同会商，同时征求相关政府职能部门、专家的意见，对于涉及具体建设项目，有利害关系人的，需采取座谈会或听证的方式征求意见，以综合分析、判断控规修改的可能性与可行性。对于不符合有关规定的，予以否定，并给出否决的理由，且告知上诉渠道。对于具有一定可行性的较重要，或不便轻易否定，或较复杂的项目，则委托原控规编

[1] 邱跃．北京中心城控规动态维护的实践与探索 [J]．城市规划，2009，33（5）：22-29.

制单位（或市编研中心、市规划院等）进行技术论证。如果在会商论证中各处室意见不一致，或均认为较重要，或者相关部门、专家、利害关系人意见分歧大的，负责的处（科）室给出初审意见后，提交控规修改专题讨论会进行研究。

4）审查：由各负责的处（科）室将初审意见及技术论证提交"控规修改专题讨论会"研究审查，专题会由规划主管部门领导和总规划师主持，规划主管部门相关处（科）室（分局）和政府各职能部门代表作为政府部门联审参加，原控规编制单位、项目申请论证报告的单位及相关专家作为专家评议者参加，规划主管部门的纪检监察处作为行政监察者参加，并设申请人、公众、利害关系人、媒体代表的旁听席。每次会议研究 10 个左右项目，会期半天，一般安排在每月（周）固定时间在固定会议室召开。会议审查通过的可进行公示，否决的给出否决意见，并告知上诉渠道，有条件通过的给出附加条件与理由等。

5）公示：采用网上公示、现场公示、座谈会等多种形式进行控规修改项目的公示，同时公开相关信息与资料，便于公众查阅。公众意见收集后，需在规定时间内公开给予意见答复。鉴于控规修改的复杂性及可能导致的利益纠纷与矛盾，公示时间应比新编控规的公示时间长，建议 45 天。

6）上诉：控规修改申请人如果不满申请被否决或被有条件许可，或是利害关系人、公众等对控规修改的审批、对控规修改中的行政行为、行政程序等有异议，均可在规定时间内向独立于规划委员会之外的规划上诉委员会提出上诉。

7）发布：上述程序完成后，如果无异议，则可由规划主管部门审批同意，并发布；同时进行归档，并报城市规划委员会备案。

8.3.2 控规备案制度

（1）《城乡规划法》有关控规备案的要求

《城乡规划法》(2008）第 19、20 条规定，城市和县人民政府所在地镇的控规经批准后，应报本级人民代表大会常务委员会和上一级人民政府备案。

（2）控规备案制度的问题

1）备案期限尚无要求。《城乡规划法》和《城市、镇控制性详细规划编制审批办法》并未进一步规定经批准后的控规具体应该在什么时间内进行备案；

2）备案的内容要求不清晰。从成果构成来看，控规编制成果既包括控规文本、图表等法定文件，也包括现状调研报告、规划说明书、专题研究报告、公众意见汇总、规划图纸等技术文件和附件，是全部文件都进行备案，还是有区别地进行备案，没有明确的指引。从内容性质上看，控规中既包括规划控制的刚性内容，也包括弹性

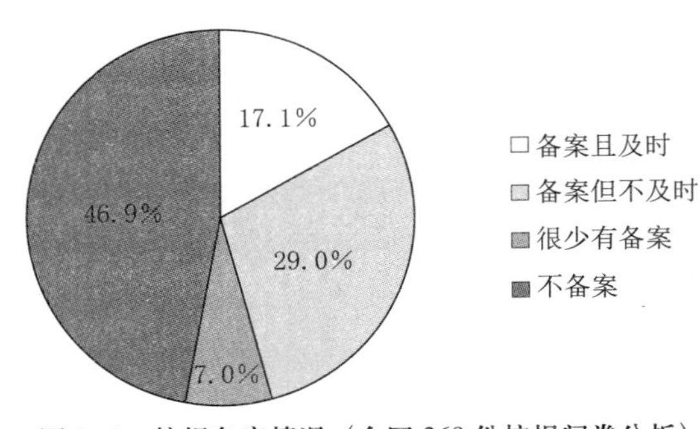

图 8-9　控规备案情况（全国 369 份控规问卷分析）

内容，是两种内容都备案还是有选择性的备案，亦不得而知。

3）控规备案制度难以执行。据《城乡规划法》，北京、上海、重庆、天津等直辖市，其覆盖上千平方公里用地的控规都应向国务院备案，显然较难操作。而据笔者进行的全国控规问卷调查，约有一半的城市都未进行过控规备案（图 8-9）。

4）控规修改是否需备案无明确规定。控规备案的目的主要是便于对控规实施、特别是对控规修改进行必要检查与监督。因此，控规修改时，其程序是否规范、内容是否合理、结果是否损害公共利益等是控规备案检查、监督的重点。然而，《城乡规划法》只要求控规修改后需经原程序报批，却未规定是否需要继续备案，似乎遗留下了制度漏洞。

5）控规备案机制无规定。控规备案是否需要审查，审查主体又是谁，备案程序怎样等内容，法律法规并没有相应规定。

（3）控规备案的目的

控规备案制度建设，首先需明确控规备案的目的。控规备案目的主要包括：

1）避免通过控规调整或修改经批准的总规，保障总规的有效实施；

2）作为人大、上级政府及公众等对城市和镇的建设开发进行检查和监督的依据，利于规范地方的规划管理与建设行为，保障公共利益；

3）加强控规审查，促进控规编制质量的提高及地方规划管理信息的交流。

（4）控规备案制度建设

控规备案制度建设需要对备案时间、备案主体、备案材料、审查内容、审查期限、审查意见处理、结果公布、公众意见受理等方面进行细致规定。

1）明确控规备案的时间要求，如：《浙江省城乡规划备案审查办法》（2008）要求：城乡规划行政主管部门应当在城乡规划批准之日起 30 日内，报送备案；《上海市城市详细规划编制审批办法》（2002）规定，城市详细规划应当在批准后 15 日内备案。

2）确定控规备案的机构主体，建议一般城市及镇的控规报审批其总规的人民政府城市规划行政主管部门备案；由国务院批准其总规的城市的控规，则报省人民政府建设行政主管部门备案；直辖市的控规报住房和城乡建设部备案。

3）明确控规备案的材料内容，鉴于控规成果量大面广，不便于审查，建议将控规的法定文件、强制性内容以及编制说明作为备案文件；前两者备案的目的是为了掌握控规的核心成果情况，保证控规的“实体性内容合法”；而编制说明备案的目的则是为了掌握控规制定的过程，保证控规的“程序性内容合法”。控规编制说明内容应包括：控规编制的依据和过程；控规与已有总规、专项规划的衔接情况，对涉及调整总规的，应说明调整的具体内容与理由，如涉及总规强制性内容调整的，需说明是否已事前依法进行了总规修改；控规审批前草案公示的情况，以及部门、专家、公众的意见反馈与采纳情况；其他需说明的问题等。

4）明确备案机构对控规进行审查的内容，具体包括：

①控规编制组织机关是否符合法律、法规的规定；

②控规编制单位是否具备国家规定的相应规划设计资质等级；

③控规编制与审批的程序是否符合法律、法规和国家及地方的有关规定；

④控规编制是否依据经批准的城市（或镇）总规，是否遵守国家及地方有关的标准和技术规范；

⑤控规编制的用地范围是否符合总规确定的规划建设用地范围；

⑥控规编制是否涉及《城乡规划法》（2008）第17条规定的总规强制性内容的修改，如涉及，是否已事前依法进行了总规的修改与审批；

⑦控规编制组织机关是否组织召开了由有关部门和专家参加的审查会，并有效吸纳了会议的合理意见；

⑧控规审批前是否按法律、法规和国家及地方的有关规定进行了公示，公众意见是如何处理的，其合理意见是否被采纳；

⑨其他应当审查的内容。

5）制定备案机构对控规进行审查的时限要求、审查意见处理、结果公布，及其对日常公众意见处理等方面的规定。

8.3.3 控规实施的监督制度

作为当代世界政府改革的主流方向之一；“决策、执行、监督”相分离的行政三分制的政府架构和运行模式已经在许多国家和地区获得了成功[1]。2002

[1] 行政三分制是指在一级政府内部，将决策、执行、监督职能分离，并在运行过程中使之相辅相成、相互制约、相互协调的一种行政管理体制，具有转变政府职能；实现权力制约；提高效率和加强监督的功能。详见：薛刚凌，张国平．论行政三分制的功能定位［J］．行政管理改革，2009，3（3）：44-48.

年，党的十六大报告提出，“按照精简、统一、效能的原则和决策、执行、监督相协调的要求，继续推进政府机构改革”；2007 年，十七大报告进一步明确，要“建立健全决策权、执行权、监督权既相互制约又相互协调的权力结构和运行机制”。

城市规划管理作为政府行政管理的重要组成，同样亟待推进规划“决策、执行、监督”的相对分离，以改变传统规划体制中，规划主管部门集决策权、执行权、监督权为一身，自定规则、自己执行、自我监督，而导致寻租、腐败、效率低下等问题。因此，就控规而言，如何建立控规实施的监督机制，实现控规的编制、决策、执行和监督相分离是保证控规效用发挥的关键之一。

（1）《城乡规划法》有关控规实施监督的规定

《城乡规划法》确立了控规实施监督的法律依据，明确了控规实施监督的主体、内容及违法究责或处罚等内容，为控规实施监督机制完善奠定了良好基础。依据《城乡规划法》，控规实施监督的主体可分为：县级以上人民政府及其城乡规划主管部门、地方人大、单位和公众个人等五类（第 9、51、52 条）[1]。控规实施监督的内容主要包括：1）是否组织编制了控规（第 58 条）；2）控规的编制、审批、修改是否按法定程序进行（第 58 条）；3）控规编制单位是否具有相应的资质等级（第 59 条）；4）国有土地使用时，是否依据控规，或依据控规制定规划条件（第 37、38 条）；5）控规编制是否符合国家有关标准（第 62 条）等。

（2）控规实施监督中存在的问题

1）多偏重控规实施的事后监督，而事前、事中监督薄弱。理性而言，拥有监督权力的主体，对监督客体一般应有全环节介入机会，不能取此舍彼，监督实践中至于何时介入为妙，主要决定权在于监督主体以获得最佳监督效果而决定，仅仅重视事后监督是不适当的，因为城市的生态资源、自然文化遗产资源灯一旦遭受建设毁坏，是不可再生的，所以，规划管理必须要在事前、事中进行监督[2]。

2）各监督主体的事权划分不清晰，监督层次、体系不明。对控规实施监督的主体主要有城市人民政府、规划主管部门、人大、单位与个人以及上级政府与其规划主管部门等。多元监督本可起到多层次、全方位的监督效用，但是，“多元化的监督机制分工缺乏规范化，缺乏核心监督的力量，重复监督比较严

---

[1] 有的城市控规监督主体还有规划督察员。

[2] 张平．论我国城市规划监督管理中存在的主要问题和对策 [J]．中华建设，2009（8）：54-55.

重，不能很好的协调、配合、制约[1]”。由于各监督主体的事权没有清晰划分，致使控规监督实践中，“各监督系统因职能交叉、重复，职责、权限不清，再加上整个监督体系群龙无首，缺乏必要的沟通和协调，相互扯皮、推诿的现象时有发生[2]”。

3）监督对象、内容与标准等模糊化，缺乏监管规范化的基础保障。现行规划监管行政体系中，对规划监管的对象、过程、违章、查处、责任、统计等缺乏健全的基础标准规范，无法实现有效的规划监管；而且我国规划管理体系中也没有明确的规划实施监管的信息公开的要求[3]。具体而言，对控规实施的监督，是对控规强制性内容的实施进行监督，还是也包括对其他内容的实施进行监督？是对控规的实体性内容实施监督，还是对控规运作的程序性内容进行监督，或是对两者都实施监督？是对规划主管部门的行政行为进行监督，还是对城市建设开发行为进行监督等并不清晰。此外，城市是不断发展变化的，城市建设开发不可能按事先编制好的控规一一对照实施，那么，对控规实施的监督标准又是什么？是监督开发项目的建设结果与控规控制的一致性，还是监督控规调控目标的实现程度，如是前者是否教条化，若是后者，那么控规实现程度又如何界定？这些还有待厘清。受此制约，控规的监督主体难以开展监督工作。

4）现有规划监管中人力不足、技术手段落后，致使控规运作的监督机制无法有效发挥作用。一方面，当前我国正处于快速城市化阶段，城市建设开发量大、面广、速度快，规划技术人才十分匮乏，规划管理部门的人手更为紧张，规划监管上的人力资源配置更是少之又少，以非常有限的规划监督人员来对涉及“海量”开发行为的控规实施进行监管，十分困难；另一方面，规划监管技术上，多还是依靠建设开发材料审查、规划管理人员巡查、社会举报等传统手段，而遥感技术、GIS、卫星影像等信息化的规划实施动态跟踪技术由于技术门槛高、成本大、人才少等原因则较少使用，致使规划监管的实际操作十分受限；此外，实践中又多是“以罚代管”，违规成本很低；所以，大规模的开发、有限的监管人力、落后的监管技术等都制约了控规监督机制作用的有效发挥。

5）相关信息不透明，监督与被监督之间信息不对称，致使监督失去基础。尽管《城乡规划法》规定了控规公示制度，但是由于控规的实施涉及很多方面，仅凭控规自身的信息是无法做出监督判断的，能否进行有效监督，关键在于监

---

[1] 张平．论我国城市规划监督管理中存在的主要问题和对策 [J]. 中华建设，2009（8）：54-55.
[2] 李明．城乡规划监督机制的创新研究 [J]. 福建建筑，2010（3）：13-14，55.
[3] 齐同军，陈白磊．应用信息化技术监督城市规划实施 [J]. 规划师，2004，20（6）：14-16.

督对象运作过程的透明程度和监督者获取相关信息可行性与充分度。如果控规运作过程不透明，重要信息不公开，地方政府在其事权范围内，运用修建性详细规划或建筑设计的编制和审批权限，以及开发项目的行政许可权，是很容易超越甚至违背经批准的控规，使之无法得到有效执行的。实践中，控规运作上，控规虽有公示，但很多城市却无公示意见采纳与否的规定，控规修改中，也无利害关系人逐一书面告知的要求，控规决策时，更少能让公众参与或旁听。规划信息方面，很多城市控规的公示仅有规划用地布局图而无具体地块的分图图则；只有控规修改的结果公示，而无控规修改原因和论证报告与论证过程的公示；或有控规公示而无项目开发的规划条件与项目规划设计指标的公示等。这些控规运作的不透明、相关信息的不对称，对地方政府需提供相关信息的责任和义务缺乏进一步规定，无疑使得控规实施监督失去了基础。

6）监督权配置失衡，监督操作依据或规定缺乏。监督权受制于执行权，控规实施监督主体往往缺乏纠错执行权，加上控规实施监督的法律、法规依据仍不完善，而造成部分环节的“弱监”和“虚监”。

（3）控规实施监督机制的完善

重点在于加强对城乡规划编制、审批和实施管理等规划工作全过程的监督和制约。城乡规划部门要主动接受同级人大、政府、社会舆论及公众的监督；建立上级政府及其规划部门对下级政府及其规划部门行政行为的监督制度；强化内部监督，建立行政责任制及其行政错误追究制度；推行政务公开制度[1]。

1）怎么监督？需变事后监督为事前、事中、事后全过程监督，加强对控规编制、审查、审批阶段的监督。首先，上级监督方面，构建上、下级规划主管部门之间规范化的工作联系制度，由于上级政府对下级政府的规划监督，一般是由其规划主管部门实施，因此，可通过制度设计，规定在地方控规批准前的草案审查阶段，应邀请控规备案的上级规划主管部门参加，一可增加其对地方控规的知情权，二为控规备案做好前期准备。其次，单位与公众监督方面，则要求控规编制（或修改）前期的现状调研阶段应建立公众意愿征询机制、利害关系人意见书面征求制度；控规草案公示阶段建立相关信息同步公开与公众意见采纳制度，增加公众知情权，减少信息不对称，及时公布公众意见及处理情况；控规审批阶段，设立规委会控规审议或审批的公众与媒体旁听制度；控规实施阶段，建立相关控规实施信息公开制度，包括公开已批准的总规、控规、新建项目的规划条件与已批准的规划设

[1] 李晓龙，门晓莹．城乡规划管理体制改革探索［J］．规划师，2004，20（3）：5-8.

计方案等，便于监督控规落实总规的情况，项目开发是否遵循已批准的控规情况等。此外，地方人大监督上，建立年度控规实施情况的人大报告制度，规委会成员中吸收人大代表参加或设立控规审议（批）的人大旁听制度等。

2）监督什么？需合理确定监督的职责范围和监督主体的事权，形成明晰的“本地监督、内部监督、上级监督、社会监督”有机结合的监督网络和体系。国家和地方各级人民政府都对其行政地域内的事务承担着不同的权力和义务，负有不同的责任，规划监督管理的体制应与各级政府职能、权力、责任相对应。监督什么，管理什么，关系到规划监督管理的合理性、可操作性和有效性[1]。在综合协调区域城镇发展方面，上级政府要以尊重下级政府依法享有的决策自主权为前提，只要不损害区域整体利益，不影响区域的长远发展，城市对其内部的发展建设享有充分的自主权；上级政府规划协调的重点是区域发展中的共性问题和各地方发展中出现的矛盾，主要职责是：协调和处理区域中各城市发展的矛盾和问题，控制对区域整体发展不利的开发活动，保护资源和生态环境，保障可持续发展；综合安排区域基础设施和公共设施，实现共建共享，防止重复建设，降低区域开发成本，提高整体竞争力[2]。

具体就控规实施而言，上级政府、本级政府及人大的监督事权的主要范围可确定为：①控规对总规的落实，特别是对总规强制性内容[3]的贯彻，以及控规对国家历史文化名城保护规划、国家重点风景名胜区总体规划的落实情况；②控规强制性内容的执行情况，包括“五线”、公益性公共设施、城市建设开发总量等控制的实施；③控规的程序性内容（即控规运作的法定程序），如：规划编制承担单位是否具备相应的资质，是否进行了公示、利害关系人和专家合理意见是否被采纳、是否符合法定审批程序、规划条件是否依据控规等。

地方规划主管部门控规监督的事权范围，则在上述基础上进一步扩大，一是扩展到控规的实体性内容，包括控规与总规、专项规划等相关规划的衔接，控规方案的合理性，控规方案是否符合法律、法规和国家及地方有关规定及技术标准等；二是扩展到项目的开发建设，监督具体开发项目的修建性详细规划或建筑设计是否符合规划条件、符合控规等。

---

[1] 王学锋．对国家和省级政府加强规划监督管理的思考 [J]．规划师，2004，20（6）：6-8.

[2] 张勤．关于改进和加强城镇体系规划工作的建议 [J]．规划师，2003，19（2）：68-71.

[3] 《城乡规划法》（2008）第 17 条规定：规划区范围、规划区内建设用地规模、基础设施和公共服务设施用地、水源地和水系、基本农田和绿化用地、环境保护、自然与历史文化遗产保护以及防灾减灾等内容，应当作为城市总体规划、镇总体规划的强制性内容。

单位与公众等社会对控规实施的监督重点在于总规强制性内容的落实、控规强制性内容的执行、控规公示、利害关系人意见吸纳、具体开发项目的修建性详细规划或建筑设计是否符合规划条件与控规等具体涉及其切身利益与城市公共利益的方面。

需说明的是，划分监督主体的事权，并非一成不变地要求各监督主体按所划分的职责范围进行一一对应式监督，由于控规运作过程的不可分割性，各监督主体对控规实施的监督，视情况需要可采用“介入”的方式，不固定地扩展到与控规相关的其他方面，以便形成完善的控规监督网络。

3）监督谁？尽管地方规划主管部门是控规管理的具体部门，是控规编制组织与实施执行的行政机构，但由于控规的编制和实施还涉及政府其他部门（如：财政局、土地局和房产局等），规划主管部门又直接受地方政府领导，地方政府（领导）的行政决策对控规的编制、审批、实施和修改等起着实质性的作用，规划主管部门很难对政府领导做出的不合理甚或是违规、违法的决策提出异议。所以，如果只将控规的监督对象设定为规划主管部门的行政行为，既可能会因监督主体的权限不足而导致控规监督不到位；还可能造成规划主管部门陷入“是遵循监督主体的意见进行整改，还是应服从地方政府领导”的进退维谷两难境地。因此，控规监督不应仅限于对规划主管部门有关控规管理行为的监督，而应将控规监督对象扩展到地方政府与控规事项相关的一系列行政行为上，包括：土地出让时规划条件的拟定，控规修改的决策程序与结果、专业部门管辖的专项规划的编制情况等，从而确保控规监督的完整性。

4）监督难点：要解决监督主体与被监督者之间信息不对称问题。首先，建立控规及相关信息（如：项目建设的规划条件、项目实施的规划设计方案及指标等）公开制度，凡不涉及机密的控规相关信息一律长期公开，便于随时查询和监督。其次，建立报告、检查和纠错制度，地方规划主管部门需建立控规实施季报、年报制度，定期公布开发项目规划许可审批结果，对控规执行情况进行自查自纠，并向地方政府、人大及上级规划主管部门书面报告控规执行情况，及时报告重大问题；而地方政府、人大及上级规划主管部门等控规监督主体则不定期对地方控规实施情况进行“抽检”。再次，建立控规数字化信息平台，包括控规基础资料的信息库、控规成果数据库、规划预警机制、控规数据公示与查询系统、控规动态更新机制等内容，推行建设项目电子报批信息系统，实现控规实施的动态更新和即时跟踪，为监督创造准确、全面的信息基础。

5）监督依据：健全控规实施监督的法律、法规，使监督工作有法可依。法律、法规是监督的基础，夯实“基础”才能为监督工作的顺利开展提供准绳，这是做好城乡规划管理工作的根本途径，是综合事前、事中、事后监督的有效手段[1]。尽管《行政许可法》、《行政复议法》、《城乡规划法》等为对控规实施监督提供了基本的法律前提和法律依据，但控规实施监督工作的基本制度框架、各监督主体开展监督工作的权限、责任与程序，监督工作效用发挥的途径以及对监督主体自身的管理等方面都需要制定相应的法律、法规予以明确界定。进一步来说，监督主体在工作中需要参与与督察事项相关的政府会议以及查阅相关文件等，需要得到地方政府及规划主管部门的主动配合，都必须以法律、法规提供保障；另外，要发挥督察意见的效用和权威性，需要对地方政府在收到《督察意见书》后采取整改措施，对于不采取整改措施或整改措施不到位的，应该有相应的办法进行惩处并撤销有关决定；由于这种惩处应该是针对地方政府的，因此也需要有足够约束力的法律法规予以保障[2]。

操作上，初期各地可以地方规章的形式进行试点，成熟后则可运用地方人大的地方立法权，根据本地控规工作的实际情况，制定控规实施监督管理的法规，强化控规实施监督管理的内容和手段。明确监督主体监管的内容、职权范围及地方政府的配合义务，同时对监管过程中提出的整改措施、地方政府对此所作回应的义务及可能受到的相关惩处与行政责任追究等做出相应规定[3]。

6）健全监督网络：加强公众社会参与、专家技术监督和媒体舆论监督。一方面，通过制度建设，规定通过控规（修改）草案公示、利害关系人听证、政务信息公开、媒体发布、规委会吸纳公众代表、控规审批会设立旁听席等多种方式和渠道，将控规运作的全过程向社会公开，接受公众、专家、舆论的多重监督，形成有效的监督网络，推动规划部门自编自导的“内部规划”向“阳光规划、公开规划”的转变，减少控规运作中的寻租、腐败行为。另一方面，则通过法律、法规的完善，明确规定公众、利害关系人、专家、媒体参与控规运作全过程的权利、义务、渠道和方法，以及规划师或规划主管部门进行相关规划知识普及的责任和义务等，确保监督网络中各个监督主体参与的有效性，以及利害关系人、公众、专家、媒体等监督主体意见表达的有效采纳。

---

[1] 马伟胜．关于健全与完善城乡规划实施监督机制的思考［J］．广西城镇建设，2004（2）：9-13.

[2] 孙施文，吕晓蓓，张健．建立城乡规划督察员制度的探索与研究［C］// 中国城市规划学会编．2007 中国城市规划年会论文集．哈尔滨：黑龙江科学技术出版社，2007：1887-1891.

[3] 孙施文，吕晓蓓，张健．建立城乡规划督察员制度的探索与研究［C］// 中国城市规划学会编．2007 中国城市规划年会论文集．哈尔滨：黑龙江科学技术出版社，2007：1887-1891.

8.4　本章小结

本章根据控规运作过程划分，以控规编制、审批与实施中的问题为导向，具体从控规的编制制度、审批制度与实施制度三个方面探讨了控规制度建设与优化的政策建议，其中：控规编制制度的改进，核心在于提高控规编制的“科学性”，控规审批制度的优化，重点在于推进控规决策的“民主化”；控规实施制度的完善，则在于实现控规实施的“法制化”。

1）控规编制制度的改进：①编制组织上，宜将城市划分为若干规划管理单元，“近细远粗”地有序编制；②编制主体上，建议建设相对稳定的控规编制队伍；③编制思路上：进行分层、分级、分类控制和单元平衡；④技术方法上，强调“通则 + 图则”的控制，以及公益内容“刚性”控制、市场内容“弹性”控制；⑤成果表达上，则可采用法定文件 + 技术文件 + 附件的构成方式；⑥机制保障上，则应强化技术支撑、社会参与和质量监控。

2）控规审批制度的优化：①建立“节点审查 + 技术监理”的控规审查机制；②建立控规强制性控制内容由城市政府审批、弹性控制内容由规划主管部门审批的“分类、分级”审批制度；③完善“城市规划委员会”审议制度。

3）控规实施制度的完善：首先，控规修改的管理上，一是将控规修改细分为：控规修编、控规刚性内容调整、控规弹性内容调整、控规内容修正等四种类别，分别进行管理，二是对控规弹性内容调整和控规内容修正中的规划管理自由裁量权进行“程序控权”，具体包括：①加强对控规修改规划自由裁量权的法律控制；②进行合理的“分权”，形成多个权力主体；③完善城市规划行政法律责任制度；④完善控规修改的档案制度；⑤加强控规修改中的程序设计。

其次，控规备案制度方面，一是明确控规备案的时间要求，二是确定控规备案的机构主体，三是明确控规备案的材料内容，四是明确备案机构对控规进行审查的内容，五是制定备案机构对控规进行审查的时限要求、审查意见处理、结果公布及其对日常公众意见处理等方面的规定。

最后，控规实施监督上：①变事后结果监督为全过程监督，加强对控规编制、审查、审批阶段的监督；②合理确定监督的职责范围和监督主体的事权，形成“本地监督、内部监督、上级监督、社会监督”有机结合的监督网络和体系；③将控规监督对象扩展到城市政府与控规督察事项相关的行政行为；④解决监督主体与被监督者之间信息不对称问题；⑤健全控规实施监督的法律、法规，使监督工作有法可依；⑥加强公众参与、专家技术监督和社会舆论监督。

第九章 结论

9.1 研究总结

现行控规难以适应土地开发控制的需要，控规频繁调整乃至“失效”屡见不鲜，城市开发频频“失控”，这与《城乡规划法》实施后，控规成为中国城乡规划体系的核心以及规划管理的直接依据之间产生矛盾，并引发改革需求。然而，当前控规研究多偏重于技术层面，较少认识到控规的公共政策属性及其制度的重要性，致使控规改革难有成效。制度经济学指出，制度创新决定技术创新，好的制度会促进技术创新，不好的制度则会扼制技术创新以及技术创新效用的发挥[1]。为此，本书运用制度经济学和公共政策学的理论与方法，特别从制度和政策的视角，对转型期控规的制度及运作展开研究，以期通过控规制度的建设与优化，来提高控规在城市开发控制中的作用，引导城市建设健康、有序发展。

本书研究的核心问题是：如何通过控规的制度建设与优化，来提高转型期作为公共政策的控规的效用。该问题由一系列子问题构成，具体包括：①转型期，控规频繁调整乃至“失效”的深层原因是什么；②当前，中国控规制度建设的状况怎样；③控规在开发控制中的属性定位是工程技术还是公共政策，为什么；④控规“为谁而作、作何而用、控制什么”；⑤转型期，控规运作中政府、市场与社会等不同利益主体之间的利益博弈状况如何；⑥如何基于公共政策导向进行控规制度的建设与优化。这其中：①是问题提出，即为什么要研究控规的制度；②是实证性分析，即通过对北京、上海、深圳、广州和南京五大发达城市控规制度的比较研究，探析当前中国控规制度建设的共性问题和有益经验；③④⑤是基础性研究与利益辨析，它们是控规制度建设与优化的前提性问题，决定着控规制度建设与优化的方向；⑥是政策探寻，即具体提出控规制度建设与优化的理性思路与政策建议。

针对以上问题，本书从政策和制度的分析视角，综合运用公共政策学和制度经济学的理论和方法，借鉴国内外相关研究，在对中国若干城市控规制度及运作的实证性考察的基础上，得出以下研究发现和结论：

（1）通过对中国控规运作状况的总揽性考察与分析，发现现行控规频繁调整乃至“失效”的深层原因在于：一是控规运作的宏观政治、经济及社会环境的巨大变迁——市场化，城市开发的不确定性增加，控规调整有其必然性；分

---

[1] 卢现祥. 新制度经济学 [M]. 武汉：武汉大学出版社，2004：148.

权化，造成“土地财政”与“城市增长机器”推动下的控规运作“异化”；转型期，“社会力”薄弱，无法对“政府力和市场力”形成有效制衡，致使控规沦为政府、开发商谋取私利的工具。二是控规运作对象的特殊性：当前正处于快速城市化推动下的量大、面广、速度快的城市建设时期，城市开发的规划管理的任务重、难度大。三是中国城市规划体系与制度不完善、技术标准滞后。四是控规自身存在“定位矛盾、技术理性不足、制度建设滞后”等三大问题。此外，控规又是一项未来指向性活动，无论其技术如何创新都不可能做到精准预测，因此，适宜的控规“纠错机制”设计（即制度建设）十分关键。这即从实践层面提出了控规制度建设的必要性与紧迫性。

（2）通过北京、上海、深圳、广州和南京等中国发达城市控规制度建设的实证性研究，指出中国控规制度体系基本由：编制制度、审批制度和实施制度构成。当前国内控规制度建设的有益经验是：第一、控规的编制制度上，①编制组织——宜将城市细分为“规划管理单元”，并作为控规编制的基本单位；②分层控制——加强控规与总规衔接，进行分层控制；③分区控制——针对城市不同地区建设发展的差异，实行差别化控制；④分类控制——合理划分强制性控制与引导性控制的内容；⑤空间控制——注重城市设计的融入，加强对城市空间及城市特色的控制；⑥成果表达——法定文件、技术文件或管理文件，各司其职。第二、控规审批制度上，①分级审批——区别控规成果类别，由不同级别的机构进行审批；②审批程序——内部技术审查、外部意见征询、政府行政审批；③技术审查——构建完善的控规审查机制，成立专门的控规审查机构；④意见征询——控规的公众参与制度；⑤批前审议——控规审批前“城市规划委员会”审议制度。第三、控规实施制度上，①控规修改——区别控规修改的类别，进行分级审批，提高规划决策效率；②数字化管理——搭建信息平台，推行“一张图”，实现精细化管理；③控规运行——建立规范化的动态维护制度，提高控规的适应性。

（3）依据公共政策学原理，研究发现，控规符合公共政策的内涵要义，具备公共政策的管制、引导、调控和分配等四大功能，且是城市规划公共政策体系中的具体政策，所以，控规在城市开发控制中的属性定位不应是传统意义上的工程技术，而应是一种调控城市土地和空间资源利用的公共政策。从这个角度而言，控规的本质，是为了防止城市开发中可能存在的“市场失灵”和“政府失灵”，控制建设开发的“负外部性”，保障城市运转所必需的“公共产品”，落实城市总体规划，以维护土地使用者合法的发展权和公众公共利益为核心，以协调城市土地与空间资源利用中局部利益与整体利益、近期利益与远期利益、及不同利益群体之间的利益矛盾和冲突为重点，由政府、开发者、公众、社会团体等相关利益主体共同协商所形成的、由政府强制力保障实施的土地与空间资源利用的公共政策。但是，现行控规公共政策属性十分缺失，其原因在于：①制定主体上：组织者“功利化”、盲目追求土地收益的最大化，编制者“企业化”、缺乏后续服务；②编制思维上：工程技术思想主导的控规编制；③控规运作上：封闭操作，社会参与度低；④体系构成上：控规体系不完整、“静态蓝图”式实施、评估环节缺乏；⑤修改程序上：控规修改程序不完善、公正缺乏。要实现控规向公共政策的转变：首先，控规应建立以“公正、公平”为核心的价值观；其次，控规应确立保障“公共利益”的政策目标；第三、应基于公共政策，对控规制度进行整体架构的优化。

（4）关于控规“为谁而作、作何而用、控制什么”的基本原理问题。谋求公共利益的实现是公共政策的灵魂，控规作为政府调控土地开发的政策工具，从根本上说，是为社会公众而作的，控规应紧扣保护“公共利益”而展开。所以，控规的核心作用，一方面，在于防止土地开发的“负外部性”与“公共产品”提供不足的“市场失灵”，并将分散的地块开发整合到城市整体发展框架之中，保障城市发展的整体利益和长远利益；另一方面，则在于为土地开发构建“规则与秩序”，以确保开发市场的确定性、公平性和稳定性，并对政府进行“控权”，防止政府规划干预中可能出现的“政府失灵”。基于此，控规“控制什么”，前提要厘清“什么需要规划，什么应该留给市场”。针对城市开发中的“市场失灵”与“政府失灵”问题，控规宜分别采取“实体性控制”与“程序性控制”：实体性控制，是为了界定政府规划调控的内容和范围，程序性控制则是为了规范政府规划干预开发市场的行为；前者是为了“内容限权”，属控规技术研究的重点，后者则在于“程序控权”，它是控规制度建设的核心，应以此来创新控规技术体系、完善控规制度建设，这可能是转型期控规改革的可行之道！

（5）公共政策分析最本质的方面是利益分析。控规作为调控土地开发中利益协调与分配的政策工具，其制度建设，特别需对所涉及的利益主体及利益关系展开分析。借助利益分析法，本书重点剖析了控规运作的过程及其中政府、开发商、规划师、公众等不同参与方的利益角色、利益诉求与利益冲突。研究指出，控规运作中，基本上形成了政府组织并决策、设计单位编制、开发商实施、公众和专家参与的关系格局，其中：起主导性作用的是地方政府及其规划主管部门，其次是开发商，而后是规划编制单位，最后才是公众及专家（且多属被动式参与）。控规运作的利益诉求上，最大问题在于地方政府与社会公众的利益矛盾。在市场化、分权化以及GDP至上的官员考核制度等影响下，政府早已不仅仅是“公共利益”的“守夜人”，更多的表现出“经济人”的特性。政府不仅要运用控规调控城市开发，保障公共利益，更希望运用控规实现城市土地利用“效益”的最大化，提高土地出让收益，推进城市经济发展，获取政治业绩甚至个人私利；而且，市场经济下，为获取投资，地方政府还常与开发商结盟，形成“城市增长的机器”，并将控规异化为服务于开发商和政府自身谋取“私利”的工具，这些均导致控规的“失效”。

控规运作的利益博弈上，表面上看是地方政府、开发商、规划师、社会公众四者之间的相互利益博弈，但实际上是社会公众与由地方政府、开发商、规划师结成的利益共同体之间的博弈，两者力量悬殊之大，使得控规在很大程度上沦为了掩盖地方政府、开发商以及规划师逐利的合法化工具。由于现行委托（公众）代理（政府和规划师）制度的不完善，公众无法对政府官员形成有力监督及在规划中的实质性参与；且缺乏杜绝地方政府与开发商结为利益链条的法律约束，以及保障规划师专业行为独立的工作机制，导致社会公众与其他任意一方的博弈始终都处于劣势之中，利益自然受损。所以，控规运作的扭曲与其说是规划管理制度的漏洞，不如说是国家政治制度中利益制衡的一大缺失。

（6）关于控规制度建设与优化的政策建议。第一位的是要厘清控规制度设计的基本思路。研究指出，控规运作中不同参与主体之间的利益矛盾，主要是地方政府与社会公众之间的利益矛盾，地方政府自身利益膨胀且未能得到有效的遏制是控规运作背离公共利益的关键，也是控规“失效”的重要原因。控规运作中地方政府与社会公众之间利益矛盾的根源：一是宏观体制问题，即分税制和GDP为导向的政绩考核制度，促使地方政府依赖“土地财政”，与开发商“结盟”，致使政府在控规运作中过多关注土地收益、地方经济发展和短期利益，忽视了社会公众的公共利益；另一则是约束与激励机制缺失或不足，造成政府官员的个人理性与政府集体理性、委托人（社会大众）理性不相符，控规“异化”为官员谋取私利的工具，导致公共利益受损。对此，通过综合运用制度经济学、公共选择理论、公共政策学以及机制设计理论，研究指出，控规制度建设与优化的重难点是要解决控规运作中激励相容、信息效率以及相关主体权力约束（即“控权”）等三大问题。针对控规运作中不同参与群体的利益角色、利益诉求与利益矛盾，研究认为：控规制度建设，需建立基于多元主体利益平衡的控规运作机制，以矫正地方政府的利益追求“异化”，遏制开发商的利益过度膨胀，有效约束规划主管部门的权力行使，规范规划师的职业行为，并拓宽社会公众有效参与控规的渠道。这包括：开放、充分的利益表达机制，以规划听证制度和规划申诉制度为核心的利益协调机制，公正、合理的利益补偿机制，以及由规划信息公开制度和社区规划师制度构成的利益保障机制。具体控规制度建设上，根据控规的运作过程，以控规编制、审批与实施中存在的问题为导向，从控规的编制制度、审批制度与实施制度三个方面探讨了控规制度建设与优化的政策建议，其中：控规编制制度的改进，核心在于提高控规编制的“科学化”，控规审批制度的优化，重点在于推进控规决策的“民主化”；控规实施制度的完善，则在于实现控规实施的“法制化”。

9.2 研究创新

9.2.1 从制度分析和政策分析的全新视角，研究控规的制度及运作

经历了20多年的经济与政治体制改革，中国城市发展正处于总体转型之中，规划管控制度必须进行相应调整，特别需要建立起“制度环境变迁——城市发展转型—控规制度重构”的基本分析框架。基于此，本书突破以往多偏重于控规的技术研究，忽视控规的公共政策属性以及控规制度研究的不足，特别引入公共政策学和制度经济学的理论和方法作为研究的有力工具，分析控规制度建设的社会经济动因，对控规的制度及运作展开系统研究，建立起研究控规问题的全新视角和框架，试图通过控规的制度创新来促进控规的技术进步及其作用的更有效发挥。在研究对象与研究方法上均有所创新，属于目前学术界关于控规方面的前沿性研究。

9.2.2 运用公共政策学研究控规的基础性问题，为控规制度建设辨明方向

运用公共政策学的理论和方法，紧扣当前全方位的体制改革所引发的控规运作的宏观制度环境的巨大变迁和快速城市化背景下控规作用对象的特殊性——量大、面广、速度快的城市开发，探讨转型期控规在城市开发控制中的属性定位以及控规“为谁而作、作何而用、控制什么”等基本原理，厘清控规的内涵、属性和价值，为控规制度建设和技术改革辨明方向，不仅具有重要的创新价值和现实意义，而且在研究内容与研究方法的上均有较大的创新。

9.2.3　运用利益分析法，厘清控规运作中不同主体之间的利益博弈

运用经济学中的利益分析法，研究控规运作中不同利益主体之间的利益博弈，具体剖析控规运作的全过程以及控规运作中“政府、市场、社会”等不同参与方的角色定位、利益诉求、利益实现与利益冲突，分析控规运作中利益矛盾的核心以及造成利益矛盾的根源所在，揭示控规制度建设与优化的重点是要解决控规运作中激励相容、信息效率以及相关主体权力约束（即“控权”）等三大问题，厘清了控规制度建设与优化中的关键性问题。

9.2.4　树立系统、动态思维，基于公共政策导向探讨控规制度建设与优化

树立系统、动态的思维，打破传统控规中编制与实施的“二分法”，以及忽视规划审批制度建设的不足，从控规运作的动态视角对控规的编制、审批、实施等控规制度体系中的三个核心环节展开全方位的系统性、连贯性研究，将控规的“编制、审批与实施”纳入到一个完整的制度运作的动态系统中进行考察，建立控规编制、审批与实施的有机关联，促使控规编制技术进步与管理制度创新的互动，并基于公共政策导向，提出控规运作机制与制度建设的理性思路与政策建议，具有重要的理论创新和实践价值。

9.3　研究局限

当前，中国正处于社会经济转型期和快速城市化阶段，控规运作的宏观制度环境正发生着巨大变迁，控规作用的对象也具有与众不同的特殊性；而且，中国城乡规划的体系与制度也尚处于不断改革和完善之中。在这种特殊的时代背景下，要想全面解析控规制度建设所涉及的各种问题，并提出完善的控规制度建设与优化的政策建议几乎是不可能的。此外，控规，一方面，作为中国城乡规划体系中“承上启下”的核心层次，肩负着落实和贯彻实施总规、专项规划等上位规划的重任，是政府性规划与市场性规划的分界点，中国城乡规划体系的很多问题都通过控规累积和显现出来；另一方面，控规作为实施规划管理的最直接依据，具体涉及城市开发中复杂的利益关系和利益博弈，是城市开发利益冲突的焦点所在。所以，控规及其制度研究难度很大，加上受各种研究条件的限制，本研究尚存在诸多不足和局限，具体包括：

（1）数据和资料问题。本书中对现行控规“失效”的现象及其成因，以

及中国控规制度建设的状况、问题和经验等研究主要是采用文献、个体访谈、直接观察、参与性观察、问卷调查等社会学的研究方法。首先，问卷调查尽管可进行定量分析，但由于本书的问卷对象主要是笔者在北京、上海、深圳、广州、南京及安徽省等地进行控规访谈的对象及其同事，以及随机调查的 2010 年中国城市规划年会与会人员，因此，本书的问卷调查具有非充分性、偶然性和随机性，一定程度上，影响了研究结果。其次，访谈和观察的方法属于定性研究，且具有很大的主观性，因此，不可避免地会影响到研究分析的准确度与全面性。而且，由于控规及其运作（特别是控规调整）直接涉及土地开发的利益问题以及政府管理行为的合法性问题，因此，调研时，一些官员对控规的某些问题讳莫如深，致使无法深入了解控规问题的真相，从而制约本书的研究。

（2）研究的深度和广度问题。控规的制度建设不仅受到宏观政治、经济与社会体制变迁以及城乡规划体系与制度改革的影响，还具体涉及控规编制、审批、实施、反馈、修改等控规运作的各个方面，所要研究的问题多、范围广。限于精力和水平，本书只能将控规制度研究的主要目标定位于一个整体框架的构建和一些基础性问题的研究上，而对于控规的公众参与、控规的法制化、控规的实施评估等问题只能点到为止，或暂且滤过。所以，本书有些问题的研究深度并不够（如：对具体城市控规制度的案例研究不够深入），有些研究内容的逻辑推理论证也并不充分，这些都有待未来的进一步研究和改进。

（3）研究结论的适应性问题。规划工作的本质是特定社会条件下，应对当时当地社会需求做出的一种制度安排[1]。由于不同地区经济发展水平、社会文化基础、政治体制环境以及城市建设规模等多方面的差异，决定了控规制度建设不可能有放之四海皆准的统一模式，各地控规制度建设的思路、内容和方法需因地制宜，构建适宜自身需要的制度体系。所以，本书对控规运作中不同参与主体的利益博弈的分析，并不一定符合所有城市控规运作的实际；而且，本书提出的控规制度建设的思路和政策建议，一是没经过具体城市实践检验，二是也不可能具有普适性，只能是探讨了控规制度建设的有益方向和趋势，这些都可能是本书研究的局限和不足。

---

[1] 张庭伟．规划理论作为一种制度创新——论规划理论的多向性和理论发展轨迹的非线性 [J]．城市规划，2006，30（8）：9-18.

9.4　研究展望

控规自诞生至今，在中国已有20多年的实践发展，但是，1992年社会主义市场经济建立以来，中国一直处于社会经济转型期和快速城市化阶段，控规运作的制度环境、作用对象及所面临的问题，与1980年代后期控规产生之初相比，不断发生变化，控规的制度体系建设及其运作机制远未成熟。所以，本书尽管初步构建了一个控规制度研究的框架，并且探讨了一些控规制度建设的理论与实践问题，但还有很多内容需待今后的研究，主要包括：

（1）对控规具体方案的运作全过程进行实证性研究。选择、跟踪典型城市中具有代表性的控规具体案例（如：旧城更新地区控规、新区控规、居住地区控规等），对其从编制、审批、实施以及动态维护等控规运作的全过程进行连续的实证性研究，以深入剖析控规运作中的问题和成因，有的放矢地进行控规运作制度的改进。

（2）将研究提出的控规制度建设与优化的政策建议进行应用性研究。尝试选择适宜的城市，将本书提出的控规制度建设与优化的思路、内容和方法等进行实践性应用，并跟踪、观察其控规制度运行的效果，总结其间经验，发现存在的问题与不足，然后，对本书研究的结论进行修正、补充和完善。

（3）从控规制度建设拓展到城乡规划体系和制度的相关改革研究之上。城乡规划是一个由城镇体系规划、总体规划、专项规划、控制性详细规划以及修建性详细规划等多层次规划构成的体系和制度，控规制度建设很多方面都涉及中国城乡规划整体体系和制度的改革（如：规划的公众参与制度、听证制度、申诉制度等），在现行的城乡规划整体体系和制度框架下，控规制度建设的“单兵突进”不仅难度大，而且收效甚微。所以，控规制度建设的未来研究，需要拓展到中国城乡规划体系和制度相关改革研究之上。

（4）开展控规教育、教学体制方面的研究。控规的教育、教学直接关系到控规技术人才的培养，它对控规的实践运作、技术革新与制度建设有着基础性影响。当前，控规在城乡规划教育体系中的定位，控规方面的专业人才应具备哪些基本素养、知识结构和能力体系等诸多问题尚不明晰；传统将控规作为规划工程技术进行的教学，显然难以适应城乡规划向公共政策转型的需要，因此，控规的教育、教学体制研究亟待加强，它是控规制度体系构成中不可或缺的组成部分。

主要参考文献

专著

[1]Richard F.Babcock, Charles L.Siemon.The Zoning Game Revised[M].Cambridge: Lincoln Institute of Land Policy, 1985.

[2]Charles M.Haar, Jerold S.Kayden.Edited.Zoning and the American Dream: Promises Still to Keep[M].Chicago & Illinois & Washington, DC: Planners Press (American Planning Association), 1989.

[3]Dwight H.Merriam.The Complete Guide to Zoning[M].New York: McGraw-Hill, 2005.

[4]David W.Owens.Introduction to Zoning[M].North Carolina: UNC School of Government, 2007.

[5]Barry Cullingworth, Roger W.Caves.Planning in the USA: Policies, Issues, and Processes (third edtion) [M].London and New York: Routledge, 2009.

[6]Donald L.Elliott.A Better Way to Zone[M].Washington DC: Island Press, 2008.

[7]Wakeford, R., American Development Control: Parallels and Paradoxes From an English Perspective[M], London：HMSO, 1990: 252.

[8]Michael Allan Wolf.The Zoning of America: Euclid V.Ambler[M].USA: University Press of Kansas, 2008.

[9]Lawrence Wai-Chung Lai.Zoning and Property Rights: A Hong Kong Case Study (2nd ed) [M].Hong Kong: Hong Kong University Press, 1998.

[10]Irving J.Sloan.Edited.Regulating Land Use: The Law of Zoning[M].London, Rome & New York: Oceana Publications, Inc.1988.

[11]Cullingworth, J.B.The Political Culture of Planning: American Land Use Planning in Comparative Perspective[M].New York & London: Routledge, 1993.

[12]Joseph Schwieterman.The Politics of Place: A History of

Zoning in Chicago[M]. Illinois: Lake Claremont Press, 2006.

[13]Scott, Mel. American City Planning[M]. American Planning Association, 1995.

[14]Barry Cullingworth. British Planning 50 Years of Urban and Regional Policy[M]. London and New Brunswick, NJ. 1999.

[15]Phillip Booth. Planning by Consent: The Origins and Nature of British Development Control[M]. London: Routledge, 2003.

[16]Phillip Booth. Controlling Development: Certainty and Discretion in Europe, USA and Hong kong[M]. London; Bristol, PA : UCL Press, 1996.

[17]Barry Cullingworth, Vincent Nadin. Town and Country Planning in the UK Fourteenth edtion[M]. London and New York: Routledge, 2006.

[18] 江苏省城市规划设计研究院主编．城市规划资料集——控制性详细规划 [M]. 北京：中国建筑工业出版社，2002.

[19] 张京祥，罗震东，何建颐．体制转型与中国城市空间重构 [M]. 南京：东南大学出版社，2007.

[20] 卢现祥．新制度经济学 [M]. 武汉：武汉大学出版社，2004.

[21] 李浩．控制性详细规划的调整与适应 [M]. 北京：中国建筑工业出版社，2007.

[22] 田莉．有偿使用制度下的土地增值与城市发展——土地产权的视角分析 [M]. 北京：中国建筑工业出版社，2008.

[23] 吴缚龙，马润潮，张京祥主编．转型与重构——中国城市发展多维透视 [M]. 南京：东南大学出版社，2007.

[24]（美）道格拉斯•C•诺斯．制度、制度变迁与经济绩效 [M]. 杭行译．上海：格致出版社，上海三联书店，上海人民出版社，2007.

[25]（美）丹尼尔•W•布罗姆利．经济利益与经济制度——公共政策的理论基础 [M]. 陈郁，郭宇峰，汪春译．上海:上海三联书店，上海人民出版社，2006.

[26] 卢现祥．西方新制度经济学（修订版）[M]. 北京：中国发展出版社，2003.

[27]（美）Robert K. Yin. 案例研究：设计与方法（第 3 版）[M]. 周海涛主译．重庆：重庆大学出版社，2007.

[28] 丁成日，宋彦等．城市规划与市场机制 [M]. 北京：中国建筑工业出版社，2009.

[29] 朱介鸣．市场经济下的中国城市规划 [M]. 北京：中国建筑工业出版社，2009.

[30] 夏南凯，柳朴．理想空间（第 39 辑）：控制性详细规划创新实践 [M]. 上海：同济大学出版社，2010：7-11.

[31] 冯静，梅继霞，庞明礼．公共政策学 [M]. 北京：北京大学出版社，2007. 15.

[32] 宁骚．公共政策学 [M]. 北京：高等教育出版社，2003：292.

[33] 谢明．公共政策导论 [M]. 北京：中国人民大学出版社，2009.

[34]（美）詹姆斯 P. 莱斯特．公共政策导论（第二版）[M]. 北京：中国人民大学出版社，2004.

[35]（美）国际城市（县）管理协会，美国规划协会．地方政府规划实践 [M]. 张永刚，施源，陈贞译．北京：中国建筑工业出版社，2006.

[36]（美）詹姆斯・布坎南．财产与自由 [M]. 韩旭译．北京：中国社会科学出版社，2002.

[37] 陈庆云．公共政策分析 [M]. 北京：北京大学出版社，2006.

[38]（美）托马斯・R. 戴伊著，彭勃等译．理解公共政策 [M]. 北京：华夏出版社，2004.

[39] 丹尼斯・C・缪勒．公共选择理论 [M]. 杨春学等译．北京：中国社会科学出版社，1999.

[40] 何子张．城市规划中空间利益调控的政策分析 [M]. 南京：东南大学出版社，2009.

[41]（美）曼瑟尔・奥尔森．集体行动的逻辑 [M]. 陈郁等译．上海：上海人民出版社，1995.

[42]（美）戴维•L•韦默，(加）艾丹•R•维宁．政策分析——理论与实践 [M]. 戴星翼等译．上海：上海译文出版社，2003.

[43](美)Robert K. Yin. 案例研究方法的应用 [M]. 第2版. 周海涛主译. 重庆：重庆大学出版社，2004.

期刊论文

[44]Alexander E R. A Transaction-Cost Theory of Land Use Planning

and Development Control [J]. Town Planning Review, 2001, 72 (1): 45-75.

[45]Popper, F. J. Understanding American Land Use Regulation since 1970[J]. Journal of the American Planning Association, 1988, 54 (3): 291-301.

[46]Sonia Hirt. The Devil Is in the Definitions: Contrasting American and Germany Approaches to Zoning[J]. Journal of the American Planning Association, 2007, 73 (4): 436-450.

[47]Arnstein S R. A Ladder of Citizen Participation[J]. Journal of American Institute of Planners, 1969, 35 (4): 216-224.

[48]Anthony P. Matejczyk. Why Not NIMBY? Reputation, Neighbourhood Organizations and Zoning Boards in a US Midwestern City[J]. Urban Studies, 2001, 38 (3): 507-518.

[49]Laura Wolf-Powers. Up-Zoning New York City's Mixed-Use Neighborhoods: Property-Led Economic Development and the Anatomy of a Planning Dilemma[J]. Journal of Planning Education and Research, 2005, 24:379-393.

[50] 唐历敏．走向有效的规划控制和引导之路——对控制性详细规划的反思与展望 [J]. 城市规划，2006，30（1）：28-33.

[51] 何流．城市规划的公共政策属性解析 [J]. 城市规划学刊，2007（6）：36-41.

[52] 冯健，刘玉．中国城市规划公共政策展望 [J]. 城市规划，2008，32(4)：33-40，81.

[53] 张泉．权威从何而来—控制性详细规划制定问题探讨 [J]. 城市规划，2008，32（2）：34-37.

[54] 段进．控制性详细规划：问题和应对 [J]. 城市规划，2008，32（12）：14-15.

[55] 田莉．我国控制性详细规划的困惑与出路——一个新制度经济学的产权分析视角 [J]. 城市规划，2007，31（1）：16-20.

[56] 颜丽杰．《城乡规划法》之后的控制性详细规划——从科学技术与公共政策的分化谈控制性详细规划的困惑与出路 [J]. 城市规划，2008，32（11）：46-50.

[57] 汪坚强，郑善文．基于公共政策的控制性详细改革探索 [J]. 现代城

市研究，2015（5）：29-34，78.

[58] 郭素君，徐红．深圳法定图则的发展历程、现状与趋势 [J]．规划师，2007，23（6）：70-73.

[59] 侯丽．美国“新”区划政策的评介 [J]．城市规划学刊，2005（3）：36-42.

[60] 张苏梅，顾朝林．深圳法定图则的几点思考——中、美法定层次规划比较研究 [J]．城市规划，2000，24（8）：31-35.

[61] 张宏伟．美国地方政府对区划法的修改 [J]．城市规划学刊，2010(4)：52-60.

[62] 汪坚强，于立．我国控制性详细规划研究现状与展望 [J]．城市规划学刊，2010（3）：87-97.

[63] 熊国平．我国控制性详细规划的立法研究 [J]．城市规划，2002，26（3）：27-31.

[64] 徐忠平．控制性详细规划工作的制度设计探讨 [J]．城市规划，2010，34（5）：35-39.

[65] 张留昆．深圳市法定图则面临的困难及对策初探 [J]．城市规划，2000，24（8）：28-30.

[66] 黄明华，王阳，步茵．由控规全覆盖引起的思考 [J]．城市规划学刊，2009（6）：28-34.

[67] 薛峰，周劲．城市规划体制改革探讨——深圳市法定图则规划体制的建立 [J]．城市规划汇刊，1999（5）：58-61，24.

[68] 李江云．对北京中心区控规指标调整程序的一些思考 [J]．城市规划，?2003，27（12）：35-40.

[69] 苏腾．“控规调整”的再认识 [J]．北京规划建设，2007（6）：83-85.

[70] 温宗勇．控规变更深层原因及对策 [J]．北京规划建设，2007（5）：11-13.

[71] 杨保军．控规:利益的博弈,政策的平衡 [J]．北京规划建设,2007(9)：182-185.

[72] 李雪飞，何流，张京祥．基于《城乡规划法》的控制性详细规划改革探讨 [J]．规划师，2009，25（8）：71-80.

[73] 王富海．以 WTO 原则对法定图则制度进行再认识 [J]．城市规划，2002，26（6）：15-17.

[74] 陈卫杰，濮卫民．控制性详细规划实施评价方法探讨 [J]. 规划师，2008，24（3）：67-70.

[75] 邱跃．北京中心城控规动态维护的实践与探索 [J]. 城市规划，2009，33（5）：22-29.

[76] 杜雁．深圳法定图则编制十年历程 [J]. 城市规划学刊，2010（1）：104-108.

[77] 周江评，廖宇航．新制度主义和规划理论的结合——前沿研究及其讨论 [J]，城市规划学刊，2009（2）：56-62.

[78] 周国艳．西方新制度经济学理论在城市规划中的运用和启示 [J]. 城市规划，2009，33（8）：9-17，25.

[79] 赵燕菁．制度经济学视角下的城市规划 [J]. 2005，29（6）：40-47.

[80] 赵民，乐芸．论《城乡规划法》“控权”下的控制性详细规划——从“技术参考文件”到“法定羁束依据”的嬗变 [J]. 城市规划，2009，33（9）：24-30.

[81] 袁奇峰，扈媛．控制性详细规划：为何？何为？何去？ [J]. 规划师，2010，26（10）：5-10.

[82] 邵润青，段进．理想、权益与约束——当前我国控制性详细规划改革反思 [J]. 规划师，2010，26（10）：11-15.

[83] 邹兵，陈宏军．敢问路在何方——由一个案例透视深圳法定图则的困境与出路 [J]. 城市规划，2003，27（2）：61-67.

[84] 汪坚强．溯本逐源：控制性详细规划基本问题探讨——转型期控规改革的前提性思考 [J]. 城市规划学刊，2012（6）：58-65.

[85] 周岚，叶斌，徐明尧．探索面向管理的控制性详细规划制度架构——以南京为例 [J]. 城市规划，2007，31（3）：14-19，29.

[86] 孙晖，梁江．控制性详细规划应当控制什么——美国地方规划法规的启示 [J]. 城市规划，2000，24（5）：19-21.

[87] 李浩．控制性详细规划指标调整工作的问题与对策 [J]. 城市规划，2008，32（2）：45-49.

[88] 林观众．公共管理视角下控制性详细规划的适应性思考——以温州市为例 [J]. 规划师，2007，23（4）：71-74.

[89] 付予光，孔令龙．谈控制性详细规划的适应性 [J]. 规划师，2003，19（8）：64-67.

[90] 姚凯．上海控制性编制单元规划的探索和实践——适应特大城市规

划管理需要的一种新途径 [J]. 城市规划，2007，31（8）：52-57.

[91] 李浩，孙旭东，陈燕秋．社会经济转型期控规指标调整改革探析 [J]. 现代城市研究，2007（9）：4-9.

[92] 汪坚强．迈向有效的整体性控制——转型期控规制度改革探索 [J]. 城市规划，2009，33（10）：60-68.

[93] 刘卓珺，于长革．中国财政分权演进轨迹及其创新路径 [J]. 改革，2010（6）：31-37.

[94] 郑文武,魏清泉．论城市规划的诉讼特性 [J]. 城市规划,2005,29(3)：36-38，43.

[95] 郑文武．以“人大”为核心的综合型城乡规划申诉机制构建探讨 [J]. 规划师，2009，25（9）：16-20.

[96] 王朝晖，师雁，孙翔．广州市城市规划管理图则编制研究——基于城市规划管理单元的新模式 [J]. 城市规划，2003，23（12）：41-47.

[97] 唐子来，付磊．城市密度分区研究——以深圳经济特区为例 [J]. 城市规划汇刊，2003（4）：1-9.

[98] 李咏芹．关于控规“热”下的几点“冷”思考 [J]. 城市规划，2008，32（12）：49-52.

[99] 吴晓勤，高冰松，汪坚强．控制性详细规划编制技术探索——以《安徽省城市控制性详细规划编制规范》为例 [J]. 城市规划，2009，33（3）：37-43.

[100] 孙晖,栾滨．如何在控规中实行有效的城市设计 [J]. 国外城市规划，2006，21（4）：93-97.

[101] 运迎霞，尤明．控规中城市设计层面的指标体系更新思考 [J]. 华中建筑，2007，25（7）：73-75.

[102] 卢源．城市规划中弱势群体利益的程序保障 [J]. 城市问题，2005（5）：9-15.

[103] 马哲军，张朝晖．北京新城控规编制办法的创新与实践 [J]. 北京规划建设，2009（专刊）：37-41.

[104] 游俊霞，朱俊．转型期城市规划精细化编制与管理的实践探索——以深圳法定图则为例 [J]. 城市规划学刊，2010（7）：12-18.

[105] 姚燕华，孙翔，王朝晖，彭冲．广州市控制性规划导则实施评价研究 [J]. 城市规划，2008，32（2）：38-44.

[106] 胡忆东，宋中英，商渝．控制性详细规划编制框架体系和控制模式创新——以武汉市为例 [J]. 城市规划学刊，2009（7）：79-84.

[107] 黄宁，熊花．《城乡规划法》实施背景下的武汉控制性详细规划编制方法探讨 [J]. 规划师，2009，25（9）：35-39.

[108] 刘奇志，宋忠英，商渝．城乡规划法下控制性详细规划的探索与实践——以武汉为例 [J]. 城市规划，2009，33（8）：63-69.

[109] 何子张，李渊．城市规划的政策属性 [J]. 城市问题，2008（11）：93-96.

[110] 陈锋．转型时期的城市规划与城市规划的转型 [J]. 城市规划，2004，28（8）：9-19.

[111] 张京祥．公权与私权博弈视角下的城市规划建设 [J]. 现代城市研究，2010（5）：7-12.

[112] 邱跃．控规动态维护之实践与探索 [J]. 北京规划建设，2007（5）：8-10.

[113] 余建忠．政府职能转变与城乡规划公共属性回归 [J]. 城市规划，2006，30（2）：26-30.

[114] 田莉．论开发控制体系中的规划自由裁量权 [J]. 城市规划，2007，31（12）：78-83.

[115] 魏立华．城市规划向公共政策转型应澄清的若干问题 [J]. 城市规划学刊，2007（6）：42-46.

[116] 李东泉，李慧．基于公共政策理念的城市规划制度建设 [J]. 城市发展研究，2008，15（4）：64-68.

[117] 石楠．试论城市规划中的公共利益 [J]. 城市规划，2004，28（6）：20-31.

[118] 徐键．城市规划中公共利益的内涵界定 [J]. 行政法学研究，2007（1）：68-73，81.

[119] 王勇．论“两规”冲突的体制根源——兼论地方政府“圈地”的内在逻辑 [J]. 城市规划，2009，33（10）：53-59.

[120] 许丽英，谢津粼．公共政策程序正义与公共利益的实现 [J]. 学术界，2007（4）：177-181.

[121] 吴可人，华晨．城市规划中四类利益主体剖析 [J]. 城市规划，2005，29（11）：80-85.

[122] 刘锦．“土地财政”问题研究：成因与治理——基于地方政府行为的视角 [J]．广东金融学院学报，2010，25（6）：41-53.

[123] 张昊哲．基于多元利益主体价值观的城市规划再认识 [J]．城市规划，2008，32（6）：84-87.

[124] 王冰．市场失灵理论的新发展与类型划分 [J]．学术研究，2000（9）：37-41.

[125] 刘辉．市场失灵理论及其发展 [J]．当代经济研究，1999（8）：39-43.

[126] 王宏军．论市场失灵及其规制方法的类型 [J]．经济问题探索，2005（5）：126-128.

[127] 杨长福，刘乔乔等．政府失灵成因分析与防范对策 [J]．生产力研究，2009（24）：8-10.

[128] 陈振明．市场失灵与政府失败——公共选择理论对政府与市场关系的思考及其启示 [J]．厦门大学学报（哲社版），1996（2）：1-7.

[129] 于一丁，胡跃平．控制性详细规划控制方法与指标体系研究 [J]．城市规划，2006，30（5）：44-47.

[130] 温宗勇．适应与改变：控规在快速城市化过程中的发展 [J]．北京规划建设，2007（5）：41-43.

[131] 杨宏山．公共政策视野下的城市规划及其利益博弈 [J]．广东行政学院学报，2009，21（4）：13-16.

[132] 夏永祥．公共选择理论中的政府行为分析与新思考 [J]．国外社会科学，2009（3）：25-31.

[133] 王勇．权利的社会回归——论城市规划的非市场缺陷 [J]．规划师，2009，25（2）：56-61.

[134] 姜杰，曲伟强．中国城市发展进程中的利益机制分析 [J]．政治学研究，2008（5）：44-52.

[135] 吕薇．利益群体博弈的背后 [J]．瞭望，2006（28）：17-18.

[136] 钟永键，刘伟．现代西方政府失灵理论评析 [J]．理论与改革，2003（6）：31-32.

[137] 汪坚强．控制性详细规划运作中利益主体的博弈分析——兼论转型期控规制度建设的方向 [J]．城市发展研究，2014，21（10）：33-41.

[138] 陈庆云，曾军荣．论公共管理中的政府利益 [J]．中国行政管理，2005（8）：19-22.

[139] 陈振明．非市场缺陷的政治经济学分析 [J]．中国社会科学，1998（6）：89-105.

[140] 魏龙．市场失灵、政府失灵与经济失控 [J]．中南财经大学学报，1995（4）：54-57.

[141] 田国强．经济机制理论：信息效率与激励机制设计 [J]．经济学（季刊），2003，2（2）：283.

[142] 朱慧．机制设计理论——2007 年诺贝尔经济学奖得主理论评介 [J]，浙江社会科学，2007（6）：188-191.

[143] 李阎魁．机制设计理论对城市规划的启示 [J]．规划师，2009，25（7）：76-81.

[144] 何光辉，陈俊君，杨咸月．机制设计理论及其突破性应用——2007 年诺贝尔经济学奖得主的重大贡献 [J]．经济评论，2008（1）：149-154.

[145] 王慧军．公共政策过程中的利益冲突分析 [J]．中国行政管理，2007（8）：30-33.

[146] 郑德高．城市规划运行过程中的控权论和程序正义 [J]．城市规划，2000，24（10）：26-29.

[147] 唐贤兴．公共决策听证：行政民主的价值和局限性 [J]．社会科学，2008（6）：40-48.

[148] 王郁，董黎黎，李烨洁．民主的价值与形式——规划决策听证制度的发展方向 [J]．城市规划，2010，34（5）：40-45.

[149] 陈锦富，于澄．基于权利救济制度缺陷的城乡规划申诉机制构建初探 [J]．规划师，2009，25（9）：21-24.

[150] 王学锋，成媛媛．我国城乡规划申诉制度现状特征及完善途径探讨 [J]．规划师，2009，25（9）：25-29.

[151] 陈有川．规划师角色分化及其影响 [J]．城市规划，2001，25（8）：77-80.

[152] 谈绪祥．创新规划编制机制增强控制性详细规划科学性和可实施性 [J]．北京规划建设，2010（S1）：17-19.

[153] 张瑾．保障三大设施：探索动态维护标准 [J]．北京规划建设，2007（5）：22-24.

[154] 郭素君．由深圳规划委员会思索我国规划决策体制变革 [J]．城市规划，2009，33（3）：50-55.

[155] 施源，周丽亚．现有制度框架下规划决策体制的渐进变革之路 [J]. 城市规划学刊，2005（1）：35-39.

[156] 李夙,刘钺．论城市规划行政自由裁量权 [J]. 规划师,2004,20(12): 77-79.

[157] 邓颂．城市规划行政许可中的自由裁量权及其制约 [J]. 上海政法学院学报，2006，21（1）：111-114.

[158] 仓明．论城市规划行政自由裁量权 [J]. 行政与法，2010（3）：91-94.

[159] 薛刚凌，张国平．论行政三分制的功能定位 [J]. 行政管理改革，2009，3（3）：44-48.

[160] 李晓龙，门晓莹．城乡规划管理体制改革探索 [J]. 规划师，2004，20（3）：5-8.

[161] 王学锋．对国家和省级政府加强规划监督管理的思考 [J]. 规划师，2004，20（6）：6-8.

[162] 张勤．关于改进和加强城镇体系规划工作的建议 [J]. 规划师，2003，19（2）：68-71.

学位论文

[163] 蔡震．我国控制性详细规划的发展趋势与方向 [D]. 北京：清华大学建筑学院硕士学位论文，2004.

[164] 石楠．城市规划政策与政策性规划 [D]. 北京：北京大学环境学院博士学位论文，2005.

[165] 张国烈．深圳法定图则的实施及应对建议 [D]. 上海：同济大学建筑与城市规划学院工程硕士学位论文，2006.

[166] 郭素君．深圳法定图则制度研究——透视我国控规的法制化之路 [D]. 南京：南京大学硕士学位论文，2006.

[167] 徐承彦．论转型期地方政府公共管理行为 [D]. 厦门：厦门大学博士学位论文，2003.

会议论文

[168] 叶伟华．深圳融入法定图则的城市设计运作探索及启示 [C]// 中国城市规划学会编．2008 中国城市规划年会论文集．大连：大连出版社，2008：459.

[169] 盛况．刚柔并济——对北京街区层面控规的认识与思考 [C]// 中国

城市规划学会．生态文明视角下的城乡规划——2008 中国城市规划论文集．大连：大连出版社，2008：426.

[170] 彭高峰，李颖，王朝晖等．面向规划管理的广州控制性规划导则编制研究 [C]// 中国城市规划学会．城市规划面对面:2005 城市规划年会论文集，北京：中国水利水电出版社，2005：837-843.

[171] 吴晓莉．完善深圳法定图则的关键：法定化审批程序和规划技术标准体系——兼论香港与深圳法定图则的比较 [C]// 仇保兴编．中国城市发展与规划论文集：首届中国城市发展与规划国际年会．北京：中国城市出版社，2006：164-171.

[172] 孙施文，吕晓蓓，张健．建立城乡规划督察员制度的探索与研究 [C]// 中国城市规划学会编．2007 中国城市规划年会论文集．哈尔滨：黑龙江科学技术出版社，2007：1887-1891.

附录A　研究方法和资料收集

本书的主要目的是：研究中国控规制度建设的状况、问题与困境，探讨如何通过控规的制度建设与优化来提高转型期作为公共政策的控规的效用。研究逻辑上，本书采用了四阶段的技术路线：

第一阶段：文献研究。一方面，学习、研究相关的基础理论（包括制度经济学、公共政策学、博弈论等），及国外类似控规方面的文献，汲取相关理论及国外相类似研究的营养；另一方面，以中国知网（http://www.cnki.net/index.htm）数据库作为文献选取来源，结合已出版的控规专著，对1980年代以来中国已发表的控规（或法定图则）文献进行系统的综述性研究，深入把握控规研究的动态和问题，为本书研究框架的构建和研究开展奠定了较好的理论基础。然后，以此为据，进行研究设计，选择研究方法，并开展数据收集工作。

第二阶段：实证分析。一方面，通过面上调查（Overall Survey）的总揽性研究（Rapid qualitative survey），把握中国控规实践和制度建设的总体状况，分析控规“失效”及其成因；另一方面，鉴于地方规划制度的完善程度一般与其经济发展水平、社会成熟度等呈正相关关系，本书采用案例研究（Case Study）方法，对北京、上海、深圳、广州、南京等国内五大发达城市的控规制度进行比较性研究，总结控规制度建设的共性问题和有益经验。

第三阶段：理论研究。本书不仅仅是对控规制度具体实践问题的探讨，更重要的是上升到理论层面，对控规制度的相关理论问题展开研究。为此，借鉴公共政策学和制度经济学的理论与方法，特别对控规的内涵，控规在开发控制中的属性定位，控规“为谁而控制、作何而用、控制什么”的基本原理，控规运作中不同利益主体之间的博弈关系等基础理论问题进行研究，以把握控规制度建设的问题与核心，为控规制度建设与优化辨明方向。

第四阶段：政策探寻。在前三个阶段研究的基础上，综合运用制度分析、政策分析和系统分析的方法，探讨控规制度建设的思路与方向，并提出控规编制制度、审批制度及实施制度建设与优化的政策性建议。

A.1 研究方法

鉴于控规制度研究的复杂性，依据前述研究逻辑，十分有必要采取多样化、综合性的研究方法，以更好地发现控规制度问题的核心所在。因此，本书主要运用了文献研究与实地调研相结合、制度分析与政策分析相结合、案例研究与比较研究相结合、定量分析与定性分析相结合的研究方法。

A.1.1 文献研究与实地调研相结合

文献研究主要包括两大方面，一是学习、研究国内外控规相关的文献资料，包括发表的论文、论著、统计资料、法律法规、政策文件、政府规章等，把握控规研究动态，收集基础资料，为深入剖析中国控规运作与制度建设中的问题及构建本书研究框架奠定基础；二是学习、研究相关理论，包括制度经济学、公共政策学、博弈论、公共管理学等，并将相关理论与方法合理、有效地运用到本书研究之中，以开拓研究视野，增强研究深度。但是，由于文献研究存在时滞性、资料不可得性、准确性和适用性不足、效度可能较低等问题，为弥补其不足，在文献研究的基础上，适时开展实地调研，通过一些城市的实地考察、个体或团体访谈、问卷调查等，收集一手资料和信息，以准确把握控规制度的问题。本研究实地调研主要包括三类：一是北京、上海、深圳、广州、南京、厦门等 6 个发达地区城市，二是武汉、重庆两大中西部重要城市，三是欠发达地区的城市，以安徽省省会合肥、多个地级市及利辛、宿松两个县城[1]为代表。

A.1.2 制度分析与政策分析相结合

制度经济学认为，技术进步的功能在于克服人们利用自然的各种障碍，降低生产活动的直接成本，制度运作则有利于规制人与人之间的相互关系，降低社会交易成本；技术进步必须有相应的制度和意识形态的调整，技术创新是制度创新的函数；当代国家与地区的主要动力是技术创新和制度创新，其中制度创新更带有根本性，制度创新是城市进步的必由之路[2]。为此，控规的研究也

[1] 选择这两个县城的原因，主要是笔者主持过这两个城市的多项控规项目，并持续跟踪 2-3 年，资料收集便利；而且利辛县是安徽省唯一的全省规划管理创新试点县，笔者为该县人民政府特聘的总规划师，对其情况较为熟悉。

[2] 李亮．中国城市规划变革背景下的城市设计研究 [D]. 北京：清华大学建筑学院博士学位论文，2006：9.

不能仅限于技术层面的提高、完善，而应该在制度层面进行深入探索和大胆创新，以制度创新推动技术进步。由于“新制度经济学为人们分析经济社会问题提供了一个全新的视角，尤其是在一个新旧体制转轨的国家里，新制度经济学更是大有用武之地[1]”，“其制度分析法对具体制度变迁更是具有强大的解释力[2]”。因此，在本研究上，借鉴并运用制度经济学的理论与方法十分必要。

近年来，中国规划界和学术界对城市规划作为一项公共政策或具有公共政策属性已基本认同[3]，但城市规划如何向公共政策转型尚有待深入研究[4]。控规作为城市规划公共政策体系中的具体政策，要实现向公共政策的转型，关键是按照公共政策的内涵、属性、原理和程序等，重构并完善有关城市土地开发利用的规划知识体系，尤其是要将控规纳入到当前城市社会经济发展转型的宏观背景之中，进行制度创新和整体架构的优化。简言之，作为公共政策的控规应以体现城市规划的“公共政策性”为目标，调整和优化控规的制度体系，“在规划的思想基础、方法论以及规划程序和步骤等方面都要全面体现公共利益[5]”。因此，控规及其制度研究特别需要运用公共政策学的理论和方法。

如果说新制度经济学及制度分析方法的引入，是为了解决控规制度研究的研究工具问题[6]；那么，公共政策学及政策分析方法则是为了研究控规在开发控制中的定位问题，包括控规的属性定位（是工程技术还是公共政策？）、价值定位（为谁做？）、功能定位（控规做何用？）和目标定位（控制什么？），这些基本问题直接关系到控规制度建设与优化的方向。一定意义上，公共政策学的引入是为了明确控规的定位问题，事关控规的“公平、公正”；制度经济学强调的是制度效能，其引入则是对控规制度的“效率、效用”的思考。由于“公平、公正”和“效率、效用”是控规制度不可偏废的两个方面，所以，控规制度的建设与优化，一方面要提高控规运作的“效率、效用”，适应快速城市化背景下城市建设开发的需求，避免控规失效或随意调整，另一方面，则需保持“控规作为保障城市公共利益的规划管理核心层次[7]”的定位，研究控规制度及

---

[1] 卢现祥．新制度经济学 [M]．武汉：武汉大学出版社，2004:1.

[2] 徐承彦．论转型期地方政府公共管理行为 [D]．厦门：厦门大学博士学位论文，2003：8.

[3] 冯健，刘玉．中国城市规划公共政策展望 [J]．城市规划，2008，32（4）：33.

[4] 何流．城市规划的公共政策属性解析 [J]．城市规划学刊，2007（6）：36-41.
冯健，刘玉．中国城市规划公共政策展望 [J]．城市规划，2008，32（4）：33.

[5] 冯健，刘玉．中国城市规划公共政策展望 [J]．城市规划，2008，32（4）：39.

[6] 制度经济学中关于制度、制度与技术的关系、制度变迁、制度创新等原理与分析方法，有助于控规的制度研究。

[7] 唐历敏．走向有效的规划控制和引导之路 [J]．城市规划，2006，30（1）：28-33.

运作的“公平、公正”，努力达到控规制度运行效率与规划公平的平衡。而这，则需要针对本书讨论的中心问题，以制度分析和政策分析的视角与方法逐级展开如下层面研究：

1）认识问题上，突破传统多从技术层面探讨控规“失效”问题的思路，而从国家体制改革、城市发展转型、城市规划制度束缚等更广阔的制度与政策层面，来研究控规制度的有效性和优化的必要性；

2）分析问题上，引入制度经济学的相关理论，微观层面上，将利益博弈纳入控规制度研究之中；中观层面上，将控规变革纳入到城市规划整体制度研究的范畴；宏观层面上，将控规的制度建设与优化和国家体制改革，特别是行政体制改革、政府职能转变、物权改革等结合起来进行关联性分析，以对控规制度进行更为深入的探讨。

3）解决问题上，引入公共政策学、公共管理学和博弈论的相关理论和方法，探索控规制度建设与优化之道。

4）理论提升上，将控规拓展到作为政府公共政策层面的一种规划制度安排进行研究，探讨这种制度安排的现实问题、体制束缚、变迁动力与优化策略等。

A.1.3 案例研究与比较研究相结合

案例研究是公共政策、经济学和公共管理领域进行研究的常用方法[1]。伊恩（Robert K.Yin,1994）认为案例研究法是对真实世界中现实现象的经验型探究，特别是当研究对象与其所处的环境背景之间的界限并不明显时，它有助于获得对真实世界某些带有普遍性的事实的全面认识。一般来说，案例研究适用于以下三种情境：需要回答“怎么样”、“为什么”的问题时，研究者几乎无法控制研究对象时，或者关注的重心是当前现实生活中的实际问题时[2]。本书重点需回答“为什么控规存在各种问题乃至失效”、“控规失效与控规制度之间存在怎样关系，为什么？”、“控规问题的深层制度性原因是怎样的？”、“怎样才能实现控规制度的优化”等问题；而控规“失效”及控规制度问题是城市建设开发中的现实问题，且与当前社会经济转型的背景密不可分。基于此，采用案例研究方法来进行“转型期控规的制度建设与优化研究”较为适合。

---

[1] （美）Robert K.Yin. 案例研究方法的应用 [M]. 第 2 版 . 周海涛主译 . 重庆：重庆大学出版社，2004：3.

[2] （美）Robert K.Yin. 案例研究：设计与方法 [M]. 第 3 版 . 周海涛主译 . 重庆：重庆大学出版社，2007：导论 .

由于地方规划制度的建设和完善一般与其经济发展水平、社会成熟度等呈正相关关系，从实践来看，欠发达地区多仅有国家制定的控规制度框架，而较少有地方性探索，发达地区则会根据自身情况，在国家规划制度框架下，探索地域化的控规制度体系。为此，本书拟选取北京、上海、深圳、广州、南京五个发达城市的控规制度为案例对象，进行比较研究，通过焦点群体（Focus Group）与个体访谈、问卷调查等方法，运用三角验证法（Triangulation）及定性分析、定量分析等研究工具，深入研究当前中国发达城市控规制度建设的状况，分析控规制度建设的共性问题，比较和总结发达地区控规制度的建设探索与经验启示等，以作为本书实证性研究的有力基础。

A.1.4 定性研究与定量研究相结合

定量研究（Quantitative Research）是实证主义方法论的具体化，它侧重于对数据的数量分析和统计计算，包括实验法、准实验法、问卷调查法等；定性研究（Qualitative Research）则是人文主义方法论的具体化，它偏重于文本分析或叙事表达，强调对被研究对象的理解、说明和诠释，包括文献分析法、历史研究法、行动研究法、观察法、访谈法、个案分析法等[1]。定性与定量研究都有各自的优缺点，相对而言，定量分析法比较客观，定性研究则难免主观，但两者并非相互排斥，很多情况需结合运用进行混合研究（附表 A-1），以取长补短，增强研究的科学性。

定量研究、定性研究和混合研究的分析方法与资料收集比较[2]　　附表 A-1

定量研究	定性研究	混合研究
预设问题 基于问题的工具 行为数据、态度数据、观察数据、普查数据 统计分析	呈现方法 开放式问题 访谈资料、观察资料、文献资料、视听资料 文本和图像分析	既有预设法又有呈现法 既有开放式问题又有封闭式问题 源于所有可能的多重数据形式 统计和文本分析

由于中国特殊国情，长期以来，政府及各部门的相关信息及数据很少公开，导致控规研究所需的数据与资料收集十分不易，而且，有些数据的可靠性也存在

[1] 蒋逸民．论定量研究与定性研究的结合及对调查研究的启示[EB/OL].（2008-10-09）[2011-10-27].http://www.hnshx.com/Article_Show.asp?ArticleID=3298&ArticlePage=1.

[2]（美）John W.Creswell. 研究设计与写作指导：定性、定量与混合研究的路径[M]. 崔延强，孙振东译．重庆：重庆大学出版社，2007：13.

问题，因此，仅凭有限的数据进行定量分析将使本书研究存在诸多不足。此外，由于控规制度研究属于公共政策和公共管理范畴，本身就很难定量分析，很多内容都需要定性的解释性研究。为此，在定性分析的基础上融入定量分析，可能是控规制度研究较为务实和科学的选择。具体而言，对于国家层面的控规制度研究，主要集中于控规相关的国家法律、法规和政策方面的分析，定性研究是主要方法。而对于具体城市或地区的控规问题及其控规制度建设的状况，则采用定性分析与定量分析相结合的研究方法：定性分析除文献研究外，以田野调查为主，主要通过笔者负责的不同城市控规项目编制、维护的直接观察，或笔者参与的不同城市控规项目评审会的参与性观察，以及对一些城市中不同规划部门（管理部门、编制单位、编研机构、大专院校等）专业人员的访谈等多样化方法进行；定量分析主要是控规问卷调查及其 Excel 分析，问卷对象（即样本选择），一是笔者调研访谈的对象及其单位内熟悉控规的同事，每个调研城市的各个不同规划部门，各收集约 5 份问卷表，二是 2010 年中国城市规划年会参会人员的随机问卷，三是安徽省省会及 16 个地级市中不同规划部门从业人员的问卷。

A.2 资料收集

韦伯（Webb *et al.*，1996）等人提出社会学家如果采用不止一种调查方法，其结论将更具说服力；如果有多个观察者、不同的理论视角、多重数据来源和方法论，结论将更为可信[❶]。但是，控规制度研究的调查和资料收集存在很多问题和难度。首先，控规制度属公共政策和公共管理范畴，很少有数据性的资料，难于进行定量分析；其次，控规制度建设的表现形式多以政策文件、政府或部门规章、甚至不成文的内部规定为主，这些资料很少对外公布、公开，如果没有规划管理人员的协助，资料获取十分困难；此外，控规运作中时常存在规划管理者或政府领导的一些不规范甚至违法、违规的行为，故在资料收集和调研过程中，当触及某些敏感问题时，调研对象时常三缄其口，致使有些控规制度问题无法深入了解。对此，笔者综合运用文献、访谈、问卷调查、直接观察、参与性观察等五种方法来进行研究调查与资料收集工作，以便进行三角验证，增强研究的科学性。具体而言，本书资料收集主要分以下四大途径进行：

1）对相关的文献、统计数据、网络信息、国家及地方的政策与法规等多

---

❶ 田莉．有偿使用制度下的土地增值与城市发展［M］．北京：中国建筑工业出版社，2008：24.

样化的资料收集与查阅来进行。

2）2010年10月，笔者在重庆市规划信息服务中心的同学（中国城市规划年会会议工作人员）帮助下，对2010年中国城市规划年会的参会人员进行了随机抽样访谈与控规问卷调查[1]，共发放问卷120份，回收85份，有效问卷72份，有组织访谈6人（附表A-2）。

3）借助笔者主持"住房与城乡建设部城乡规划管理中心"委托的控规课题研究的便利，对北京、上海、深圳、广州、南京五大城市进行现场调研，分别对各个城市中的规划管理部门、规划编制单位、规划编研机构、大专院校的代表进行有组织访谈（累计访谈38人，附表A-3），并请访谈对象协助进行其单位内5名熟悉控规的同事填写控规调查问卷，以深入了解五大发达城市控规的制度建设状况与经验（累计问卷161人，附表A-3）。此外，还对厦门、武汉、重庆也进行了类似调研，但调研的内容、深度和人员比前述五大城市要简化，且以有组织访谈为主（共计7人）。

2010年中国城市规划年会（重庆）控规问卷对象的工作单位构成　附表A-2

工作城市或地区	工作单位性质				
	规划编制单位	规划编研机构	规划管理部门	大专院校	其他
深圳			3人		
天津	2人		3人		
昆山			2人		
长沙			1人		
四川			1人		
沈阳	4人				
北京	3人				
益阳	3人				
重庆	3人	1人		1人	1人
南京	1人				1人
大连	1人				
河北	1人				
洛阳	1人				
亳州	1人				
西安				3人	

[1] 控规（或称法定图则）问卷调查表详见附录B。

续表

工作城市或地区	工作单位性质				
	规划编制单位	规划编研机构	规划管理部门	大专院校	其他
成都		1人			
瑞安		1人			
太原					1人
不详	19人	8人	8人	1人	1人
合计	39人	6人	18人	5人	4人

4）笔者曾在安徽工作过多年，期间主持了多项控规项目编制、主编了安徽省《城市控制性详细规划编制规范》（DB34/T547—2005）、参与过安徽省住房和城乡建设厅组织的多次控规项目评审与课题讨论会，访谈过多位控规相关的专业人员（累计无组织访谈32人，有组织访谈10人），通过这些直接观察和参与性观察，笔者对安徽省控规运作及制度建设的状况有着深入的了解，并持续收集了大量的安徽控规资料；而且2011年4～7月，安徽省住房和城乡建设厅组织了全省5期“安徽省城乡规划条例与控规制定”培训班，笔者作为“控规制定”主讲人，在住建厅的帮助下，对全省省会及16个地级市中不同规划部门的从业人员进行了抽样问卷调查（有效问卷170人，附表A-4）。这些都为了解、研究欠发达地区的控规运作及制度建设提供了很好的素材和样本。

总之，通过上述方法，既能相对了解中国控规制度建设的总体状况，又能对发达地区（北京、上海、深圳、广州和南京为代表）、欠发达地区（安徽省为代表）的控规制度及运作情况有深入的把握，从而为本书研究奠定了很好的基础。

中国若干城市控规访谈与问卷调查的对象构成和数量　　附表A-3

访谈和问卷的城市	访谈（人）		访谈和问卷对象的工作单位	问卷（份）	
	合计	数量		数量	合计
北京	9	1	北京市规划委员会	6	32
		2	北京市城市规划设计研究院	6	
		1	中国城市规划设计研究院	6	
		1	中国城市规划学会	4	
		1	北京清华城市规划设计研究院	5	
		1	清华大学建筑学院	1	
		2	住房和城乡建设部城乡规划管理中心	4	

续表

访谈和问卷的城市	访谈（人）		访谈和问卷对象的工作单位	问卷（份）	
	合计	数量		数量	合计
上海	8	2	上海市规划和国土资源管理局	7	34
		1	上海市规划编审中心	5	
		1	上海市城市规划设计研究院	5	
		2	中国城市规划设计研究院上海分院	5	
		1	同济大学建筑与城市规划学院	2	
		1	上海复旦规划建筑设计研究院	5	
		0	上海同济城市规划设计研究院	5	
深圳	7	2	深圳市规划与国土资源委员会	6	34
		2	深圳市城市规划发展研究中心	6	
		1	深圳市城市规划设计研究院	5	
		1	中国城市规划设计研究院深圳分院	4	
		1	深圳蕾奥城市规划设计咨询有限公司	5	
		0	深圳大学城市规划设计研究院	5	
		0	深圳大学建筑与城市规划学院	3	
广州	7	1	广州市规划局	6	27
		1	广州市城市规划勘测设计研究院	5	
		2	广州市城市规划设计所	6	
		1	广州市城市规划编制研究中心	6	
		1	华南理工大学建筑学院	3	
		1	中山大学地理科学与规划学院	1	
南京	7	2	南京市规划局	5	34
		1	南京市城市规划编制研究中心	5	
		1	南京市城市规划设计研究院	5	
		1	南京市城里人规划设计有限公司	5	
		0	南京博来城市规划设计研究有限公司	5	
		0	南京大学城市规划设计研究院	5	
		2	东南大学建筑学院	4	
厦门	4	2	厦门市规划局	0	0
		1	厦门市城市规划设计研究院	0	
		1	中国城市规划设计研究院厦门分院	0	
武汉	2	1	武汉市国土资源和规划局	0	0
		1	武汉市国土资源和规划信息中心	0	

续表

访谈和问卷的城市	访谈（人）		访谈和问卷对象的工作单位	问卷（份）	
	合计	数量		数量	合计
重庆	1	1	重庆市规划信息服务中心	0	0
总计	45			161	

安徽省控规问卷调查的对象构成和数量（单位：份）　　附表 A-4

问卷的城市	问卷对象的工作机构性质					
	规划管理部门	规划编制单位	大专院校	编研机构	开发部门	其他
合肥	4	5	5	2	2	2
芜湖	5	3		1		3
淮南	5	2				4
宣城	5	5		1		5
宿州	5	5				2
马鞍山	3	3				3
黄山	5	5				
阜阳	3	5		1		5
蚌埠	5	3				5
安庆	2	3		1		5
池州	5	1				2
淮北	3	5				1
铜陵		4		2		2
亳州	4	1				2
滁州	4					
六安	2					1
巢湖	1					1

注：合肥为省会，其余城市为地级市。

附录B　控规（或法定图则）调查问卷

本书控规（法定图则）调查问卷主要分为四类：1）2010年中国城市规划年会的参会人员随机问卷（72份），藉此来对全国控规状况进行初步的总体了解；2）北京、上海、深圳、广州、南京五大发达城市的控规问卷（161份），藉此反映中国发达地区控规的状况；3）安徽省省会合肥及16个地级城市的控规问卷（170份），藉此代表中国欠发达地区的控规状况；4）前述2010年中国城市规划年会、五大发达城市以及安徽省三类问卷的合计，共计全国问卷403份，藉此反映全国控规的状况。

以下是调查问卷具体内容：

基本信息

您所在的单位 ________________（请填单位名称），您工作单位的性质？

A. 规划管理部门　B. 规划编制单位　C. 大专院校　D. 规划编研机构

E. 开发部门　F. 其他

控规编制管理

1. 控规编制组织上，是否将城市划分为不同控制分区或规划单元，有序地推进控规编制？

A. 有　B. 没有　C. 很少有

2. 控规编制项目委托时，规划管理部门是否提出了较完整的“控规编制任务书”的要求，包括：地段发展定位、需重点研究的问题等，并作为控规编制成果审查、审批的依据之一。

A. 有　B. 没有　C. 很少有

3. 同一城市不同编制单位的控规编制中，是否存在技术标准不一致、相互不交接的问题？

A. 存在　B. 不存在　C. 很少存在

4. 控规编制的规划设计单位多为设计企业，其企业化运作是否会影响控规编制的质量？

A. 会　　B. 有时会　　C. 不会

5. 您城市是否建立了与控规相关的基础数据信息库，以便于控规的编制与动态维护？

A. 没有　　B. 有　　C. 很少有　　D. 正在建设中

6. 控规全覆盖是否有必要？（可多选）

A. 有必要　B. 无必要　C. 近期建设地区应全覆盖　D. 宜进行不同深度的覆盖

控规编制技术

7. 控规编制过程中影响控规编制质量的因素主要有哪些？（可多选）

A. 时间仓促　B. 经费少　C. 编制单位水平低　D. 相关研究缺乏

E. 公众意愿调查缺乏　　F. 领导干预　　G. 其他：____________

8. 控规编制中是否存在现状基础信息（如：地块权属）收集不准或收集难的问题？

A. 经常存在　　B. 有时存在　　C. 不存在

9. 控规编制中是否进行了城市设计研究？

A. 经常进行　　B. 有时进行　　C. 没有　　D. 不需要

10. 控规编制中涉及现状变更的，是否会征求权属者的意见？

A. 征求　　B. 有时征求　　C. 没有征求　　D. 不需要征求

11. 控规编制中是否存在不分地区差异、编制内容雷同化的情况？

A. 经常存在　　B. 有时存在　　C. 不存在

控规审查审批

12. 控规的专家评审中存在什么主要问题？（可多选）

A. 标准缺乏，审查随意　B. 时间短，审查仓促　C. 专家构成不合理，研究控规的少

D. 领导干预大，专家意见打折扣　E. 专家对情况不熟悉　F. 其他：________

13. 规划主管部门内部审查控规（或调整）草案时，是否有相应的审查标准和操作规程？

A. 有　　B. 没有　　C. 正在制定中

14. 您所在的城市是否存在控规“编而不批或编而少批”的情况？

A. 经常存在　　B. 有的存在　　C. 不存在

15. 控规“编而不批或编而少批”的原因主要是什么？（可多选）

A. 控规修改难　　B. 控规编制不科学　C. 预留开发的弹性　D. 其他：________

16. 您所在城市控规备案情况如何？

A. 备案且及时　　B. 备案但不及时　　C. 很少有备案　　D. 不备案

控规实施管理

17. 在具体开发项目落实或进行修建性详细规划时，对控规及相关指标是否会修改或突破？

A. 经常要修改　　B. 有时需要修改　　C. 一般不会修改

18. 控规修改的原因主要有哪些？（可多选）

A. 编制不科学　B. 控规制度建设滞后　C. 开发商追求利润

D. 政府为获更多土地收益　E. 城市发展新变化　F. 开发项目不确定性

G. 领导行政干预　H. 其他：______________

19. 控规调整中是否有规划预警或反馈机制，以防止分地块调整造成的城市整体上的问题。

A. 有　　B. 无　　C. 正在建设中　　D. 不需要

20. 控规调整申请如果被规划管理部门或规委会否决，是否还有上诉、申诉的机构与渠道？

A. 没有　　B. 正在建设中　　C. 有，机构是__________（请填名称）

控规公众参与

21. 控规运作过程中，哪些阶段进行了公众参与？（可多选）

A. 编制阶段　　B. 审查阶段　　C. 审批阶段　　D. 实施阶段　　E. 没有

22. 控规（或控规调整）草案公示期间，公众参与的程度如何？

A. 高　　B. 一般　　C. 低　　D. 不好说

23. 控规（或控规调整）草案公示期间，公众能否提出与控规切实相关的意见？

A. 能　　B. 不能　　C. 很多公众能　　D. 很少公众能

控规其他问题

24. 控规制度建设中的问题或难点是什么？（可多选）

A. 控规运作不透明　B. 控规技术支撑不够　C. 规划部门自己编、审、执行

D. 社会监督乏力　E. 政府不愿受束缚　F. 其他：________________

25.《城乡规划法》有关控规修改的规定，在实践操作中存在什么问题？（可多选）

A. 没问题　B. 不符合地方实际　C. 严苛难以执行　D. 过于超前

E. 其他：__________

致　谢

本书是结合笔者在控制性详细规划方面十几年的研究与实践，特别在本人博士论文的基础上修改而成，并且得到了国家自然科学基金（项目批准号51108003）、住建部城乡规划管理中心课题（建管函［2011］01 号）、北京工业大学的日新人才培养计划（编号 2014-RX-W03）和青年导师国际化能力发展计划（编号 2014-20）等的资助与支持。一路走来，从博士论文选题彷徨，到框架锤炼，再到内容研究，迷茫、痛苦、欣喜、疲惫、愉悦…，五味杂陈，持续几年萦绕心头，久久不能释怀。整个过程，不仅让我深感了学术研究之艰辛，更经受了心智的磨炼。不过，最令我感怀的是，在一次次的研究彷徨中，诸多的师长、同学、朋友和家人的无私帮助，让我坚持到了最后，否则，断然没有今天的进步和成果。

首先，诚挚感谢给予我巨大指导、关心和帮助的几位恩师：

我的博士导师东南大学王建国院士，自博士论文选题起，就因材施教，鼓励我选择时效突出、实践性强、研究价值大且有研究积累的课题，使我得以最大限度地发挥自己在控制性详细规划方面的研究专长和兴趣；选题完成后，从论文框架商讨，到研究方法选择，再到研究内容展开，先生敏锐的方向把握、开阔的研究思路、深邃的研究洞察，如久旱甘霖，助我度过了一次次的研究迷茫与痛楚；2008 年，先生更是为我提供了到英国卡迪夫大学的留学机会，使我开阔了研究视野，弥补了研究不足，并收集了海外相关研究的一手资料。

我在英国卡迪夫大学区域与城市规划学院进行博士联合培养时的导师于立教授，不仅对我的博士论文框架、研究内容、研究方法等进行了深入、细致的指导，而且还为我在英国的日常生活、资料收集等提供了诸多便利，使我的海外学习之旅收获颇丰，并持续影响着我未来的人生之路。

我的硕士导师清华大学建筑学院张杰教授，持续给予的关怀、指导以及对我英国学习的大力举荐等，使我倍感师恩的温暖。

我清华学习期间的恩师朱自煊先生，一直特别关心和支持我的学业、工作和家庭。自跨入清华之始，先生就不顾年迈、不辞辛劳地给予各种帮助与指导，使我深感先生的“大家”风范，更深刻领会清华“厚德载物”的深邃，致使我的感激之情早已超出言表，可能唯有“自强不息”，才不辜负先生的殷切期望。

我本科期间的高冰松和吴强两位恩师，自把我引入城市规划之门开始，一直在我的求学、工作和生活中，都给予着无私、持久的关爱与支持，让我倍感幸运。尤其是高冰松教授，她不仅开启了我对控制性详细规划的研究兴趣，而且还不断支持和启发我在该领域的持续研究与实践探索，本书的一些研究更是汲取了她的智慧与思想，甚为感激！

其次，衷心感谢调研、访谈、研究期间给予我大力支持和指导的北京、上海、南京、广州、深圳、安徽等地的诸多规划专家和学者。他们有的也只是一面之缘，但却无私地给予指导或提供一手资料，为我在迷茫的研究探索途中点亮了一盏盏明灯，使研究逐步明晰了方向，并最终迈向了成功。

再次，感谢我的诸位同窗、挚友。感谢东南大学建筑学院的朱渊、张文辉、薛春林、张愚、魏羽力、蔡志昶、刘奔腾等几位博士以及导师王建国院士工作室各位同门在学习和生活上对我的诸多帮助。英国学习期间，有幸结识了卡迪夫大学的杨震、徐苗、邓昭华、李娜、李晨光、孙璐六位博士，他们不仅对我海外生活给予了最大帮助，更不厌其烦地为我阐述英国的博士论文研究、城乡规划体系、开发控制制度等，探讨我博士论文的研究框架和研究方法，提供针对性很强的国外一手资料，并引荐我参加英国卡迪夫市的设计评审委员会会议、规划委员会会议等，使我英国学习之旅收获极为丰厚，甚为感激！

此外，特别感谢我的各位亲人，没有他们对我在生活上的悉心照料和关心，本书将无法顺利完成。我的岳父和岳母，在我博士论文研究的紧要关口，不顾年迈，离开黄山老家远赴北京，照顾着刚刚出生的宝宝，使我得以全心投入到博士论文之中。我的父母，在我整个成长过程中付出的巨大艰辛，使我无时无刻不感知着父母的伟大。我的妻子程晖，为支持我的学业，默默承受着北京、南京两地分居的痛楚，而当得知我留学英国，毅然辞职陪读我到海外，照顾我的生活，没有她持久的坚持、关心和照顾，很难想象我能顺利完成此书。

最后，将这本书献给深爱着我的父母、妻子和程程宝宝！